쓸모없는 아이디어는 없다

창의력 실전기술

쓸모없는 아이디어는 없다

창의력 실전기술

김은기 지음

Ω 전파과학사

4차 산업혁명 시대가 코앞에 와 있다. 실제 빅데이터를 근거로 인공지능 의사가 10분만에 내린 처방이 현재 최고 의료진이 밤새 고민한 처방과 같았다. 무인 주행차량이 장거리 완주를 끝냈다는 이야기는 이제 뉴스도 아니다. 내가 차고 있는 손목시계는 내 몸 상태가 어떤지를 종합해서 '운동을 더하라'고 보챈다. 공상과학 영화에서나 볼 수 있었던 일들이 코앞에서 벌어지고 있다. 세무사, 은행원, 택시기사가 먼저 없어질 직업군이라한다. 기계가 인간을 제치고 세상을 휘어잡는 것이 아닌가? 인류는 살아남을 수 있을까? 아니, 나는 무엇을 해야 변하는 세상에 살아남을 것인가?

인공지능, 빅데이터, 사물인터넷, 3D 프린터 모두 듣지도 못했던 이야기인가? 아니다. 1985년 영화 '백투더 퓨쳐'에서는 이미 이런 상상을 했다. 그 상상이 현실화된 것이다. 예전에 비해 현실화 속도가 빠른 것 뿐이다. 하지만 이런 변화의 근본핵심은 변하지 않는다. 상상력이다. 인간의두뇌다. 새로운 것을 생각할 수 있는 능력이다. 창의성이다.

모든 변화의 주역은 창의성이다. 인간이 지구의 주인이 된 것도 다른 동물과 '달리' 생각할 수 있었기 때문이다. 인공지능 알파고는 빅데이터와 고속 연산능력으로 바둑에서 인간을 이겼다. 하지만 전혀 새로운 게임을 만들지는 못한다. 4차 산업혁명 시대에서 살아남는 방법, 바로 창의성을 키우는 일이다.

주부가 무릎 꿇고 마루를 닦는다. 불편하다. 걸레에 막대를 달았다. 스팀까지 나오게 했다. 스팀청소기는 그렇게 만들어졌다. 몇 년 지나지 않아 1,000억 매출 회사가 됐다. 평범한 주부가 불편한 마루 걸레질을 스팀청소기로 만든 아이디어가 대박을 쳤다. 왜 이런 아이디어가 내게는 쉽게 떠오르지 않을까? 중앙차선제는 서울시내 교통을 대폭적으로 개선했다. 어떤 공무원이 아이디어를 냈을까? 평범한 회사원이 '물먹는 하마'라는 기발한 상품명을 만든 덕에 회사는 제습제 시장을 석권했다. 나는 왜 이런 아이디어를 못 내는 걸까? 21세기는 창의력이 필수다. 창의력으로 입시 사정을 하는 대학이 늘고 회사도 창의맨을 뽑는다고 한다. 무엇을 하면 창의맨이 될까?

창의력, 절대 필요한 능력이다. 하지만 무얼 해야 그 능력을 늘릴지 모르겠다고 한다. 영어단어처럼 외워서 된다면 고민할 것도 없다. 고민 없이 그냥 노력만 하면 된다. 창의력은 타고 나는가, 아니면 공부하듯 노력하면 늘어나는가? 분명 그렇다. 창의력도 노력으로 늘어난다. 대학 1학년생 90명을 대상으로 창의력 강의를 4개월 하고 난 후 창의력을 측정했더니 놀랍게도 시작 전에 비해 30% 증가했다. 방법을 알고 노력해서 안 되는 것은 세상에 아무것도 없다. 창의력도 노력하면 늘어난다. 이 책은 필자가 지난 20년 간 대학에서 강의한 창의력 향상기술을 정리한 것이다.

이 책은 크게 3부로 나눈다. 1부는 창의맨 특성, 2부는 창의력 도구, 3부는 아이디어 실용화다.

1부에서는 창의맨은 어떤 특성이 있는가, 매일 어떤 일을 하면 창의력이 늘어나는지 알려준다.

1장에서는 창의성이 관찰, 불편함, 상상, 영감에서 출발해서 지식, 실용화를 거쳐 완성된다는 6가지 특성과 사례를 본다. 2장에서는 창의맨 6가지 특성을 검사한다. 만약 당신이 '감수성'이 부족하다면 버스 자리를 매일 바꿔 앉고 지나가는 붉은 색 옷의 사람들을 유심히 보라고 제안한다. 만약 유창성이 부족하다면 '높이 나는 새가 멀리 본다'라는 속담을 뒤집는 훈련을 하라 한다. '낮게 나는 새가 정확히 본다'라고 만들 정도면 이제 하산해도 될 정도의 창의력 고수다.

2장에서는 창의성은 비전공자가 더 잘 냈던 사례를 본다. 업그레이드 아이디어를 끊임없이 내지 않으면 쓰러지는 회사 이야기를 스마트폰의 진화로 본다. 무엇이 아이디어 발목을 잡고 있는지, 이를 극복하는 생활 속 노하우를 살핀다.

3장은 수평적 사고로 시원하게 문제가 해결된 사례를 본다. 수평적 사고 핵심인 고정관념 깨기와 상식을 넘는 실전기술을 배운다. 톰 소여가 친구들에게 담장 페인트칠을 어떻게 자발적으로 하게 했는지를 알면 사고의 허를 찔린다.

4장은 두뇌를 공부한다. 우리 두뇌는 어떻게 생겨서 좌뇌, 우뇌 특성을 구분하는지, 나는 어떤 두뇌형이고 무엇을 보충해야 하는지 검사한다. 회사 내에서 무엇이 그룹 창의성을 높이는지, 두뇌는 어떤 환경에서 최대 효율을 내는지를 알고 나면 진정한 두뇌휴식을 시키는 방법에 고개가 끄떡인다. 유명인사들 습관에서 두뇌 집중법, 아이디어가 발상법 노하우를 배운다.

2부에서는 아이디어 발상 도구를 소개한다. 100원 동전 용도 10개 내는 데 걸리는 시간이 발상도구를 사용하면 반으로 준다. 이런 도구 중 맘에 드는 한두 개를 완전히 알아서 평생 써 먹도록 만드는 것이 이 책의 목적이다. 이 책에서 소개하는 발상도구는 구체적이다.

6장에서는 브레인스토밍과 브레인라이팅, 마인드맵 등 기본발상 도구와 심화 브레인스토밍, 조합 발상, 여섯 모자 기법, 역발상 기법을 소개하고 이를 훈련한다. 7장은 언어를 통한 창의성 훈련이다. 유창하게 단어, 문장, 속담, 난센스가 튀어나온다면 창의성의 반은 완성한 셈이다. 구체적 훈련법으로 속담 뒤집기, 사자성어, 삼행시 만들기 등이 있다. 무엇보다 이야기를 만드는 창의성, 즉 스토리텔링으로 언어훈련을 완성한다. 이것만 잘해도 잘나가는 작가, PD, 마케팅 매니저가 될 수 있다.

3부는 아이디어 실용화 기술과 훈련이다. 이 책이 기존 창의력 도서와 다른 점은 아이디어 발상 이후 '완성'에 역점을 두었다는 점이다. 대부분 창의력 도서가 아이디어 발상 부분만을 강조하지만 아이디어는 꿰어야 빛을 보고 그래야 돈을 번다. 실제 3,000개 아이디어 중 최종 성공하는 것은 1개다. 발상으로 만든 많은 아이디어 중 '최고' 고르기, 확실한 아이디어로 변화시키기, 그리고 특허 출원까지, 아이디어 완성에 중점을 두었다.

8, 9장에서는 트리즈 기술을 아이디어 발상, 실용화에 적용한다. 트리즈 40가지 기술은 IBM, 포항제철 등 대기업에서 많이 사용한다. 현실적이고 강력한 문제 해결형 도구다. 어떤 아이디어든 40가지 기술로 만들어 낸다. 짬짜면 그릇에 적용된 '분할' 아이디어는 그룹을 쪼개는 스타트업 형태 아이디어도 제공한다. 주사 맞기 전 엉덩이 때리는 '사전예방' 기술은 성범죄예방 전자발찌를 생각해 낼 수 있다. 10, 11장은 자연에서 아이디어 소스를 얻고 실용화한 사례를 본다. 자연은 완성된, 이미 만들어져 있는 아이디어 보물창고다. 옷에 붙는 열매를 관찰해서 찍찍이(벨크로)를 만들었고, 홍합을 보고 수술 봉합 실을 만들었다. 피가 굳는 모습에서 파이프라인 누수를 스스로 때우는 아이디어로 성공한 기업을 만날 수 있다. 특히 친환경 경영과 기술이 요구되는 상황에서 자연만큼 시원하게 해결책을 내줄 곳은 없다.

12장은 사물인터넷을 아이디어 발상과 실용화에 적용한 실제 예를 본다. 4차 산업혁명 시대 핵심인 사물인터넷(IoT)은 스마트폰 '앱'으로 완성되는 강력한 아이디어 실용화 도구다. 홀로 사는 노인들이 넘어지는 위험한 상황을 스마트폰 내장 움직임 센서는 금방 알아챘다. 이런 응급상황을 의사에게 실시간 연결하자는 아이디어를 센서, 사물인터넷, 스마트폰이 가능케 한다. 스마트 헬스, 스마트 홈, 스마트 자동차, 스마트 도시가 주 대상 영역이다. 13장은 아이디어 완성단계다. 아이디어가 아무리 좋아도 꿰어야 보배다. 실용화하고 상품화해서 빛을 보아야 한다. 아이디어를 선정하고 아이디어를 쓸 수 있도록 현실에 맞도록 고치는 방법이 사실 제일 중요하다. 아이디어가 실용화 되어야만 성공하기 때문이다. 특허는 마지막 관문이다. 통닭을 기막히게 튀기는 방법을 특허로 낼 수 있을까, 아니면 나만의 노하우로 알고 있는 게 나을까? 열심히 만들었는데 남 좋은 일 시키지 않으려면 특허 기본은 알아야 한다.

이 책은 아이디어를 떠올리고, 선정하고, 다듬고, 실용화하는 과정을 예시와 함께 설명한다. 이론은 최소로, 실전은 최대로 했다. 이제 배운 기술로 어떤 기막힌 아이디어를 떠올렸다면 끝까지 가야한다. 완성해야 한다. 그래야 빛을 본다. 빛을 못 본 아이디어는 그냥 한 줄기 구름일 뿐이다. 아이디어가 전부가 아니다.

어려운 출판 상황에서도 출판을 흔쾌히 허락해 준 전파과학사 손동민 팀장에게 감사드린다.

2017년 4월 김은기

목차

창의성 필수 시대

"아이들은 누구나 예술가다.
문제는 성인이 되어도, 예술가로 있을 수 있는지 여부다."

파블로 피카소 (1881-1973) 화가

후지필름과 코닥필름은 모두 대표적인 필름 기업이었다. 하지만 밀려오는 디지털 트렌드를 소홀히 해서 둘 다 심각한 경영위기를 겪고 있었다. 후지필름은 '미래가 어떻게 변할 것인가'를 파악하고 필름을 과감히 버렸다. 사업방향을 전환해서 에볼라 바이러스 치료제를 미리 준비했다. 후지필름은 그래서 살아남았다. 반면 코닥은 처음에는 위기대응이 빨라서 디지털카메라를 만들어냈다. 하지만 자기 회사가 개발한 디지털카메라가 이미 점유하고 있던 기존 필름시장을 잠식할 것을 우려했다. 주저주저하는 사이 캐논 등 디지털카메라 후발주자에 밀리고 말았다. 필름이 디지털카메라로 밀려 사라질 것이라는 것을 예측하고 준비한 자가 살아남았다. 노키아와 아마존의 경우는 창의성이 왜 필요한가를 보여준다. 세계 1위 휴대폰 제조업인 노키아도 새로운 제품을 내지 못하고 밀려났다. 반면 책을 파는 기업으로 시작했지만 아마존은 드론 택배 등 새로운 아이디어로 승승장구한다. 새로운 아이디어를 내지 못하면 기업은 금방 쓰러진다. 창의성이 필요한 곳은 기업 신제품, 친척 통닭집 그리고 뱃살 줄이는 다이어트 전략에도 쓰인다. 21세기 기업은 톡톡 튀는 인재가 필요한 '창의성 필수시대'다.

1

창의성 6개 키워드

1. 창의력 키워드 1; 관찰

유치원 아이들은 끝나는 소리만 나면 우르르 몰려나간다. 어서 집으로 가서 놀고 싶다. 이 아이들 신발 신는 속도는 순식간, 즉 '찍-' 붙이기만 하면 된다. 바로 신발에 붙어있는 '찍찍이' 덕분이다. 지금은 NASA 우주선 내부에서 쉽게 움직이고 고정시키도록 찍찍이를 사용해 움직인다. 찍찍이는 대표적인 창의성 성공사례다.

1) 사례 1; 벨크로 발견

섬유부착포, 일명 '찍찍이'라 불리는 벨크로는 자연을 모방하여 대박을 쳤다. 반원형 구조와 갈고리 구조로 이루어져 있으며, 손톱만한 크기에 3,000개 고리로 촘촘히 이루어져 있어 10센티 벨크로는 80kg를 들 수 있는 접착력을 가진다. 벨크로는 평소 관찰력이 훌륭한 발명품을 만들어 낼 수 있음을 보여준다.

스위스 엔지니어인 '미스트랄'이 등산을 다녀왔다. 바지에 붙어있는 도꼬마리 씨앗을 보고 씨앗이 어떻게 이렇게 바지에 잘 달라붙을 수 있을까를 유심히 관찰했다. 씨앗 끝에 갈고리가 나와 있는 것을 발견하고는 무릎

을 친다. 갈고리가 많이 있는 천을 만들면 되겠다고 생각했다. 도꼬마리 씨앗은 흔히 볼 수 있다. 평상시 관찰 습관을 가지고 있다면 주위 일상에서 좋은 아이디어를 떠올릴 수가 있다. 관찰은 창의력의 첫 번째 키워드다.

벨크로, 일명 '찍찍이'는 관찰성공 사례다. ©Ryj

2) 사례 2; 이스트 게이트 쇼핑센터

환경 건축가 '믹 피어스'는 아프리카 평원 흰개미 집에서 아이디어를 얻어 에어컨 없는 빌딩을 만들었다. 아프리카 개미집 외부는 낮에는 뜨거워서 손을 댈 수 없지만 개미집 안은 29도를 유지한다. 개미집 구조를 본따서 건물 옥상에 통풍 구멍을 뚫어 뜨거운 공기를 배출하고 지표 아래 구멍을 뚫어 찬 공기를 건물로 끌어들였다. 이 쇼핑센터는 무더운 날에도 에어컨 없이 실내 온도를 24도 안팎으로 유지할 수 있다. 개미집은 이런 통풍 기능 이외에도 도끼로 내리쳐도 끄떡없는 강한 구조를 가지고 있다. 모래, 나무, 개미 타액을 섞어서 만들었는데 마치 콘크리트처럼 복합재료

아프리카 이스트게이드 쇼핑센터는 에어컨 없는 발명품이다. ©David Brazie

역할을 했다. 아프리카에서 흔히 보는 개미집을 그냥 지나치지 않고 좀 더 적극적으로 관찰한 결과, 새로운 건축세계를 열었다.

3) 필살기; 관찰요령

창의력 필요 기술 중 가장 중요한 것은 무엇일까? 관찰, 메모 능력이다. 실질적으로 가장 많이 쓸 수 있는 방법이고 두뇌와 상관없이 노력만으로 할 수 있는 기본적인 것이다. 관찰은 '적극적'으로 해야 한다. 단순히 보는 'See'에서 들여다보는 'Look'로, 좀 더 능동적으로 관찰해야 한다. 관찰 요령은 다음과 같다.

컬러: 길을 다니면서 같은 종류 색을 보는 방법이다. 오늘은 전철을 타고 다니면서 녹색만 본다. 녹색 간판, 녹색 옷, 녹색 나무만을 쳐다본다. 인체는 동시에 여러 시각 정보가 들어오면 동시 처리하기 어렵다. 한 색에만 집중하면 효과적이다. 'See'의 형태가 아닌 능동적으로 들여다보는 'Look'이 된다. 비로소 물건 모습이 하나씩 정확하게 보인다. 오늘은 녹색이고 내일은 적색으로 다양하게 바꾼다.

모양: 오늘은 둥그런 '원형'만을 보기로 한다. 차를 타고 다니면서 원형을 본다고 해도 충분히 많은 물건을 볼 수 있고 그것만으로도 많은 정보다. 한 가지 도형에서 어떤 아이디어를 떠올려보자.

시선: 오늘 하늘을 본 적이 있는가? 사람은 아래 방향을 본다. 하늘을 보면 전혀 새로운 모습이 보인다. 평소에 보지 못하던 구름, 건물 위를 지나가는 전선, 건물 옥상, 서로 다른 간판, 새로운 형태 전선도 보인다. 시선 높이에 변화를 주는 것만으로도 새로운 것을 볼 수 있다.

소리: 앞 방법들이 시각인 것에 비해 소리는 다른 감각이다. 시각 다음으

로 예민한 감각이 청각이다. 많은 것이 소리이지만 때로는 소리에 둔감해 있다. 잠시 감각을 모두 닫고 청각만을 남겨보자. 장소가 어디이건 눈을 감은 상태로 들려오는 소리에 집중해보자. 전혀 새로운 경험이다. 그때 그 소리에 연관되어 떠오르는 생각들을 수시로 메모하자. 완벽히 다른 느낌이다. 두뇌는 '멀티태스킹', 즉 한꺼번에 여러 가지 일을 하는 데 익숙하다. 여러 일을 동시에 할 수 있다는 것은 효율적이다. 하지만 두뇌는 여러 정보가 들어오면 그 정보를 분석, 통합하는 데에 많은 에너지를 쓴다. 따라서 색깔, 모양, 시선 높이, 소리로 분류하여 하나하나의 정보를 받는 것은 집중력을 높이는 장점이 있다.

4) 필살기; 메모요령

메모지는 순간적인 아이디어 기억에 필수다.

아이디어는 갑자기 떠오른다. 무의식에서 떠오른다. 메모만이 이를 잡아놓을 수 있다. 메모 요령은 ① 떠오르는 순간에 기록한다. 그 순간 기록하지 않으면 재확인하는 것이 어렵다. ② 메모할 마땅한 종이가 없는 경우, 손에 잡히는 대로 아무데나 적어보자. ③ 그림이나 간단한 단어 하나만이라도 써 놓아서 나중에 금방 기억하도록 하자.

2. 창의력 키워드 2; 불편함

1) 사례 1; 엎드려 걸레질하기

엎드려서 걸레질을 할 경우 무릎, 허리에 무리가 간다. 주부 한 사람이 걸레질하는 불편함을 없애려고 나온 아이디어가 바로 '스팀청소기'다. 청소기 끝에 쉽게 교체가 가능한 걸레를 대신했고 스팀다리미처럼 스팀이 나오면서 바닥을 세척해주는 효과를 가진 물걸레 청소기다. 이 아이디어를 냈던 사람은 평소 힘들여 걸레질을 했던 주부다.

스팀청소기는 엎드려 걸레질하는 불편함에서 시작되었다.
©dalbonge

2) 사례 2; 탁구장 바닥 공 줍기

탁구 훈련을 하다 보면 공이 바닥에 많이 떨어진다. 하나하나 줍는 것은 보통 불편한 일이 아니다. 어떻게 쉽게 주울 수 있을까? 한 가지 방법은 빈 플라스틱 원형 통 바닥에 고무줄 망을 만들고 이 통에 부착된 막대기로 누르게 되면 바닥에 있는 공이 안으로 쏙 들어가게 된다 (사진). 공을 매번 주워야 하는 불편함이 이러한 간단한 특허를 낼 수 있는 원동력이 되었다.

바닥 탁구공을 일일이 줍는 불편함이 아이디어를 만들었다.

실전훈련

식탁에 젓가락을 놓으면 끝부분이 식탁 바닥에 닿는다. 별로 위생적이지 않다. 젓가락 받침대를 일일이 놓기가 불편하다면 다른 방법은 없을까?

답; 숟가락이나 젓가락 끝을 약간 구부려서 만든다.

구부러진 수저는 누구라도 느끼는 불편함을 해결했다.

3. 창의력 키워드 3 ; 상상

사례 ; '해리포터'와 '쥬라기 공원'

상상은 두 가지 결과물을 만든다. 스토리 자체가 상품인 영화와 해당 물건이다. 상상만으로 스토리를 만들 수 있고 스토리 자체가 상품이다. 예를 들면 상상으로 만든 영화 '쥬라기 공원' 매출액이 현대자동차 1년 매출액과 같다는 이야기는 상상만으로도 큰 비즈니스가 될 수 있음을 말한다. 해리포터는 작가 조안이 펜 하나와 상상만으로 만들어낸 창조물이다. 그 창조물이 엄청난 부를 만들어 냈다. 책은 전 세계에 팔렸고 영화수익도 대단했다. 쥬라기 공원 또한 상상에 의해서 만들어진 작품이다. 땅속 보석 안 모기 피에서 공룡을 되살려낸다는 상상만으로 걸작 영화를 만들었다. 상상은 상상으로 끝나지 않는다. 상상한 후에 그것을 직접 손에 잡을 수 있는 물건으로 만들 수 있다. 상상이 실제 현실화되는 비율은 얼마일까? '해저 2만 리', '80일간의 세계일주', '타임머신', '투명인간' 공상 소설을 보자.

해저2만 리에 등장하는 공상 아이디어의 수는 108개이고 80일 간 세계일주 경우는 86개다. 이 중 실현되었거나 가까운 미래에 실현될 수 있는 것이 60~70%고, 실현 가능성이 있는 아이디어까지 더하면 90%에 육박

한다. 즉, 전혀 말이 안 되는 아이디어는 10%다. 공상 영화 하나를 더 보자. 1980년대에 개봉한 '백 투더 퓨쳐(Back to the future)'가 묘사하고 있는 시기가 바로 2015년 즈음이다. 주인공이 3D영화를 보고, 전자안경을 사용하며, 음성인식 TV를 시청하고, 친구와 영상통화를 하고, 종업원이 없는 무인식당을 이용하며, 공중 부양하는 보드를 타고 거리를 누비는 모습 등이다. 그 때는 허황된 미래처럼 느껴졌지만 실제 기술이 실용화 되어 (실제)사용되고 있는 것을 보면 상상이 얼마나 놀라운 것인지 이해하게 된다. 즉 공상 소설이나 영화 속 아이디어는 상상만이 아니고 바로 현실화가 될 수 있다는 것을 시사한다.

4. 창의력 키워드 4: 영감

1) 사례 1; 잠수함 '터틀'호

1775년 미국의 한 젊은 병사가 군함에서 죽어가는 많은 병사들을 생각하다가 수통을 무심코 보게 된다. 수통이 물에 가라앉을 수 있고 뜰 수도 있다는 것을 알고 여기에서 영감을 얻은 것이 잠수함이다. 물에 떠 있던 통처럼 물의 양을 조절하면 잠수함이 가라앉을 수도 있고 뜰 수 있는 것이다. 물에 떠다니는 통을 보고 잠수함을 떠올린 사례는 순간적 영감으로 태어난 좋은 작품의 예다. 옷에 붙은 나무 씨앗을 보고 찍찍이를 만든 것이 '관찰'이라면 수통은 관찰에서 새로운 것을 만드는, 즉 상상 단계가 포함된 '영감'이다. 두뇌를 순간 스치는 영감을 잘 발전시켜 확실한 상품으로 만드는 것이 중요하다.

오르락내리락 하는 수통의 영감으로 떠올린 잠수함 아이디어

2) 사례 2; 지하철

1840년 '찰스 피어스'가 두더지를 보고 지하철 아이디어를 생각해 냈다. 그 후 런던 시의회에 지하철 제안을 하였지만 거절당했다. 여기에 굴하지 않고 끈질기게 노력하여 결국 시의회는 제안을 받아들였고 오늘의 지하철이 탄생했다. 중요한 점은 갑자기 떠오른 영감을 확실하게 발전시킨 것이다. 누구든 영감은 떠오르지만 그것을 더 발전시키느냐 아니면 그냥 버리느냐 차이다.

3) 사례 3; 나는 가수다

얼마 전 많은 인기를 누렸던 "나는 가수다"라는 TV프로그램은 독특하다. 아마추어가 아니고 이미 잘 알려진 가수들 간에 각자 다른 사람 노래를 불러야 하는 '살아남기' 게임을 하는 신선한 프로그램이었다. 서바이벌이기 때문에 가수들 스스로 진화할 수 있다. 즉, 경쟁과 진화, 이러한 영감이 이 아이디어 주역이다.

5. 창의력 키워드 5; 지식

1) 사례 1; 홍합접착제

괴테는 '우리는 우리가 아는 것만 볼 수 있다'고 했고, 우리나라 속담에도 '범을 잡으려면 범굴에 가야 한다'고 했다. 이 말들은 지식이 없이는 아이디어가 소용이 없다는 뜻이다. 바닷가를 걷다가 바위에 붙은 홍합을 보고 좋은 아이디어가 떠올랐다. 수술 후 실로 꿰매는 대신 풀로 쓱쓱 발라서 붙일 수 있으면 얼마나 좋을까? 바로 이럴 때 지식이 필요하다. 즉 홍합이 바위에 달라붙는 원리는 무엇일까? 혹시 접착제가 홍합에서 나오는 것이 아닐까? 이것을 밝혀낼 수 있는 지식이 절대적이다. 아무리 상상력이 많아도 그것을 다룰 수 있는 지식이 없으면 '도루묵'이다. 어떤 분야 전문가면 그런 아이디어를 내거나 우연히 얻을 확률도 높고, 무엇보다 현실화 시킬 수 있는 가능성이 높다. 그렇다고 실망하지 말자. 만약 홍합을 보고 수술용 접착제 생각이 떠올랐다면 전문가를 찾아가서 공동개발하면 된다.

2) 사례 2; 전자레인지

전자레인지는 간단하게 스위치만 누르면 불을 사용하지 않아도 쉽게 음식을 데울 수 있는 필수품이다. 미국 '스펜서'는 늘 진공관을 만지는 과학자였다. 이 사람은 본인 주머니에 초콜릿과 같은 군것질거리를 넣고 다녔다. 어느 날 초콜릿이 흐물흐물 녹는 것을 발견했다. TV나 라디오 진공관에서 뿜어 나오는 극초단파 때문에 초콜릿이 녹았다는 사실을 알아내고, 이를 활용해 극초단파를 사용한 전자레인지를 만들어 특허를 얻게 된다. 주머니에 초콜릿이 녹은 이유가 진공관 극초단파 때문이라는 지식이 있었기 때문에 이러한 것을 연결할 수 있었다. 만약 이러한 기본 지식마저 없는 사람이라면 초콜릿이 녹았다는 것을 대수롭지 않게 생각할 것이다.

극초단파로 주머니 속 초콜릿이 녹는다는 지식 덕분에 전자레인지가 발명되었다.

6. 창의력 키워드 6; 실용화

1) 사례 1; 홍합 접착제 실용화

홍합이 바위에 꽉 달라붙어 있는 것을 보고 수술 후에 실로 꿰매는 대신 홍합 접착제를 만들면 어떨까 하는 아이디어를 냈다고 했다. 그 동안 많은 사람들이 홍합의 접착력이 높다는 것은 알고 있지만 실제 홍합 접착제를 만들어낼 수 없었다. 1그램 수술용 실을 만들려면 10만 마리 홍합이 필요하다. 실용화가 어려웠다. 하지만 국내 포항공대 연구진은 이를 해결했다. 즉 접착제를 만드는 홍합 유전자를 대장균에 클로닝해서 대량으로 만드는 데 성공한 것이다. 그래서 가격이 싸지고 쉽게 대량으로 만들 수 있었다. 실용화는 아이디어의 마지막 단계이다. 손에 쥐어야 보배다. 물론 실용화 단계에서 전문가 도움이 필요할 수 있다.

2) 사례 2; 겹치기(nesting) 기술

라디오 안테나는 끝까지 쭉 뺏다가 나중에 겹쳐서 다시 넣을 수 있다. 잡아당겨도 빠지지 않고 완전히 밀어 넣어도 쉽게 뺄 수 있도록 하는 설계를 토대로 지금 안테나가 탄생했다. 컵을 보관할 때에도 여러 개를 포개어서 보관하면 공간을 덜 차지한다. 또 대형 마트에 가면 쇼핑 카트가 차

곡차곡 포개어져 있다. 이는 부피가 더 적어지면서도 가볍고, 쉽게 뺄 수 있는 구조로 실용화한 결과다. 이런 겹치기 기술처럼 후반부에 소개되는 트리즈 40가지 기술은 아이디어를 실용화하는 구체적인 실제 기술들을 알려준다.

라디오 안테나는 '겹치기 기술'이라는 트리즈 기술로 실용화 되었다.

3) 사례 3; 벨크로 상용화 소요시간 10년

통계에 의하면 3,000개의 아이디어 중 시장에 상품으로 나오는 것은 하나다. 왜 그럴까? 상품으로 가는 과정에는 많은 시행착오가 있기 때

문이다. 벨크로는 간단한 관찰에서 시작되었다. 기막힌 아이디어였다. 하지만 이를 실용화하는데 10년이 걸렸다. 왜냐면 이런 아이디어를 금방 뒷받침할 재료가 마땅치 않아서다. 나일론이 나오기는 했지만 갈고리를 만들기 어려웠다. 결국 이것저것 시도하다가 우연한 아이디어로 갈고리를 만든 것이다. 상용화에는 이처럼 포기하지 않는 끈기가 필요하다.

🔑 **키포인트**

창의성 키워드 6개

1. 관찰; 주의해서 주위를 돌아보고 메모로 남기는 것이 아이디어 출발이다.

2. 불편함; 생활 속 불편함이 뭔가를 만들고 개선하게 한다. 불편함이 창조의 어머니이다.

3. 상상; 해리포터는 작가의 상상력으로 만들어졌다. 스토리텔링 기법과 상상력이 결합하면 좋은 영화가 나올 수 있다.

4. 영감; 느닷없이 떠오르는 영감으로 잠수함, 지하철이 만들어졌다.

5. 지식; 아무리 좋은 아이디어도 전문적인 지식이 없다면 단순한 생활발명에만 국한된다.

6. 실용화; 실제 실용화시키는 과정은 기술, 시대 환경이 뒷받침되어야 한다.

2

창의맨 무엇을 할 수 있나

1. 창의성은 어느 곳에서도 필요하다

스마트폰 사용에 이어폰은 필수다. 하지만 이어폰 줄은 길어서 자주 꼬

인다. 어떤 방법으로 이 불편함을 해결할 수 있을까? 가장 쉬운 방법은 줄을 감을 수 있는 '무엇'을 만드는 것이다. 스마트폰에 이어폰 줄을 둘둘 말기도 하지만 모양이 안 난다. 그래서 플라스틱에 줄을 걸 수 있도록 실을 감는 실패처럼 만들었다.

쉽게 엉키는 이어폰 문제를 해결한 줄감개 같은 아이디어는 어디서나 필요하다. ©Toby Bateson

이런 정도 아이디어는 누구든 쉽게 낼 수 있을 것 같지만 그렇지 않다. 물건을 직접 보면 금방 이해가 되지만 처음에 없던 것을 만드는 것은 어렵다. 다른 예를 들어보자. 클립은 철사로 간단히 만들 수 있다. 하지만 클립으로 종이 몇 장을 한꺼번에 고정시킨다는 생각은 아무나 낸 게 아니

다. 먼저 종이를 몇 장씩 임시로 묶어줄 그럴 필요가 절실했던 사람들이 시작점이다. 여러 장 들고 다니다가 섞여버리는 불편함을 몇 번 겪고 나면 그 다음에는 불편함 해결에 골몰하게 된다. 즉 여러 장 종이가 섞이지 않도록 '간단히 잡아주거나 끼었다 뺐다 하는 편리함'이 오늘의 클립을 만들었다. 이어폰 줄감개나 클립은 일상생활에서 흔히 볼 수 있는 간단한 물건들이다. 이런 곳이 창의성의 시작이다. 창의력은 대단한 발명품에만 적용되는 것이 아니다.

창의력은 '대단한 아이디어'만을 생각하는 것 같지만 아이디어가 필요한 곳은 세상 곳곳이다. 회사를 보자. 회사를 지키는 수위도 아이디어가 필요하다. 매일 드나드는 외부 사람들, 예를 들면 짜장면 배달부 인적사항을 매번 적어야 할지, 혹시 배달하는 사람이 '가짜'인지를 알 수 있는 방법이 없는지 등 다양한 고민 해결을 위한 아이디어가 필요하다. 사장 입장이라면 회사가 먹고 살아야할 새로운 분야 신규사업 아이디어가 필요하다. 부장은 그 사업을 추진하려면 어떤 공장을 만들어야 할지를 고민할 것이다. 홍보과장이라면 그 사업에서 나오는 상품을 홍보할 때 인터넷을 어떻게 이용할지 고민해야 한다. 홍보과 사원이라면 인터넷에서 눈에 띠는 이미지와 광고카피는 무엇으로 할까 등 창의성이 필요하다. 큰 회사이건 작은 회사이건 각자의 위치는 달라도 새로운 아이디어를 만드는 창의성은 늘 필요하다는 것이다.

TV에서 보는 간단한 30초 광고비용은 지상파 프라임타임에 4,000만원이다. 한 마디로 선풍기에 만 원짜리를 날리며 30초가 지나간다. 천문학적인 돈을 투자하는데 당연히 광고가 머리에 남아야 한다. 아주 강력하게 머리에 남을 참신한 광고 아이디어가 필요하다. 이런 광고는 광고회사 혹은 회사 홍보과에 다니는 사람만이 참신한 광고 아이디어를 내야 하는 걸까? 그렇지 않다. 치킨 집을 보자. 개인이 시작하는 치킨 집 이름은 스스로 지어야 한다. 이왕이면 잘 기억되는 상호였으면 좋겠다. 치킨 집 전화번호도 한번 주문하면 기억에 남는 번호가 최고다. 어떤 번호면 좋을까? 치킨 집이 오픈했다고 하자. 주위 아파트에 어떻게 알릴까? 아파트 문에 전단지를 붙이는 것이 효과적일까, 아니면 열 번 주문하면 통닭 하나를 공짜로 주는 판촉 행사를 할까? 이런 간단하지만 중요한 아이디어는 전문가가 아닌 치킨 집 주인이 내야 한다. 즉 창의성은 언제, 어디서나, 누구에게나 필수다.

실전훈련

삼촌이 삼겹살 가게를 개업하려 한다. 조카인 당신에게 기발한 가게 이름을 부탁했다. 당신의 아이디어는?

답; 돈내고 돈(豚) 먹기

---

2. 환영 받지 못하는 비 창의맨

부모 세대는 한번 직장이 평생 직장인 경우가 많았다. 그러나 지금은 다르다. 능력이 없으면 입사한지 몇 년 안 되어도 퇴출 될 수 있다.

2년 차 사원 두 사람이 있다. 여러분이 사장이라면 두 사람 중 누구를 대리로 진급시킬까?

사원 A: 퇴근하는 전철, 그는 전날 받아놓은 영화 한 편을 본다. 미국 드라마를 몇 편 끝내고 나서 새로이 유럽 영화를 섭렵하고 있다. 오늘 오후 과장이 지시한 신규 사업 아이디어 때문에 벌써부터 골치가 아프다. 새로 출시하려는 마스크팩에 대한 아이디어를 내놓으라는 과장 지시가 맘에 안 든다. 그냥 아이디어 공모전을 하면 될 터인데, 별것 다 신입사원에게 시킨다. 집에 돌아와서 구글 검색을 한다. 다른 회사에서 사용했던 방안들이 몇 개 나와 있다. 그 내용을 요약, 보고서로 작성한다.

사원 B: 퇴근 전철, 그는 오후 과장이 지시한 신규 마스크팩 아이디어가 머리에 꽉 차있다. 공모전도 좋지만 그는 누구보다 마스크팩을 잘 안다고 생각한다. 전철안과 밖을 둘러본다. 아직 햇살이 남아있는 오후 공원이 눈에 들어온다. 몇 사람 여자들이 공원을 걷고 있다. 그런데 모두 얼굴에 뭔가를 쓰고 있다. 자외선 차단 마스크다. 흰색 천으로 마치 '오페라의 유령'을 연상케 한다. 얼마 전 TV 코미디 장면이 생각난다. 밤늦게 들어온 남편이 흰 마스크팩을 한 채로 문을 열어주는 아내를 보고 기절했다. 무릎을 쳤다. '마스크팩을 투명하게 만드는 거야' – 그는 부지런히 인터넷 검색을 통해서 투명하지만 물기를 머금을 수 있는 비닐류를 찾았다. 답은 의외로 간단한 데 있었다. 사탕을 싼 채로 먹는 비닐은 투명하기도 하고 물도 함유할 수 있었다. 그는 보고서를 만들기 시작했다.

여러분이 만약 과장이라면 누구 아이디어를 채택할까? 실제로 불투명 마스크팩 시대는 지나가고 이제 투명 마스크팩 시대다. 아이디어는 이처럼 늘 우리 곁에서 생긴다. 창의맨은 매일 보는 평범한 사람이다. 회사에서 살아남는 사람은 결국 회사에 새로운 제품, 아이디어를 만들어 낼 수 있는 창의맨이다.

3. 아이디어는 전공자만?

아이디어는 전공자가 유리할까, 아니면 비전공자가 유리할까? 같은 아이디어라면 전공지식이 있는 것이 훨씬 유리하다. 나중에 실제로 만들려면 전공지식이 필요하기 때문이다. 하지만 대부분 아이디어 출발점은 전공과는 상관없다. 즉 비전공자라도 얼마든지 아이디어를 낼 수 있다.

스마트폰의 시작

스마트폰 전에는 휴대폰이 있었다. 휴대폰은 어떻게 국내 아무 곳이나 연결될 수 있을까? 휴대폰 이전에도 무전기는 있었다. 또 건설 현장이나 야외 작업에도 워키토키가 사용됐다. 하지만 무전기, 워키토키는 통화거리가 정해져 있다. 그래서 장거리 무선 통화가 안 된다. 간단한 해결책을 무엇일까? 비전공자도 쉽게 낼 수 있는 방법이 있었다. 바로 중간중간 중계 장치를 놓으면 된다. 이렇게 시작된 아이디어가 휴대전화의 시작이다. 즉, 일정 거리마다 중계기를 놓으면 마치 바둑판처럼 모든 곳이 연결된다.

중간 중계 장치를 놓으면 통화거리가 무한정 연장될 거라는 간단한 생각이 휴대폰 시작이다.

'Cell'이라고 부르는 정사각형이 벌집처럼 연결되어 있다. 휴대폰을 'cellular phone'이라 부르는 이유다. 비전공자가 이런 아이디어를 내면 전공자는 실제 중계 장치를 만들어서 설치하면 된다. 물론 아이디어 법적 주인공은 최초 생각을 낸 비전공자가 될 수 있다.

휴대폰에 무슨 아이디어를 추가할 수 있을까? 제일 먼저 추가된 것은 카메라 기능이다. 디지털 카메라는 휴대폰 이전에 이미 사용되고 있었다. 렌즈만 붙인다면 나머지는 휴대폰의 전자기능, 메모리 저장기능, 디스플레이 기능을 그대로 이용할 수 있다. 휴대폰에 두 번째로 첨가된 것은 플래시(손전등) 기능이다. 휴대폰은 전지가 있다. 이 전지를 이용하면 휴대폰을 플래시로 변화시켜 따로 플래시를 가지고 다닐 필요가 없다. 렌즈나 플래시를 붙이자는 아이디어는 휴대폰을 전공한 사람만이 낼 수 있는 아이디어는 아니다. 휴대폰이 인터넷과 결합되면서 다양한 아이디어들이 스마트폰을 변신시키고 있다. 특히 '앱'은 폭발적으로 아이디어를 현실화시키고 있다. 앱이란 스마트폰 사용 프로그램이다. 명함을 사진으로 스캔하면 명함 주소와 이름이 저장되는 '명함저장 앱'도 인기다. 최근 사물인터넷이 급증세다. 스마트폰 가속도 센서를 이용해서 몇 km를 걸었는가를 알려주는 앱이 다이어트를 하려는 사람들의 관심을 끌고 있다. 또 스마트폰만으로 집 보일러를 미리 켜거나 온도를 외부에서도 조절할 수 있다. 스마트폰은 아이디어를 현실화시키는 최고 도우미다. 가장 중요한 것은 '참신한' 아이디어다. 아이디어만 좋다면 이를 현실화시키는 도구들은 예전보다 훨씬 많아졌다.

'물먹는 하마'

만약 기계나 수학에 전혀 문외한이라면 스마트폰 앱이나 휴대폰 'Cell' 아이디어는 조금 어려울 수 있다. 하지만 광고는 누구나 아이디어를 낼 수 있는 분야다. 이름 하나만으로 '대박'을 터트린 경우를 보자. '물먹는 하마' 제품 광고를 기억할 것이다. 간단한 제품에 기억에 남는 상표를 만들어서 마케팅에 성공한 예다. '물먹는 하마' 내용물은 오래전부터 흡습제에 사용되던 물질이다. 즉 새로운 물질로 만

'물먹는 하마'라는 간단한 상품 이름 아이디어가 회사를 살렸다.

든 상품이 아닌 상표만을 바꾼 제품이다. 큰 덩치 하마가 물을 들이키는 모습이 연상되는 이름 하나만으로 흡습제 시장을 석권했다.

볼펜과 타이어

볼펜과 타이어는 누가 만들었을까? 볼펜은 당연히 화학, 기계를 전공한 사람이 냈을 것이고, 타이어는 고분자 분야의 전문가가 냈을 것이라 생각한다. 아니다. 볼펜은 조각가가, 타이어는 수의사가 발명했다. 전공자가 해당 분야를 많이 알고 있어서 아이디어 발상에 유리하다고 생각할 수 있다. 그러나 전공지식이 때로는 아이디어 발상의 걸림돌이다. 지식은 일종의 고정관념이다. 매일 해당 분야 지식을 보던 사람은 좁은 시야에 머물러 있다. 하지만 창의성은 고정관념을 뒤집을 때, 매일 보던 시야를 벗어날 때 발휘된다.

해리포터

영화 '해리포터'에서는 일반인이 쉽게 상상하지 못했던 마법 이야기가 펼쳐진다. 해리포터는 저작권 10억 달러, 책은 4억 5천만부나 팔린 최대 흥행작이다. 큰 성공요인은 저자인 조안 롤링의 상상력 하나다. 그녀는 비서직을 전전하면서 힘든 나날을 보낸다. 어느 날 '하고 싶었던 일을 하자'고 결심을 하고 스페인으로 떠난다. 꿈 대신 이혼모가 된 그녀는 아이와 함께 영국으로 되돌아온다. 그녀는 글을 쓰고 싶었다. 에든버러 커피숍에서는 유모차에 잠든 아이 옆에서 글을 쓰는 그녀 모습이 종종 목격되었다. 스토리를 만들고 싶다는 그녀의 집념과 스토리텔링 창의성이 결국 그녀에게 명예와 부를 한번에 안겨주었다. 이야기를 만드는 상상력이 가진 잠재력은 무한하다. 스토리를 만드는 스토리텔링은 TV 드라마, 영화 등 문화 콘텐츠 산업의 기본이다. 지금은 문화 콘텐츠 세상이다. 그 중심에는 창의성이 있다.

발명 이야기 : 인쇄소 직원의 카터 칼, 세상을 바꾸다

1935년 일본. 제2차 세계대전 후 혼란기에 작은 인쇄회사에 취직해 종이 자르는 일을 하는 청년이 있었다. 이름은 오카다 요시오. 당시 인쇄소에서는 칼과 면도날 등을 이용해 종이를 잘랐다. 어느 날 요시오는 우체국 직원이 일렬로 다다다닥 붙어 있는 우표를 손쉽게 떼서 건네는 모습을 보고 칼도 그렇게 똑똑 떨어지면 어떨까 생각했다.

그가 일하는 인쇄소에서 일을 할 때 겪는 가장 큰 어려움은 칼날이 자주 무뎌지는 것이었다. 그때마다 그는 무뎌진 칼날을 강제로 부러뜨려서 일을 하곤 했다. 무딘 칼날을 부러뜨려서 다시 사용하면 마치 새 칼날처럼 종이를 쉽게 자를 수 있었을뿐 아니라, 인쇄소 입장에서는 새 칼을 구입하는 비용을 아낄 수 있었다. 하지만 그 방법엔 한계가 있었다. 칼날을 부러뜨릴 때마다 일손을 놓아야 했고, 단단하고 날카로운 칼날을 자르다가 손을 다치는 일도 많았기 때문이다. 그는 우표처럼 떨어지는 칼을 생각했다.

그러던 어느 날, 요시오는 실수로 유리컵을 깨뜨렸다. 바닥에 떨어진 유리 조각을 주운 후 잘린 면을 유심히 들여다보던 그는 갑자기 환호성을 질렀다. 구두를 만드는 장인들이 고무를 자를 때 유리조각 날이 무뎌지면 잘라서 쓰는 것처럼 칼도 그렇게 만들 수 있다는 생각이 들었다. 그날 이후 그는 네모진 초콜릿과 구두 장인들 유리조각 같은 칼을 만들기 위해 연구에 몰두했다. 끊어지는 칼날 크기, 선 각도, 홈 깊이 등을 정한 후 칼 형태를 접이식이 아닌 슬라이딩 식으로 만들기로 했다. 칼날을 부러뜨리다 보면 칼이 짧아지므로 칼날을 앞으로 밀어낼 수 있는 슬라이딩식이 되어야 했기 때문이다. 시제품 제작에 착수한 요시오는 밤을 새우며 수많은 시행착오를 겪은 끝에 1956년 드디어 세계 최초의 커터 칼을 완성했다.

평소 관찰을 잘 하는 인쇄소 직원 아이디어가 만든 커터 칼

1. 창의력은 일상의 가벼운 아이디어부터 최첨단 기술까지 모든 분야에 적용된다.
2. 회사는 뭔가 새로운 것을 계속 만들어야 하고 창의성이 없는 사람은 환영받지 못한다.
3. 전공자보다는 비전공자가 기존 관념을 깨는 독특한 아이디어를 낸다.

코믹 에피소드

아파트에 살고 있는 한 주부는 건너편 아파트 베란다에 널려 있는 빨래를 살펴보는 버릇이 있었다. 그런데 언제부터인가 매일 보던 빨래가 변했다. 세탁이 덜 된 것인지 얼룩이 묻어있는 상태로 널려 있는 것을 보았다. 이 주부는 "건너편 집이 변했네. 빨래도 제대로 안하고 지저분하고 잘 걷어가지도 않네. 저렇게 게을러서야 원." 이렇게 생각했다. 어느 날 친구가 집을 방문했을 때, 건너편 집 더러운 빨래를 지적하며 말했다. "저 집은 저렇게 얼룩진 빨래를 널고, 걷어가지도 않아. 아주 게으른 여자야" 건너편 집 빨래를 바라보던 친구가 이야기했다. "게으른 건 건너편 여자가 아니고 바로 너야" 건너편 빨래가 더러워 보였던 것은 빨래 때문이 아니라 바라보는 창문이 더러워졌기 때문이었다.

늘 같은 일에 익숙한 사람은 그 안에서 새로운 것을 보기가 힘들다. 자기 전공에만 몰두하다보면 전공과 관련된 '엉뚱한' 아이디어를 낼 수 없게 된다. 비전공자가 오히려 톡톡 튀는 아이디어를 낼 수 있다. 다른 분야 사람들과 자주 접촉을 하는 것도 창의성에 많은 도움을 준다.

1. 창의력은 광고 기획자, 예술가 등 특정 직업에만 필요하다.
2. 공무원은 규제, 관리만 하는 직종이라 창의력이 필요치 않다.
3. 상상만으로도 돈을 벌 수 있다.

답

1. X; 창의력이 필요 없는 곳은 오직 '천당' 뿐이다. 해리포터 이야기나 주부 스팀청소기를 발명한 이야기처럼 어느 곳이건, 누구든 모두 필요한 것이 창의력이다.

2. X; 공무원이 도장만 찍을 거라는 건 잘못된 생각이다. 동사무소에 증명서를 떼러 오는 사람들이 많을 경우 이들이 가장 빠른 시간 내에 일을 마치도록 하는 아이디어가 필요하다. 정부는 기관들이 얼마나 대민 봉사를 잘하는지 매번 평가한다. 세상 어떤 직업, 일이건 창의성은 필요하다.

3. O; 상상은 스토리텔링 출발점이며 창의력이 절대 필요하다. 좋은 스토리텔링은 좋은 영화, 좋은 책을 만들 수 있다. 쥬라기 공원, 해리포터 등 창의력이 뛰어난 스토리텔링은 수백억 원의 부를 창출했다.

3

창의맨이 살아남는 시대

1. 35년 후 미래도 정확히 예측하는 창의력

몇십 년 앞을 예측할 수 있다면 나는 무슨 일을 할 수 있을까? 만약 이런 능력이 있다면 '주식대박'은 따 놓은 당상이다. 35년 후 세상에는 어떤 변화가 있을까? 자동차부품처럼 장기를 교체하게 될까? 매주 소개되는 여행코스에 '달나라' 정도는 들어가 있지 않을까? 한 바퀴 돌면 색이 바뀌고, 또 한 바퀴 돌면 색이 바뀌는 의상은 가능하지 않을까? 35년 전에 예측했던 것이 제대로 실현된 경우가 있을까? 만약 그렇다면 이건 상상이 단순히 공상이 아닌 예측이라는 의미이고 상상하는 훈련이 필요한 이유이기도 하다. 실제 그런 사례가 있다.

1965년도에 35년 후인 2000년대를 예측하여 그림을 그린 사람이 있다. 상상력만으로 그린 그림이 놀랍도록 정확하게 2000년대를 예측하고 있다. 1965년의 한국은 지금과 많이 다르다. 동네 전체에 흑백 TV가 한 대

있었다. 연속극, 코미디를 보려고 모두 그 집으로 몰려갔다. 보일러 대신 연탄 아궁이로 방을 데웠던 시대이기도 하다. 동네 아이들 놀이도 PC게임, 스마트 폰 게임이 아니라 땅 바닥에서 구슬치기를 하거나 술래잡기를 하는 정도였다. 학교에서는 지금 태블릿 PC는 생각도 할 수 없고 몽당연필로 쓰고 지우개로 지우는 때였다.

상상만으로 그린 35년 후 모습이 정확하게 들어맞는다. ⓒ이정운 화백

'공부도 집에서' 흑판, 분필로 학교수업을 하던 그 시대에, 인터넷강의, 웹강의를 스마트폰으로 보는 것을 상상했다니 믿어지지가 않는다. '태양열 집'은 더 놀랍다. 당시 시골은 초가집이 대부분이었다. '태양열'이라는 단어 자체가 생소할 때인데, 태양열을 이용해서 전기를 아끼는 집을 짓는다는 생각을 했다. 당시는 시커먼 연기를 내뿜는 고물 디젤 차량이 대부분이라 공해가 상당히 많았던 시절이다. 자동차 엔진이라고는 전혀 몰랐을 당시 '전기자동차'를 생각해 냈다. 동네 전체에 전화기가 한두 대 있었던 시절에 지금 스마트폰을 상상했다. 지금 현대식 공항이나 지하철에서 먼 거리를 걸을 때에는 '무빙워크'가 있다. 당시는 먼 거리가 아니면 모두 걸어다니는 것으로 생각했던 시절이다. 그림 중앙에는 '움직이는 도로'가 버젓이 있다. 상상력이 놀라울 뿐이다.

상상력을 발휘 해보자. 35년 후 아파트 도어는 어떻게 변했을까?

답; 지금 아파트 문은 열쇠를 사용하거나 번호를 몇 개 눌러야 열린다. 35년 후는 자동이 될 것이다. 예를 들면 문 앞에 서기만 하면 생체인식(지문, 홍채, 걸음걸이 인식, 개인냄새)에 의해 열린다. 지문이나 홍채는 사람마다 독특해서 지금도 개인 인식수단으로 쓰인다. 걸음걸이도 개인마다 특징이 있다. CCTV에서 걷는 모습으로도 동일인을 찾을 수 있다. 개인 냄새는 각 개인마다 피부 상재 균이 다르고 땀 성분이 달라서 독특한 체취가 난다. 이를 구분할 수 있도록 한다면 자동도어가 될 수 있다. 혹은 비밀번호를 말로 중얼거려도 열린다. 지금도 음성인식은 가능하고 아예 비밀번호를 스마트폰 속에 저장해 둔다면 열쇠 대신 스마트폰을 대기만 해도 된다.

2. 창의맨이 살아남는 시대

삼성은 한국뿐 아니라 세계 최고 기업이다. 하지만 세계 최고는 언제 무너질지 모른다. 최근 중국 추격이 무섭다. 최고 기업인 삼성도 새로운 제품을 만들기 위해 총력을 기울이고 있다. 최초 휴대폰은 1988년 서울올림

삼성휴대폰 기술력은 끊임없이 나와야 하는 새로운 아이디어 자체다.

픽 개최 시점으로 거슬러 올라간다. 당시 삼성이 개발한 초경량 아날로그 휴대폰 SH-100은 국내 기술로 만든 최초 제품이었다. 하지만 지금 스마트폰에 비하면 벽돌 크기다. 이어서 애니콜로 변신한다. 아날로그 신호를 디지털로 바꾸는 혁신적 기술로 음성과 데이터를 동시 송출하면서 속도도 10-20배 빨라졌다.

1995년 삼성은 세계 최초 디지털 기술로 휴대폰 기술을 선점했다. 여기에 안주하지 않고 2006년 세계 최초 3.5세대 통신 기술 적용 제품에서도 선두 자리를 지켰다. 2010년 최초로 LTE(롱텀에볼루션) 상용화해서 시장 선점 기반을 다졌다. 2011년에는 슈퍼 아몰레드 LTE 스마트폰 '갤럭시S Ⅱ LTE'를 선보이며 초고속, 초고화질 4G LTE 시대를 열었다. '갤럭시S Ⅱ LTE'는 기존 3G 대비 최대 5배나 빨라진 속도로 소비자들에게 진정한 스마트 모바일 정보를 제공했다. '갤럭시 S4 LTE-A' 출시로 이동통신 혁명이라 불리는 'LTE-A' 시대 개막을 선언하며 LTE 선도 업체로의 위상을 더욱 공고히 했다. 하지만 중국 등 후발주자 추격은 무섭다. 중국과의 격차는 10년에서 최근 2-3년 단위로 좁혀졌으며 머지않아 동등할 것으로 추정한다.

세계의 기업 역사를 돌이켜보면 진화하지 않는 기업이 망하는 것은 시간문제다. 세계 굴지의 노키아가 맥을 못 추고 있는 것은 그들이 진화하지 못했기 때문이다. 필름업계 선두였던 코닥필름도 변신하지 못해서 밀려났다. 최고 휴대폰 제조업체인 노키아가 바닥으로 가라앉는 이유도 제일 잘하는 조립에만 목을 매었기 때문이다. 지금 제일 잘하고 있는 것이 아까워서 다른 곳으로 눈을 못 돌렸다. 삼성도 스마트폰 진화에 매달리지만 언제 노키아처럼 될지 모른다. 늘 혁신하고 변화해야 한다. 바로 창의성이 이 문제 해결책이다.

회사는 어떤 곳일까? 회사 특징을 3가지만 써보자. 회사는 무엇과 같다고 할 수 있나?

답; 1. 출세 경쟁이 심하다. 2. 뭔가 새로운 것을 만들어야 한다. 3. 돈이 최고의 목적이다. 이중 가장 대표적인 특징은 2번이다. 회사는 자전거와 같다. 구르지 않으면 넘어진다. 아이돌이다. 뭔가 새로운 작품을 만들지 않으면 대중으로부터 잊힌다.

뉴스 투데이에 실린 기사를 보자.

「롯데, '튀는 인재 잡아라'
스펙초월 창의인재 채용…상반기 신입 공채·인턴 등 1,200명
스펙 다이어트 시행…열린 채용 및 무스펙 특별전형 통한 창의 인재 확보」

롯데는 이름, 연락처 등 기본사항을 제외한 모든 항목을 배제하고 지원자 역량만을 평가하여 채용하는 '스펙초월 창의인재 채용(가칭)'을 진행할 계획이다. 그룹사별, 직무별 특성을 반영한 별도 주제를 부여하고 오디션이나 미션수행 같은 새로운 면접방식을 도입해 창의적이고 전문적인 인재를 발굴한다.

롯데그룹 인사담당자는 "최근 스펙 쌓기 열풍에 따른 사회·경제적 비용이 증가하는 가운데 역량과 도전 정신을 가진 인재가 부담 없이 롯데 문

을 두드릴 수 있도록 능력 중심 채용을 강화하는 방향으로 입사 전형을 보강했다"며 "열정과 패기가 넘치는 많은 지원자들이 다양한 분야에 지원해 주기를 바란다"고 말했다.

이 뉴스는 대기업들이 차세대 성장경력 개발에 핵심 역할을 하는 특이 인재 채용에 심혈를 기울이고 있다는 반증이다. 창의성이 없는 사람이 좋은 스펙(출신대학, 성적)만으로 입사할 수는 없다는 것을 말한다. 기업들은 창의성에 목숨을 걸고 있다. 구글 내부 모습은 예전 사무실처럼 책상, 의자들이 줄서서 정렬해있는 그런 구조가 아니다. 미끄럼틀이 있고 중간 중간 놀이터가 있고 실내에 나무들이 있는 자연스런 모습이다. 그래야 아이디어가 잘 떠오른다. 회사 내부를 바꿀 정도로 회사는 창의적 아이디어에 모든 것을 걸고 있다.

실전훈련

"튀는 인재를 잡아라!" 국내 대기업이 학력이 아닌 창의력이 우수한 인재를 뽑는다는 광고다. 같은 의미의 광고 제목을 만들어보자.

답: '잘난 괴짜'를 찾는다!

---

3. 현대의 기업에 필요한 인간특성

현대의 기업이 요구하는 사원의 자질은 무엇일까? 연구결과를 보면 당연히 창의력이 가장 높은 요구사항이다. 신중성과 치밀성은 오히려 낮은 점수를 받았다. 회사처럼 앞으로 치고 나가야 하는 곳에서는 이것 재고 저것 재는 신중, 치밀함보다는 자유롭게 발상하는 인간특성이 요구된다는 의미다. 물론 신중성과 치밀성이 요구되는 분야도 있다. 안전이 요구되는 소방공무원의 경우 신중하고 치밀해야 한다.

회사에 필요한 사람은 다음과 같아야 한다.

① 창의력, 변화에 유연 대응하는 사람; 21세기는 급하게 변한다. 머물러 있는 것은 아무것도 없다. 변화하는 환경에 가장 민감한 곳은 회사다.

② 해당 분야 전문지식 소유자; 현대는 전문화 시대다. 정보통신, 생명과학, 토목공학, 경영 등 각자 전문분야에 따라 취업을 한다. 전문지식이 있어야 그 분야 아이디어를 현실화시킬 수 있다. 창의성의 키워드 중 5, 6번째 사항임을 명심해야 한다.

③ 진취적, 열정적; 어떤 일에 대한 정열, 즉 그 일을 신명나게 할 수 있어야 한다. 뛰는 가슴을 가진 사람이어야 한다.

④ 원만한 대인관계; 회사는 사람이 모여서 일을 하는 곳이다. 창의적인 사람은 다른 사람을 신경 쓰지 않는다고 오해하는 사람이 있다. 물론 독창성이 있으려면 다른 사람의 비판에 무뎌져야 한다. 그렇다고 다른 사람을 무시하라는 뜻은 아니다. 대인관계는 어떤 조직이건 가장 중요한 자질이다. 여러 사람이 모여야 아이디어도 풍부해지고 실용화하는 데 추진력이 있다. 사람이 독특하다는 것과 다른 사람과 잘 지낸다는 것은 서로 다른 이야기다.

창의력은 전화번호나 상호에서도 필요하다. 만약에 당신이 대학교 후문 가에 채식위주의 한식당을 낸다면 어떤 전화번호와 상호를 사용하겠는가?

답; 다음 순서로 진행해보자. ① 채식 장점 ② 채식 특징 ③ 1, 2에서 가장 중심 되는 단어 하나를 고르자. ④ 이 단어를 쉽게 연상하는 물건, 소리 등 참신한 단어 두 개를 선택하자. ⑤ 4번 답을 기준으로 상호를 결정하자 ⑥ 5번 답을 10번 소리 내어 읽자. ⑦ 소리와 비슷한 숫자를 나열해보자. ⑧ 전화번호를 완성하자.

복습퀴즈

1. 창의성 6개 키워드에 해당하지 않는 것은?
   (1) 관찰 (2) 메모 (3) 불편함 (4) 상상

2. 탁구공을 바닥에서 줍는 아이디어를 내게 된 원천은 무엇인가?
   (1) 관찰 (2) 메모 (3) 불편함 (4) 상상

3. 상상이 단순한 공상으로 끝나는 것이 아니라 무언가 창조할 수 있다. 스토리텔링으로 큰 수익을 얻을 수 있는 대표적인 산업은?
   (1) 영화 (2) 인쇄 (3) 도로 포장 (4) 방위산업

4. '기업은 새로운 것을 만들지 않으면 넘어진다'라는 것을 쉽게 설명하기 위해 기업은 (   )이다, 라는 비유를 만들고 싶다. 다음 중 가장 적당한 비유는? (1) 오뚝이 (2) 에펠탑 (3) 버스 (4) 아이돌

5. 기업이 요구하는 순위 중 가장 낮은 것은?
   (1) 창의력 (2) 신중성 (3) 자주성 (4) 집중력

답

1. (2); 메모는 관찰 결과를 두뇌에 남기는 방식이다.
2. (3); 바닥을 흩어진 탁구공을 하나하나 줍기가 어려운 불편함이 아이디어를 만든다.
3. (1); 영화는 스토리가 생명이고 스토리는 창의성이 생명이다.
4. (4); 새로운 노래, 작품을 만들지 않으면 금방 잊힌다.
5. (2); 신중성, 치밀성은 순위 중 비교적 아래에 속한다.

21세기는 창의성 필수 시대다. 창의성 기본 6개 항을 기본으로 무장해야 한다. 창의성이 필요한 곳은 사소한 일부터 국가적인 대규모 사업까지, 인문사회, 과학 등 모든 범위의 분야. 창의성을 갖추어서 기업, 국가가 필요한 자질을 갖추도록 하자.

1. 창의성 6개 키워드; 창의성의 기본인 관찰, 불편함, 영감, 상상, 지식, 실용화를 다룸으로서 창의력을 완성한다.

2. 창의맨 무엇을 할 수 있나; 창의맨은 기업, 관공서, 개인사업, 연구개발 등 모든 분야에서 쓰인다. 가벼운 생활 아이디어부터 전문분야까지 모든 범위에 해당된다.

3. 창의맨이 살아남는 시대; 21세기는 창의맨만이 살아남는다. 우직하게 시키는 일만 하는 것보다도 유연하고 씽씽 돌아가는 머리를 가진 창의맨이 필요하다.

실천사항

1. 매일 주위를 둘러보고 관찰하자. 컬러, 모양, 시선, 소리로 관찰 방법을 달리하자.

2. 관찰사항을 메모지, 스마트폰에 메모하자.

3. 하루 한 가지 불편한 점을 찾아보자.

심층 워크시트

1. 최근 사건이나 관찰에서 떠오른 아이디어를 하나 적어라.

2. 이 아이디어가 상용화되었을 때 상품 광고내용과 copy를 적어보자.

3. 회사를 (자전거, 아이돌)에 비유했다. 또 다른 비유는?

4. 요즘 가장 눈에 띄는 아이디어 상품은 무엇인가? 누가 만들었는가?

창의맨 특성과 훈련

"온갖 삶에 대한 호기심이 위대한 창조주들의 비밀이라고 생각한다."

레오 보닛(1891-1971) 21세기 광고계 거장

어느 백화점 엘리베이터 운행속도가 너무 느려 고객들의 불평이 많았다. 백화점 지배인은 이 문제를 해결하고자 엔지니어링 회사에 자문을 의뢰했다. 최고 엔지니어 여섯 명이 1주일 동안 엘리베이터를 분석했다. 승강기 속도 증가에 필요한 힘을 계산하여 새로운 장치를 디자인 하는데 성공했다. 엘리베이터 속도를 높일 수 있다는 소식에 지배인은 기뻤지만 새로운 장치를 구입하는데 드는 금액을 듣는 순간 사색이 되고 말았다. 게다가 공사 기간도 보름이나 소요된다는 것이다. 영업에도 막대한 타격이 예상됐다. 매일 수많은 사람이 이용하는 엘리베이터를 잠시라도 멈출 수 없었다. 어떻게 할까 망설이고 있는데, 엘리베이터 담당 청소부가 단돈 5만원으로 문제를 해결해 주겠다고 나섰다. 지배인은 "속는 셈 치자"는 생각으로 허락을 했고, 청소부는 단 몇 시간 만에 일을 뚝딱 끝냈다. 그 후로 고객들의 불평은 완전히 사라졌다. 청소부는 무슨 일을 한 것일까?

청소부가 제시한 해결책은 아주 간단했다. 즉 엘리베이터 안에 큰 거울을 달아놓는 것이었다. 천천히 오르락내리락하는 엘리베이터 안에서 무료한 시간을 보내던 고객들에게 할 일을 만들어 주었다. 거울 앞에 서서 자신의 머리와 옷매무시를 고치는 동안 시간 가는 줄 잊어버렸다. 오히려 "벌써 다 왔나?" 하며 거울 앞을 떠나기 아쉬워하는 사람마저 생겼다. 청소는, 그는 어떤 특성이 있는 사람일까?

①

창의맨 특성

1. 창의맨 필요 6요건

건물 청소부는 평상시 엘리베이터에서 사람들이 무엇을 하는지 유심히 살펴보았다. 즉, 관찰을 통해서 외부 자극에 민감하게 반응하는 호기심이 있었다. 청소부는 이외에 무슨 능력을 더 가지고 있는 걸까? 창의적인 사람은 어떤 성질을 가지고 있어야 할까? 나는 과연 몇 점짜리 창의맨인가? 지피지기면 백전백승이라고 했다. 먼저 나의 창의맨으로서 자질을 알아보자. 그렇다고 지레 겁먹을 것은 없다. 사람은 공평하게 태어났다. 다만 어떤 능력이 많은가 적은가의 차이다. 창의성 6개 요건에서 모두 높은 점수를 받은 사람도 있다. 하지만 대부분 사람들은 특정 요건에서 높은 점수를 받고 일부 요건은 상대적으로 낮다. 누구는 호기심이 많지만 누구는 끈질기게 달라붙어서 무엇을 기어코 완성시킨다. 사람마다 낮은 부분을 더 보충하려는 노력만 한다면 누구라도 창의맨이 될 수 있다. 비록 청소부로 지금 일을 하고 있지만 언제라도 백화점 지배인이 될 자질을 가지고 있다. 실제로 당신이 사장이라면 이런 청소부를 당연히 눈여겨 볼 것이고 지배인으로 발탁할 것이다. 자신의 창의 성향을 체크해 보도록 하자. 검사 목적은 나의 강점, 약점을 아는 것이다.

아래 항목을 읽고 상당히 그런 편이면 5, 많이 그런 편이면 4, 보통이면 3, 비교적 아닌 편이면 2, 거의 아닌 편이면 1로 표시하라.

No	내용	점수
1	언제나 호기심, 문제의식을 가지고 있어서 그냥 넘어가지 않는다.	
2	어떤 일을 여러 가지 관점에서 받아들인다.	
3	기발한 행동, 착상을 하는 편이다.	
4	어떤 것에 대해 선입관을 갖지 않는다.	
5	어떤 일, 물건을 보면 많은 생각이 떠오르는 편이다.	
6	다른 사람이 끈기가 있다고 한다.	
7	호기심이 강해서 자기를 포함한 주위를 늘 새롭게 본다.	
8	쉽게 감동한다. 남의 말에 쉽게 공감한다.	
9	다른 사람과는 같지 않으려고 노력한다.	
10	나의 의견을 고집하지 않는다. 상황에 맞춘다.	
11	즉각적인 대답이나 아이디어, 많은 생각들이 순간적으로 떠오른다.	
12	일단 해보자 하면 쉽게 꺾이지 않고 포기하지 않는다.	
13	현 상태에 만족하지 않는다.	
14	다른 점을 늘 보려고 한다.	
15	나름대로 독특한 매력이 있다.	
16	다른 가치관, 생각을 잘 받아들인다.	
17	어떤 것에 대해 여러 가지로 쉽게 표현이 많이 된다.	
18	한 가지에 집중할 수 있다.	
19	항상 무언가를 생각하고 있다.	
20	어떤 물건의 다른 용도를 생각하려 한다.	
21	유머가 있고 농담을 할 줄 안다.	
22	다른 사람의 이야기를 잘 듣는 편이다.	
23	어떤 물건, 아이디어를 가공, 발전시킨다.	
24	같은 목표에 대해 여러 번 계속 생각한다.	

25	언제나 새로운 것을 추구하고 있다.	
26	사람들이 못보고 넘어간 곳을 알아챈다.	
27	남과 다른 복장에 신경 안 쓴다.	
28	그럴 수도 있다고 늘 생각하는 편이다.	
29	상상이던, 기존의 지식이던, 쉽게 발상을 점차 전개해 간다.	
30	도중에서 타협하지 않는다.	

아래 번호에 해당하는 점수를 합산한다.

1, 7, 13, 19, 25 =   점 (감수성 Sensitivity)

2, 8, 14, 20, 26 =   점 (재정의 Reidentification)

3, 9, 15, 21, 27 =   점 (독창성 Originality)

4, 10, 16, 22, 28 =   점 (유연성 Flexibility)

5, 11, 17, 23, 29 =   점 (유창성 Fluency)

6, 12, 18, 24, 30 =   점 (집중 Elaboration)

이번에는 본인 점수를 아래도표에 그려본다. 본인 약한 면을 집중적으로 연습할 수 있는 자료로 활용할 수 있을 것이다.

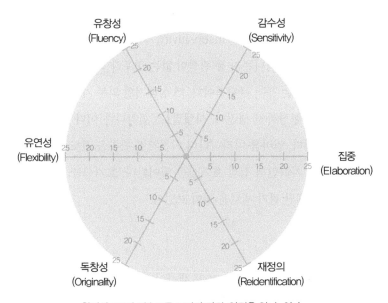

창의성 6요건 점수표를 그리면 강점, 약점을 알 수 있다.

2. 창의맨 6요건 중요성

창의성 필요요소는 'SFFORE'다. 즉 Sensitivity, Fluency, Flexibility, Originality, Reidentification, Elaboration 6가지다.

1) Sensitivity

문제의식, 호기심, 민감성이다. 어떤 상황, 물건을 어떠한 물건을 보고 그냥 넘어가지 않는다. 늘 문제의식을 갖고 있다. 감수성 있는 사람은 호기심이 상당히 많다. 늘 질문을 하고, 다른 사람 말에서 뭔가 얻으려고 하고, 언제나 새로운 것을 추구하고 있는 사람이다. 자기를 포함한 주위를 늘 새롭게 본다. 청소부는 엘리베이터를 청소하지만 고객들 행동을 주의해서 봤다. 본인 영역인 청소 범위에 들지 않지만 다른 분야에 관심을 둔 것이다. 그리고 발견했다. 고객들이 엘리베이터 내에서 할 일이 없어서 속도가 느리다고 느낀다는 것을 알았다. 보통 청소부라면 고객들이 무얼 하는지 호기심을 가지기보다는 본인 일만 한다. 그것도 아무런 생각 없이 한다. Sensitivity의 반대 개념은 Insensitivity, 즉 무감각, 무신경, 둔감이다. 주위에 무슨 일이 일어나는지 통 관심이 없는 경우다. 외부 변화를 제대로 뇌에 입력하지 않는 것이 무관심이다. 더 심해지면 외부 자극이 부담이 되고 귀찮아지는 현상까지 생긴다. 시쳇말로 '귀챠니즘'이다. 어린 아이들은 호기심이 많다. 엄마를 따라다니며 이것저것 귀찮을 정도로 물어본다. 이런 아이들이 자라면서 점점 호기심을 잃어간다. 호기심을 날카롭게 유지하는 사람에게만 뭔가 새로운 것이 보인다.

2) Fluency

유창성. 쉬지 않고 머리에서 계속 생각이 나오고, 즉시 아이디어가 떠오르고 다양한 표현이 가능하다. 유창성이 좋은 사람은 어떤 것을 묘사하는 능력이 상당히 탁월하다. 예를 들면 노란색을 표현하는 단어가, 노랗다, 누리끼리하다, 누르스름하다, 노리동동하다 등 끊임없다. 한개 단어에서 연상되는 수많은 생각들이 쉬지 않고 나온다. 언어능력도 높고 발상이 쉽게 되는 편이다. 언어와 두뇌 회전성은 비례한다. 말을 잘하는 사람들이 머리가 좋다는 말을 자주 듣는다. 쉽게 단어가 떠오른다면 머리가 잘 돌아가고 있다는 증거다. 대표적으로 코미디언을 들 수 있다. 이들은 그 상황에 맞는 적절한 언어를 잘 고르는 사람들이다.

3) Flexibility

유연성, 융통성이다. 엉뚱한 생각도 받아들인다. 선입견을 갖지 않고 고집하지 않는다. 자기만이 옳다고 주장하지 않고 다른 사람 이야기를 잘 듣고 다른 사람의 가치관을 받아들인다. 이런 사람들은 남의 이야기를 잘 듣는다. 타인 의견을 받아들여서 본인 필요에 맞게 변형시킨다. 반대 개념은 경직된 사고다. 본인이 가지고 있는 사고방식에 집착하는 사람들이고 고지식한 사람들이다. 나이가 들면 다른 사람들 말을 듣지 않는다. 본인들 경험이 축적되어서 가장 잘 안다고 생각하기 때문이다. 다른 사람 의견을 받아들이면 그 사람에게 진다고 생각하는 경쟁성향의 사람들은 이런 오류를 잘 범한다.

4) Originality

독창성, 의외성이다. 다른 사람은 미처 생각지도 못한 신규성, 의외성이 있다. 그만이 가지고 있는 독특한 매력이 있다. 이런 사람은 다른 사람과 같지 않으려 노력한다. 유머, 농담을 할 줄 안다. 남과 다른 복장을 하고도

별로 신경을 쓰지 않는다. 톡톡 튀는 복장을 한 연예인들도 나름대로 독창성을 보이려는 노력이다. 앙드레 김은 늘 순백색 의상을 치렁치렁 걸치고 나오데 의상이 독특할 뿐더러 말투까지 독특하여 나름대로 홍보효과가 충분히 있다. 독창성은 외모뿐만 아니라 과학적 아이디어에도 중요하다. 아이디어 경진대회에서 독창성은 생명이다. 하지만 많은 아이디어들은 어디엔가 참고문헌이 있었다. 얼마 전 심사위원으로 참가했던 경진 대회에서 우승을 한 아이디어는 모든 문헌, 특허를 다 조사해도 없었다. 아이디어는 귀뚜라미 울음주파수를 파악해서 그걸 들려주자는 것이다. 그러면 귀뚜라미가 자주 짝짓기를 해서 식량으로 쓸 수 있을 만큼 빨리 자란다는 것이었다. 그가 그런 독특한 아이디어를 내게 된 것은 관찰 덕분이다. 그는 귀뚜라미를 종종 볼 기회가 있었고 울음소리를 자주 들었다. 그리고 귀뚜라미들이 우는 패턴이 다르다는 사실을 알아냈다.

5) Reidentification

다른 면을 본다. 여러 가지 일을 여러 가지 관점에서 봐야 될 수 있다. 어떤 기계를 본다면 그 기계의 다른 용도는 무엇일까, 기계 장점을 뒤집어서 본다면 어떻게 될까? 즉 다른 사람이 못보고 넘어간 곳을 알아챌 수 있다. 이런 특성이 있는 사람은 물건의 원래 용도보다는 엉뚱한 용도를 잘 찾아낸다. 칼 용도가 무엇을 자르는데만 있지 않고 무엇을 데울 수도 있다고 생각한다. 이런 사람들은 같은 문제를 풀더라도 가능한 답을 더 많이 낼 수 있다. 문제에서 한 개 답이 아니라 여러 답을 낼 수 있다. 엘리베이터 청소부 거울처럼 고객들의 다른 면, 즉 심심해한다는 면을 볼 수 있던 능력이기도 하다. 속도가 느리다는 불평을 지배인은 엘리베이터 속도가 느린 것으로만 받아들였지만 청소부는 상대적으로 시간이 가지 않는 엘리베이터 안을 생각한 것이다.

6) Elaboration

노력과 집중이다. 아이디어 발상단계, 특히 실용화 단계에서 필요한 능력이다. 발상단계에서 계속해서 생각하는, 즉 집중을 하는 능력이다. 창의성은 다 쓴 치약 짜내기에 비유되기도 한다. 다 쓴 치약이지만 다시 짜내면 또 쓸 만큼이 나오는 경험을 한 적이 있다. 창의성은 때로는 짜내야 한다. 아이디어 발상법 중의 하나로 브레인스토밍 방법이 있다. 이 방법은 머리에서 떠오르는 대로 말을 하는 방법으로 회사에서 많이 쓰고 있다. 하지만 여기에도 노하우가 있다. 처음에는 일인당 몇 개씩은 금방 나온다. 문제는 그 다음이다. 금방 머리에서 나온 것들은 대부분 쉽게 나오는, 즉 예상이 되는 것들이다. 진짜 엉뚱한 아이디어는 쉽게 나온 생각들이 바닥난 다음에 쥐어짜내야 나올 수 있다. 본인들이 생각해 보지 않았던 것을 강제로 짜내는 과정이다. 노력과 집중이 필요한 부분은 아이디어 실용화 부분이다. 수많은 아이디어 중에서 실용화 되는 것은 많지 않다. 실용화에는 많은 제약, 문제들이 발생한다. 해당 부품이 없을 수도 있고 또 시장상황이 변할 수도 있다. 이런 어려움을 이기는 방법은 노력과 집중이다. 이런 특성을 가진 사람들은 끈기가 있다. 꺾이지 않다. 도중에서 포기하고 계속 그 일을 해나가는 우직함이 있다.

다음 행동이나 생각은 어떤 창의맨 6요건에 도움이 될까?

(1) 끝말 이어가기

(2) 친구 얼굴 보고 심리상태 맞추기

(3) 평소와 다른 방법으로 통학하기(예; 버스길을 걷기)

(4) 목록 작성하기

(5) 언제든지 공책 가지고 다니기

(6) 자유롭게 글을 쓰기

(7) 컴퓨터를 멀리하기

(8) 나 자신 괴롭히지 않기

(9) 쉬어보기

(10) 샤워를 하며 노래하기

(11) 커피를 마시기

(12) 음악 듣기

(13) 오픈 마인드 하기

(14) 창의적인 사람을 옆에 두기

(15) 의견 주고받기

(16) 협업하기

(17) 포기하지 않기

(18) 연습하기

(19) 실수를 용납하기

(20) 새로운 곳으로 가보기

(21) 자신의 축복을 생각하기

(22) 무엇인가 끝내보기

(23) 위험을 감수하기

답 ;

(1) 유창성; 쉽게 단어를 잇는다는 것은 많은 어휘를 자유로이 사용할 수 있는 능력이다. 단어는 단순 글자가 아니다. '시골'이란 단어를 뱉는 순간, 이미 두뇌는 여러 가지 시골에 관한 이미지를 생각한다. 그만큼 많은 이미지, 즉 생각이 떠오른다.

(2) 감수성; 상대방 관찰 능력이 생긴다. 가족 간에도 필요한 훈련이다. 매일 보는 아내이기에 별로 신경을 쓰지 않는다. 표정에서 아내 심경 변화를 알아볼 있는 남편이라면 일단 합격이다.

(3) 재정의; 버스에서는 골목길 음식점 간판만 보인다. 걸으면 주방 내부까지 보인다. 주변 물건이나 사람들이 더 예민하게 자극시켜 감수성도 증가한다.

(4) 집중; 할 일. 일정 등을 작성하면 즉 끈기 있게 잊지 않고 일을 체계적으로 추진할 것이다.

(5) 감수성; 주위 것을 유심히 볼 수 있고 모든 사건에 관심을 가지게 된다.

(6) 유창성; 생각을 자유롭게 할 수 있다. 상상력이 동원되는 훈련방법이다.

(7) 독창성; 혼자 무언가를 생각할 수 있는 독창성을 키운다.

(8) 재정의; 나를 달리 보면 나를 괴롭혔던 생각들이 별것 아니고 오히려 도움이 되는 일이 된다.

(9) 재정의; 쉰다는 것은 생각들을 일부러 안 한다는 뜻이다. 모든 사물이 달리 보인다.

(10) 유창성; 노래를 부르는 순간은 가사와 연관된 여러 생각들이 동시에 떠오른다.

(11) 감수성; 커피를 마시면 무언가에 집중하게 되고 민감해진다.

(12) 감수성; 가사가 있는 음악이라면 연상 작용과 함께 언어능력이 일을 할 수 있다.

(13) 유연성; 여러 가지로 해석하는, 어떤 결과라도 편하게 받아들이는 오픈마인드다.

(14) 독창성; 옆에서 계속적으로 새로운 독창성을 접할 수 있게 된다.

(15) 유연성; 수용할 수 있는 것은 유연성을 키우고 다른 면을 본다.

(16) 유연성; 협업은 소통이고 소통 기본은 상대를 인정하는 유연성이다.

(17) 집중; 뚫고 나가는 것은 끈기 있게 계속 집중하는 일이다.

(18) 집중; 많은 연습을 통해서 몸에 창의습관이 밴다.

(19) 유연성; 용납이란 결국 상대방 실수를 달리 본다는 의미이다.

(20) 감수성; 새로운 곳은 감각을 날카롭게 하고 자극을 준다.

(21) 독창성; 독창성은 다른 사람 눈치를 안 보고 스스로 자신이 있을 때 가능하다.

(22) 집중; 어떤 일을 끝까지 해서 완수하는 집중을 의미한다.

(23) 집중; 남과 달리 자신의 독특함을 믿고 끝까지 밀고 가는 힘이다.

키포인트

각 개인마다 창의적 특성이 다르다. 창의맨 6가지 요건 개인검사를 통해서 그 사람 강약점을 알 수 있다. 장단점이 아닌 강약점을 파악해서 부족한 점을 보충해야 한다.

감수성(Sensitivity); 어떤 상황을 보고 그냥 넘어가지 않고 늘 문제의식, 호기심이 있다.

유창성(Fluency); 많이 생각하고 언어의 다양한 능력으로 많은 아이디어를 낸다.

유연성(Flexibility); 선입견 없이 엉뚱한 생각도 받아들인다.

독창성(Originality); 신규성, 의외성이 있고 그만의 독특한 매력이 있다.

재정의(Reidentification); 여러 관점에서 보는 능력이고 엉뚱한 용도를 잘 찾아낸다.

집중(Elaboration); 목표 완성을 위해 집중하는 능력이다.

간단 OX퀴즈

1. 창의맨 6가지 요건 중 언어와 관련이 있는 것은 유연성(Fluency)이다.
2. 자신을 지지하기는 창의맨 6요건 중 독창성 증진 방안이다.
3. 다른 직업의 사람을 만나기는 집중(Elaboration)에 도움이 된다.

답

1. O; 유연성은 많은 생각, 단어를 내놓는 능력이다
2. O; 자신이 옳다고 생각하는 것을 주장하고 다른 사람의 눈치를 안 보는 것이다.
3. X; 유연성, 재정의에 도움이 된다.

（원문의 숫자 2 기호）

발상 방해물과 극복

1. 두뇌를 잠그는 5가지 심리장벽의 종류

간단한 문제를 하나 풀어보자. 여기 9개의 점이 정사각형으로 있다. 이 점들을 모두 지나가도록 직선을 긋는다면 몇 개의 직선이면 9개점을 연결할 수 있을까? 답을 한번 써 보자.

9개 점을 모두 잇는 직선 수는 몇 개인가?

점 9개를 연결하다 보면 5개 직선이 필요하다. 대부분 이런 정도는 풀 수 있다. 그 다음부터가 좀 어렵다. 답은 3개나 더 있다. 아니면 누군가가 또 다른 답을 내놓을지도 모른다. 문제 자체에 언급이 없어도 해답자가 머릿속에서 제멋대로 제약조건을 만드는 경우가 있다. 9개 점안에서만 선을 그어야 한다는 제약을 스스로 만들지 마라. 밖으로 선이 나가면 안 되는가? 상식에 얽매인 사람은 점안에서만 직선을 그어야 한다는 생각이 있는 사람이다. 이 경우 가능한 직선 수는 5개다. 반면 9개 점을 꼭 안에서만 연결하라는 제약이 없기 때문에 밖에서 연결할 수 있으면 다른 그림도 가능하다. 또 점이라고 해도 실제는 점 크기가 있으므로 점의 바깥쪽도 연결한다면 3번째 경우가 된다. 또 종이에도 두께가 있다고 생각하면 마지막 그림처럼 두께가 있는 하나의 직선으로도 연결할 수 있을 것이다.

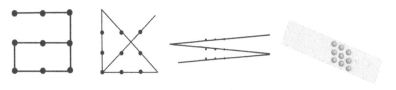

스스로 만든 제약을 넘어서면 다양한 답이 나올 수 있다.

나머지 3개 답과 첫 번째 답 차이는 명확하다. 즉, 첫 번째 답은 9개 점 안에서만 답을 찾으려 한 결과다. 반면 나머지 3개는 이런 제약을 넘어서 여러 가지 가능성을 생각한 결과다. 문제 어디에도 점내에서 선을 연결하라는 제약은 없다. 그럼 누가 제약을 만들었을까? 여러분 자신이다. 즉 자기 스스로 선은 점안에서 연결해야 한다고 제약을 걸어놓은 것이다. 대부분의 사람들도 이런 오류를 범한다. 이런 오류 혹은 심리적 장벽이야말로 창의적인 생각을 하는데 넘어야 할 산이다. 미국 심리학자 길포드 박사에 의하면 보통 사람들은 아이디어를 내는데 5가지 심리적 장벽을 가지고 있다. 이것이 어떤 것들이고 어떻게 넘어설 수 있는지 알아보자.

1) 물건 용도를 고정화하기

어떤 물건을 생각할 때 우리는 그 물건 기능이 먼저 떠오른다. 연필하면 당연히 필기구로만 생각되고, 신문하면 정보를 전하는 것으로만 생각한다. 당연한 사실이다. 하지만 물건 기능이 이렇게 고정되어 있으면 사고 폭이 좁아진다. 일종의 고정관념이다. 예시 문제를 보자. 책상 위에 양초, 성냥, 상자에든 압정 2개가 있다. 양초를 근처 벽에 1미터 높이에 붙이고 그 양초에 불을 붙일 방법을 생각해 보자. 답은 여러 개가 가능하다. 한 방법은 1미터 높이에 상자를 압정으로 고정하고 그 위에 양초를 세울 수 있으면 문제는 해결된다.

상자는 무엇인가를 저장하는 기능만을 생각하는 '기능 고정관념' 늪에 빠지면 이런 아이디어를 생각하지 못한다. 이런 고정관념을 '기능고착'이라 부른다. 예를 들면 칼은 무언가를 자르는 것, 풀은 무언가를 붙이는 것, 마이크는 소리를 전달하는 것이라는 고유기능이 전부라고 생각하는 심리적 장벽이다.

2) 그룹, 단체 의견 따라하기

남자들은 군복을 입으면 갑자기 군인다운 행동을 한다. 용감해지기도 하고 때로는 객기가 나오기도 한다. 학교에서 예비군 훈련을 할 때도 이상한 현상이 나타난다. 평소 수줍던 학생이라도 예비군복을 입으면 용감해지고 대담해진다. 같은 색 그룹이 되었기 때문에 홀로 있을 때보다 대담해진다. 무엇보다 같이 행동하려는 경향이 강해진다. 심지어 붉은 신호등에도 그룹이 되면 겁도 없이 건넌다. 반대로 남들과 다를 경우, 즉 다른 사람들은 모두 붉은색을 입었는데 나만 녹색을 입고 붉은색 가운데에 있다면 불안해진다. 이런 불안감이 생기는 것이 창의성 장애물이다. 그래서 사람들은 다른 사람과 동일하게 생각하려는 경향이 있다. '친구 따라 강남 간다'는 속담이 있다. 다른 사람들이 모두 땅을 사니까 나도 같이 사야 안심이 되는 심리다. 서구 개인주의에 비하여 한국은 그룹 힘이 강하다. 직장 혹은 어떤 그룹에서 활동하는 것이 안심되는 경향이 강한 편이다. 일본의 경우도 그룹으로 움직이는 경향이 강하다. 다양한 의견이 수용되는 분위기가 아니라 동일한 의견으로 모아지는 것은 다양성이 생명인 창의성 증진에 도움이 안 된다. 남과 달라도 불안하지 말아야 한다. 이런 동조 경향은 강의 중에도 나타난다. 문제를 내고 답이 여러 개 나올 수 있다고 미리 이야기한다. 그리고 손가락 개수로 정답 번호를 표현하라고 하면 처음에는 남과 다른 답을 내놨다가도 숫자가 많은 쪽으로 슬그머니 바꾸는 경우가 많이 있다. 창의맨이 넘어야 할 두 번째 심리적 장벽이다.

3) 전문가, 권위를 무조건 믿기

TV뉴스를 보면 중간중간 전문가 의견이 추가된다. 듣는 시청자는 전문가가 나오면 일단 그의 말을 믿는다. 일종의 권위주의다. 권위주의는 고정관념이다. 그 기관은 늘 맞는 소리만 했으니 그것이 옳을 거라고 생각하는 것이 문제다. 덕분에 다양한 사고를 하지 못하게 된다. 전문가가 이야기했다면 대부분 믿는다. 신문, 잡지, 뉴스에서도 교수, 전문가 해설을 곁들이는 것도 시청자 이런 심리를 감안한 행동이다. 하지만 전문가 예측이 빗나간 경우는 많다. 전문가라고 무조건 믿는 분위기를 넘어서야 한다. 전문가를 앞세운 권위, 혹은 권위주의적으로 만들어진 분위기는 그들 생각을 무비판적으로 받아들이고 따르는 특성이 있다. 다수파나 권력자, 전통, 사회 규범 등 권위에 복종하는 한편, 소수자나 자신보다 밑에 있는 사람에게는 무조건 복종을 요구하는 측면이 있다. 한국 남자들은 군대에서 절대 복종을 배웠다. 권위적인 분위기는 자유로운 소통이 힘들다. 자유로운 소통은 창의성 기본이다. 말도 통하기 어려운 곳에서 무슨 '엉뚱한' 아이디어 이야기를 꺼낼 수 있을까? 특히 창의적인 생각이나 질문 등이 가장 활발해야할 대학조차도 말도 쉽게 못 꺼내는 권위적인 분위기는 창의성의 씨를 말리는 일이다. 미국은 그런 면에서 선진국이다.

 필자가 미국 유학시절 겪은 놀라운 문화쇼크가 생각난다. 한국에서는 학과 지도교수와 면담을 할 때면 당연히 책상 앞에 부동자세로 서서 교수님이 하시는 말씀을 끽소리 않고 듣거나 수첩에 그대로 메모해서 '예'만을 반복하고 일방적으로 듣던 기억이 난다. 그런데 미국 대학은 한마디로 '개판'이었다. 즉 지도교수가 앉아 계시는 책상에 다리를 척 올려놓고 이야기를 하는 대학생 '놈'도 보았다. 더 놀란 것은 두 사람이 킬킬거리며 무슨 이야기를 하던 것이었다. 게다가 마치 친구처럼 지도교수 이름도 부르곤 했다. 상상도 못한 일이었다. 이에 반하여 동양, 특히 일본과 한국 유학생들이 아주 복종적이었다. 얼마 지난 후에 그런 모습이 눈에 익었지만 한국에서 그렇게 되기는 평생가도 힘들 것이다. 이런 차이는 문화 차이다. 유교사상으로 확실하게 무장한 한국 학생들은 부모와 의사소통이 힘들다. 하물며 상사와 소통은 더욱 힘들다. 회사에서도 이 경향은 잘 나타난다. 상사 명령에 복종해야 하고 이를 어기면 '불복종, 항명'으로 몰린다. 이런 수직적이고 딱딱한 구조에서는 유연한 사고, 창의적인 사고가 나올수 없다. 권위를 앞세운 주장, 권위적인 분위기 조성은 넘어서야 할 심리적 장벽이다.

4) 다른 면을 볼 시간이 없는 바쁜 사고와 생활방식
 한국에 유학 온 외국 대학생들이 제일 먼저 배우는 말이 있다. 바로 '빨리빨리'다. 이런 빠른 템포 생활은 비단 회사에서 뿐만 아니다. 청소년들도 가장 빨리빨리 움직이는 그룹이다. 학원이니 공부로 바쁜 가운데 아이들은 최대한 높은 수준의 성과를 효율적으로 내도록 요구받고 있다. 바쁘기가 비즈니스맨 뺨친다. 이런 분위기 속에서 아이들이 과연 창의성을 키울 수 있을지 의문이다. 한국 청소년들의 하루 공부시간은 OECD 평균보다 2시간이나 많지만 오히려 성취점수는 더 낮은 것으로 나왔다. 바쁘게 학원으로 돌아다니지만 실제 머리를 써서 나온 결과는 낮았다. 여유가 없는 상황에서는 누구든지 정해진 틀 속에서 요구받는 성과를 내려고 필사적이 된다. 낭비를 줄이고 최대한 효율적으로 성과를 내도록 강요받는다. 자유로운 발상은 할 틈도 없고 당연히 억제된다. 시간적 여유도 중요하지만 심적 여유가 창의성 필수요소다. 시간에 쫓기는 상황에서 엉뚱한 아이디어를 냈다가 험악한 꼴을 당해본 사람들은 창의성이 말라버린다. 바쁜 상황일수록 마음의 여유를 갖도록 의식해야 한다.

5) 너무 편해서 누가 다 해주는 환경

너무 편하게 자란 사람과 고생을 하면서 자란 사람은 차이가 난다. 스스로 뭔가를 해야 하는 사람은 이것저것 생각하고 만들어가려 하지만 편하게 자란 사람은 동기가 없다. 위기관리, 스스로 사고하는 힘, 행동력이 부족한 환경에서 자란 사람이 강하다. 사람은 부족한 환경에서 뭔가를 채우려고 본능적으로 궁리를 한다. 새로운 것이 절실할 때 창의성이 극대화된다. 대기업에 있던 사람이 벤처회사를 차렸다가 사정이 힘들어져서 다시 회사로 돌아가는 경우가 종종 있다. 대기업에 있을 때 자기도 모르는 사이에 주어졌던 많은 혜택과 힘 등이 대기업을 떠나자 더 이상 쓸 수 없게 되었다. 이빨 빠진 호랑이가 된 것이다. 직원을 10명 데리고 있는 중소기업

사장은 10명 부하가 있는 대기업의 과장과 위기에 대한 감이 다르다. 난국이나 문제 등이 발생하면 누구보다 열심히 이를 헤쳐나가려는 노력을 한다. 스티브 잡스도 스탠포드 대학 졸업식에서 'Stay hungry'라고 말했다. 미래를 향해 전진하려면 위기감이 중요하다고 생각한 것이다.

2. 창의성 심리장벽 파괴하기

1) 답은 여러 개라고 생각하기

정답을 고르지 않으면 틀린다. 수십 년 동안 정답 고르기 교육을 받은 사람들에게 정답 이외에 또 다른 답을 찾으라하면 당황한다. 아래 그림에서 다른 도형과 다른 것은 몇 번인가? 답은 하나가 아닌, 여러 개다. 1과 달리 나머지는 모두 서로 다른 종류 선들이 있다. 2가 다른 이유는 2만이 모두 직선이다. 3이 다른 이유는 한 개 씩의 직선과 곡선으로 이루어진 도형이다. 4의 경우는 내부로 들어온 부분이 있는 도형이다. 5의 경우는 3개 곡선으로만 이루어졌기 때문이다. 여러분들은 아마 더 많게 다른 이유를 찾았을 것이다.

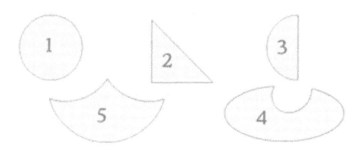

다른 것과 다른 도형은 어떤 것인가?.

1+1에 대한 답을 적어 보자. 수학시간이 아님을 명심하자. 답은 늘 여러 개다. 가능한 모든 답을 적어보자.

답: 1+1= 과로사
수학문제가 아니라고 굳이 힌트를 주었기에 망정이지 그런 이야기가 없었더라면 이 문제는 당연히 수학문제야 라고 스스로 범위를 정해버리고 말았을 것이다. 물건기능 고착화와 비슷하다. 다른 답을 몇 개는 낼 수 있을 것이다.

2) 아이디어는 꼭 논리적이지 않아도 된다.

'그건 논리적이지 않다, 말도 안 되는 소리 하지 마'는 대부분 엉뚱한 발상의 기를 꺾는다. 특히 이공계 학생들 같은 경우 '그건 안 될 거 같은데, 그건 모순인데'라고 하는 그 말 자체가 아이디어를 좌절시킨다. 아이디어 발상의 가장 큰 적은 아이디어에 대한 비판이다. 힘들여서 창피를 무릅쓰고 낸 아이디어에 '말이 안 된다'는 비판은 바로 아이디어를 사망시키는 일이다. 이럴 경우에 논리적이라는 말에 대해 기죽을 필요가 전혀 없다. 왜냐하면 우리의 뇌에서는 논리적인 부분은 좌뇌에서, 즉 아이디어 2단계인 '실용화'에서 할 일이기 때문이다. 많은 아이디어를 상상해 내고 그 중에서 좋은 걸 고르면 된다. 2단계, 즉 실용화 단계에서 논리라는 말이 필요할지 모르겠지만 첫 단계, 즉 많은 것을 내야 하는 단계에는 논리적이란 말은 적당치 않다. 논리적인 것은 이미 다 개발되어 있다.

3) 규칙은 누군가 만든 것일 뿐이라 생각하기

알렉산더 대왕이 아시아를 정복해 나가는 과정 중 있었던 일이다. 프리지아라는 지역에 고르디우스라는 왕이 있었다. 그는 자기 마차를 제우스 신에게 바치면서 특유한 매듭을 지어 묶어두었다. '이 매듭을 푸는 자, 아시아의 왕이 되리니'라는 전설이 이 매듭에 있었고, 많은 사람들이 도전했지만 단 한 명도 매듭을 풀지 못했다. 후일 그곳을 지나던 알렉산더 대왕 역시 매듭을 풀기 위해 노력했지만 쉽게 풀 수 없었다. 그러자 알렉산더 대왕은 단칼에 그 매듭을 잘라버렸다. 이 후 '고르디우스의 매듭을 풀었다'라는 말은 '난해한 문제를 해결했다' 의미로 쓰이게 되었다. 보다 창의적인 방법으로 문제를 해결한 알렉산더 대왕은 전설대로 아시아를 지배하는 왕이 되었다. 고르디우스 매듭을 푸는 데에는 무슨 법칙, 규칙이 있을 거라는 생각이 그동안 다른 사람들이 실패한 이유다. 넘어야 할 심리적 장벽이다. 다른 예를 보자. 익히지 않은 달걀을 세울 수 있을까? 많은 사람이 시도했지만 잘 되지 않았다. 그렇지만 콜럼버스는 그 달걀을 깨서 세웠다. 깨지 말고 세우라는 이야기는 어디에도 없다. 달걀 그대로 세워야 한다고 정한 것은 스스로 정한 것이다. 두 가지 예는 어떠한 일을 할 때에는 일정한 규칙이 없다는 것이다.

고르디우스 매듭은 손으로 풀어야 한다는 고정관념이 있다

당신은 지하철에 타고 있다. 지하철 규칙은 무엇일까? 그 규칙을 깨서 새로운 아이디어를 내봐라.

답; 문은 좌우로 열린다 → 문이 위로 올라간다. 문이 열린 채 달린다.
지하철 의자는 벽에 붙어있다 → 의자를 없앤다. 의자를 가운데로 모은다.

4) 이게 금방 될까라고 생각하지 않기

'실용적이지 않은 아이디어는 필요 없다'라는 생각은 커다란 심리적 장벽이다. 아이디어 발산 단계에서 실용적이어야 한다는 말이 발상을 잡으면 안 된다. '실용적'이라는 말 대신에 '만약에'를 한번 써보자. '만약에 페인트에 폭약을 집어넣으면 어떨까'라는 얘기가 나왔을 때 보통사람은 '그거 실용적이지 않으니 시도도 하지 마'라고 이야기한다. 하지만 창의적인 사람은 곰곰이 생각한다. 그럼 혹시 폭발한다는 말 대신에 반응한다는 의미로 바꾸고 반응을 제어할 수 있는 방법이 없을까라고 생각한다. 페인트를 바르기 전에 다이너마이트를 벽에 미리 칠해 놓으면 어떨까? 그리고 나중에 페인트가 필요 없을 때 다이너마이트를 터뜨린다면 어떨까? 실제로는 터뜨린다기보다는 어떤 성분을 미리 페인트에 섞어놓고 훗날 필요시 그 성분과 반응시켜서 페인트를 제거하는 아이디어를 낼 수도 있다. 요점은 실용적이지 않을 것 같은 아이디어도 쉽게 버리지 말라는 것이다. 그곳에서 출발해서 새로운 아이디어를 내보란 이야기다.

그렇다면 사람들은 왜 '만약에'라는 엉뚱한 생각을 늘 안할까? 그 이유는 대부분 사람들이 아이디어를 비판하는 습관이 있기 때문이다. 하지만 비판은 창의적 사고의 적이다. 아이디어는 실용화의 첫 단계일 뿐이다. 그것 자체가 어떤 최종 작품이 아니기 때문에 절대 비판을 해서는 안 된다. 아이디어가 쉽게 안 나오는 또 다른 이유는 성공할 확률이 적기 때문이다. 실제로 3,000개의 아이디어 중 1, 2개가 성공한다. 한 번에 히트하는 아이디어를 낸다하기보다는 조금씩 발전시켜서 성공시킨다고 생각하자.

우리는 '만약에 ~ 이라면'이라는 교육을 받지 않았다. 엉뚱한 아이디어를 받아주고 실패를 용인해 주는 환경이 아이디어가 튀어나오게 한다. 한두 번 실패에 책임을 묻는다면 그 누구도 그런 무모한 짓을 안 할 것이다. 미국 실리콘밸리는 이런 벤처 형태의 도전이 자연스럽게 용인되는 기업 풍토를 가지고 있다. 즉 A회사에서 시도한 아이디어가 안 되어도 B회사에서는 그를 데려다 쓰는 행위가 실리콘밸리를 미국산업 원동력으로 만들었다.

실전훈련

"만약" 사람이 고기처럼 물속에서 숨 쉰다면 어떻게 될까?

답; 공상영화에서는 산소로 만든 액체 속으로 들어가서 사람이 숨 쉬는 장면이 나오는데 아마 이런 일이 멀지 않을 것이다.

---

5) 아이디어는 짜내지 않아도 나온다고 생각하기

우리는 책상에 앉아서 집중해야 뭔가 된다고 생각하는 버릇이 있다. 하지만 아이디어는 놀 때 더 잘 떠오른다. 즉 방심은 발명의 어머니다. 뛰어난 아이디어의 탄생 경위를 보면 재미없는 강의를 듣거나 혹은 버스를 타고 멍하니 밖을 쳐다보고 있을 때다. 그래서 메모지가 꼭 필요하다. 아이디어는 필요에 의해서 나오지만 반드시 그렇지만은 않다. 편하게 놀고 쉬는 것이 뇌를 돌린다.

6) 내가 일하는 분야가 아니라는 생각 버리기

그 주제는 내 전공과는 거리가 멀다고 생각하면 안 된다. 현대는 깊은 전공이 필요하다. 전공분야 지식은 아주 좁고 깊다. 그럴수록 상상력은 좁아지게 된다. 다른 분야 사람과 만나야 한다. 카레이서와 광대 피에로가 만났을 때 무슨 아이디어가 나올 수 있을까? 왔다갔다 하는 자동차, 뒤집어진 상태로 진행하는 자동차경주 시합 등의 다양한 아이디어가 나온다. 만약 경찰과 축구선수가 만나면 무슨 아이디어가 나올까? 도둑을 잡을 때 축구하듯 태클을 걸어라, 아니면 좌우 윙을 써라, 양쪽을 포위하는 방법을 써라. 축구선수라면 경찰 수갑을 보고 상대 팔을 수갑처럼 엮는 방법을 생각할 것이다. 자기 분야에서 아이디어가 나오는 경우가 있지만 그렇지 않은 경우도 상당히 있다. 볼펜이나 타이어는 모두 비전문가가 만들었다. 다른 분야 사람이 그쪽을 보기 때문에 쉽게 아이디어가 떠오르는 것이다.

실전훈련

성악가와 치과의사가 만나면 무슨 아이디어가 떠오를까?

답; 간단하게는 입을 크게 벌리는 성악 훈련을 치과의사가 잘 시킬 수 있을 것이다.

7) 뭐든지 확실할 필요는 없다

8의 반은 무엇인가? 대부분은 문제가 정확히 무엇인가를 묻는다. 즉 8이 숫자냐 혹은 도형이냐를 확실히 묻는다. 왜 묻는가? 물론 정확한 답을 구하기 위해서다. 창의성은 정확한 답을 원하지 않는다. 많은 답을 원한다. 따라서 문제를 정확하게 규정하려하면 스스로의 함정에 빠진다. 문제의 모호한 여러 측면을 그대로 두고 아이디어를 내는 방법이 오히려 좋은 아이디어를 구할 수 있다. 중의성, 즉 여러 의미를 일부러 조장하라.

지금 이 질문에 대한 답은 뭡니까? 8의 반은, 4 또는 8이 잘린 3자도 된다. 혹은 0 또는 반으로 길게 쪼개진 '얇은 8'도 된다. 즉 '8의 반이 무엇이냐'라고 물었을 때 꼭 숫자라고 묻는다고 생각하지 말고 다른 의미로 물을 수 있다고 생각하자. '확실히 질문하라, 확실히 하라'라는 말 자체는 두뇌를 잠그고 꼭 하나의 답을 하나의 문제만을 요구하는 스스로의 자물쇠다.

8) 타인과 달리 행동하기

남들과 달라지고 싶다면 확실히 바보가 되어야 한다. 실제로는 바보가 되기는 힘들다. 힘든 이유는 남들대로 하면 편하기 때문이다. 또 여럿이 모이면 자연스럽게 집단 사고를 한다. 그래서 회사에서 어떤 프로젝트를 진행해서 아이디어를 낼 때에도 다른 분야의 사람들, 아니면 늘 안 보던 사람들이 모이면 더 효과적으로 할 수 있다.

9) 스스로를 '창의맨'이라 여기기

생각하는 대로 되는 것이 사람이다. 스스로에게 최면을 걸어야 한다. 이미지 트레이닝도 하나의 방법이다. 스스로를 창의적이라 자랑스러워하면 스스로 자발적으로 뭔가를 만들려 한다. 매일 자기에게 최면을 걸자. 나쁠 것 하나 없고 돈 들것 하나 없다. 그저 자기 자신에게 이야기하는 것이다. '너는 창의맨이야.'

어이없는 컴퓨터 자판 배치

당신은 컴퓨터 자판 순서를 기억하는가? 왼쪽부터 'QWERTY'다. 왜 이런 배열이 되었을까? 무슨 대단한 원리가 숨어있는 것처럼 보이지만 사실 '심리적 장벽'이 있다. 즉 발명품은 뭔가 대단한 기술로 되어 있을 거라는 심리장벽이다. 그렇지 않다는 것을 확인해 보자. 1714년 영국의 헨리 밀이 처음 타자기를 발명했다. 그러나 정작 발명자로 기억되고 있는 이는 '52번째' 연구자인 미국의 크리스토퍼 숄츠다. 그는 선배 발명가들이 남긴 자료를 이용해 1868년 실용 타자기의 특허권을 취득했다. 이 타자기 자판은 알파벳 순서에 따라 2개의 열로 배치되어 있었다. 그런데 자판과 활자를 이어주는 쇠막대가 자꾸 휘어지는 고장이 발생했다. 원인 파악에 나선 그는 사용자들의 타자 속도가 너무 빠른 게 문제라는 사실을 발견했다. 즉, 활자와 연결된 쇠막대가 종이를 때린 뒤 제자리로 돌아오기 전에 다른 글자를 누르다 보니 쇠막대끼리 서로 엉켜서 고장이 난 것이었다. 그 같은 단점을 보완하기 위해 1873년에 숄츠가 내놓은 해법은 실로 간결했다. 바로 '쿼티 QWERTY' 자판이었다.

그는 가장 많이 쓰이는 알파벳의 글쇠를 다른 손가락에 비해 사용이 불편

'QWERT' 순서로 된 자판은 어이없는 해법 결과다.
답은 때론 어이없게 나온다.

한 넷째 및 새끼손가락 위치에 배치했다. 즉, 타자 속도를 일부러 느리게 함으로써 쇠막대의 고장 방지법을 찾아낸 셈이다. 이 자판은 왼쪽 상단에 나란히 배열된 알파벳 이름을 따서 '쿼티(QWERTY)'라고 불린다. 이 같은 다소 어이없는 해법이 적용된 것은 자판 배치만을 바꿈으로써 비용을 절감할 수 있었기 때문이었다. 1932년 미국의 오거스트 드보락은 속도가 느린 'QWERTY' 자판의 단점을 개선한 새로운 자판을 발명했다. 이 자판은 모음 및 자주 사용하는 자음의 글쇠를 중앙에 배치해 타자 속도를 30% 가량 높이고 타이핑에 드는 힘을 줄인 게 특징이었다. 하지만 이미 쿼티 자판에 익숙해진 사람들의 시선을 끄는 데는 실패해 상용화되지 못한 채 사라지고 말았다. 지금 쓰고있는 자판도 역시 QWERTY이다. 왜 다른 어려운 방식을 찾으려 노력하는가? 답은 어렵게 풀어야만 되는 것은 아니다.

 키포인트

1. 두뇌를 잠그는 5가지 심리장벽 종류

(1) 물건 기능 고정화; 어떤 물건 용도가 하나로 기억되어 고착화되면 다른 아이디어로 전환이 쉽지 않다.

(2) 그룹 내에서 동조; 다른 사람들과 다르기보다 같은 종류 의견이 편해지는 경향이 있다.

(3) 권위 무비판적 수용; 전문가의 의견이라면 수용하고 수직적인 관계에서는 의견 개진이 힘들다.

(4) 생각할 틈 없는 빠른 생활 속도; 바쁜 상황에서는 급히 답을 요구해서 상식 수준의 답만 나온다.

(5) 부족함이 없는 환경; 모든 것이 갖추어진 환경보다는 부족한 환경이 발전하려는 동기부여가 된다.

키포인트

2. 심리 장벽을 깨뜨리는 9가지 방법

(1) 정답은 여러 개다.

(2) 논리적일 필요는 없다.

(3) 규칙은 고정관념이다.

(4) 아이디어는 실용적일 필요가 없다.

(5) 아이디어는 짜내는 것이 아니다.

(6) 타 분야에 아이디어를 더 잘 낼 수 있다.

(7) 뭐든지 확실히 할 필요는 없다.

(8) 남과 달리 행동하기.

(9) 스스로를 창의적이라 생각하기.

코믹 에피소드

　미국에서 실제 있었던 일이다. 은행에 강도가 들었다. 총으로 위협하는 강도 앞에서 모두 바닥에 엎드렸다. 직원도 책상 밑에 엎드렸다. 현금을 주머니에 챙긴 강도가 등을 돌렸다. 그 순간 은행 직원이 엎드린 상황에서 재빨리 비상단추를 눌렀다. 비상벨이 은행 내에 웽웽 울리고 근처에 있던 경찰서에도 경보가 전해졌다. 얼마 후 경찰이 사이렌을 울리고 은행 문을 밀치고 들어섰다. 놀랍게도 도망친 줄 알았던 강도는 은행 출입문 안쪽에 주저앉아서 머리를 감싸 안고 있었다. 경찰은 너무 쉽게 강도를 잡았다. 어찌된 영문인지 모르기는 엎드려 있던 은행원도 마찬가지였다. CCTV를 급히 돌려본 경찰은 그만 배꼽을 잡았다. 왜 그랬을까?

　도둑은 돈을 챙기고 급히 나가려다 갑자기 울리는 사이렌 소리에 정신이 없었다. 서둘러 은행 문을 밀쳤다. 하지만 어찌된 영문인지 열리지 않았다. 강도는 더 정신이 없어졌다. 문이 이미 닫혔다고 지레 짐작한 강도는 그만 털썩 주저앉았다. 하지만 그 문은 밀어서 열리는 것이 아닌 당겨서 열리는 것이었다. 평상시 문을 밀고 다녔던 습관이 그를 잡히게 했다. 평상시 반복적으로 하던 행동들이 우리의 뇌를 고정관념으로 채우고 있음을 이 에피소드를 통해서 알 수 있다. 우리는 이런 고정관념, 심리적 장벽을 넘어서야 한다.

1. 고르디우스 매듭이 주는 교훈은 '답은 여러 개다'다.
2. TV 뉴스에서 전문가를 등장시키는 것은 신뢰를 주기 위한 방식이다.
3. 스티브 잡스는 'Stay Hungry'라고 했다. 이 말은 뭔가 부족해야 창조할 모티브가 생긴다는 의미다.

답

1. O; 매듭을 푸는 것이 목적이라면 꼭 이렇게 풀어야 한다는 제약은 없다. 답은 여러 개다.

2. O; '전문가 말이니 믿어라'는 전략이지만 100% 옳다고 생각할 필요는 없다.

3. O; 모든 것이 주어지면 새로운 것을 해야 할 모티브도 약해진다.

❸

생활 속 훈련법

1. 매일 훈련 기본원리와 실제 효과

1) 사고방식은 반복된 행위의 결과다

깜깜한 밤에 무의식중에 일어나서 화장실에 가려고 문을 잡았을 때 손이 가는 위치는 당연히 중간에 있는 문손잡이다. 수십 년간 문 중간에 있는 손잡이를 잡는 습관이 들었기 때문이다. 만약 문손잡이가 꼭대기, 중간, 혹은 바닥에 있으면 우리는 자동적으로 중간에 가지 않을 것이다. 이렇게 평생을 살면서 어떠한 자극 A에 대해 B형태로 반응하도록 머리에 회로가 형성이 되어있다. 그것을 '사고방식'이라 부른다. '자동차는 이런 방식으로 움직인다'는 사고방식이 들어가 있다. 그것을 '지식'이라 불리고 반복된 교육 결과다. 마찬가지다. 창의적인 사고, 즉, 다른 쪽을 볼 수 있는 능력, 예를 들면 정답은 여러 개일 수 있다는 자유로운 사고방식도 만들어야 하는 '일종의 습관'이다. 습관은 계속된 연습, 계속된 학습에 의해서 형성된다. 한번 습관이 형성된 후 바꾸려면 시간이 걸린다. 손깍지

한번 껴보자. 두 손깍지를 낄 때 어느 쪽이 위로 올라오는가? 오른쪽 손인가, 왼쪽 손인가? 만약 오른쪽 손이 올라온다면 그럼 이번에는 바꾸어서 왼쪽 손을 위로 올려 껴보자. 좀 불편하다. 이것은 우리가 한쪽으로 끼는 습관이 들어서다. 평생 논리적인 사고만 했던 사람은 창의적인 유연한 사고로 바꾸기가 힘들다. 두뇌를 다시 세팅해야 한다.

2) 반복 행동은 뇌에 프린팅 된다

북극 에스키모들이 사는 곳에 에어컨 회사 사원이 2명 다녀왔다. 하지만 같은 지역을 보고 온 두 사람의 보고서는 달랐다. 한 사람은 에어컨을 쓰는 사람이 아무도 없어서 에어컨 장사가 안 될 거라고 했다. 또 한 사람은 에어컨을 쓰는 사람이 아무도 없기 때문에 에어컨 살 사람이 무척 많다고 했다. 같은 사건을 보고도 해석은 전혀 다르다. 왜 서로 다른 사고방식, 즉 긍정적 혹은 부정적 사고방식이 생길까? 한 사람은 자라면서 잘 안되는 결과만을 계속 봤거나 생각했을 것이고, 다른 사람은 잘 된 경우를 자주 봤거나 그렇게 생각을 계속 했을 것이다. 반복훈련으로 긍정적 사고방식을 뇌에 프린팅할 수가 있을까? 반복된 행동은 어떤 식으로든 뇌에 흔적을 남긴다. 부정적인 생각을 할 때와 긍정적인 생각을 할 때 뇌에 흐르는 혈류 패턴은 다르다. 따라서 어떤 사람이 매일 긍정적인 생각을 한다면 특정부분의 세포가 강해진다. 이렇게 회로가 형성된 것이 바로 그 사람 사고방식이다. 즉 어떤 행동, 자극이 반복되면 '시냅스(synapse)'라고 부르는 뇌신경세포사이 회로가 콘크리

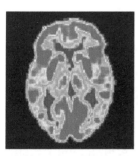

반복적 뇌신호는 혈류가 같은 곳으로 흐르게 해서 뇌회로를 만들고 사고방식을 형성한다.
©rustinpc

트처럼 강해진다는 것이 밝혀졌다. 외부에서 어떤 자극이 들어오면 형성된 회로를 따라 신호가 흐르고 그렇게 사고하게 된다. 그것을 우리는 '패러다임(paradigm)' 혹은 '사고방식'이라 부른다. 개인 뇌는 어떠한 식으로든 회로가 형성되어 있다. 따라서 지금 그것을 개선시키거나 바꾸려고 하면 형성될 때와 마찬가지로 매일 조금씩 뇌 회로를 바꿔야 된다.

3) 회로는 훈련기법을 사용하면 더 잘 형성된다

매일 훈련으로 습관을 바꾸어야 사고가 바뀐다. 하지만 그리 쉽지 않다. 오래된 것을 버리기가 쉽지 않다. 우주선이 발사되어 처음 몇 마일을 비행하기 위해 소모되는 에너지양은 그 후 며칠에 걸쳐 50만 마일을 여행하는 데 드는 에너지양보다 더 많다. 습관 역시 거대한 중력을 가지고 있다. 습관을 깨뜨리는 행위는 처음 '발사'처럼 시작단계에 굉장한 노력이 요구되지만 일단 중력권을 돌파하고 나면 새로운 공간을 자유자재로 돌아다닐 수 있다. 훈련을 무작위로 하는 것은 금방 지치게 하고 쉽게 원래 습관으로 돌아오게 한다. 다른 무언가의 도움이 필요하다. 창의성을 높이는 데에도 도구가 있다.

예를 들자. 맥주 깡통 용도를 생각해 내는 방법이다. 무작정 생각하려는 것 보다는 '유추훈련'이라는 방법을 사용할 수 있다. 즉 맥주 깡통과 어떤 물건, 예를 들면 냉장고 유사점을 찾는다. 냉장고가 차다는 특성이 있으니 깡통도 차갑게 만들어 보자는 생각이 든다. 거기에서 나온 아이디어 하나는 캔 맥주를 순간적으로 차갑게 하는 방법이다. 실제로 캔 맥주 상단에 드라이아이스가 채워진 통을 올려놓고 약간의 물을 떨어뜨리면 드라이아이스에서 나오는 차가운 증기로 아래에 있는 맥주 캔을 차갑게 만드는 아이디어 제품이 있다. 평상시 맥주를 차게 해놓을 필요 없이 필요할 때만 사용하니까 에너지도 절감되고 또 야외에서도 유용할 것이다.

PMI기법도 있다. 깡통을 Plus (+)방향, 예를 들어 커지게 만들면 긴 통 형태가 된다. 그 안에는 어른도 잘 수 있겠다 해서 나온 것이 일본의 캡슐 형 호텔이다. 벌집처럼 만든 곳에 한 사람씩 들어가는데 상당히 아늑하다. 그 안에 누우면 TV도 볼 수 있고 앞을 가리면 깡통이 닫힌 것처럼 깜깜해 지고 값도 굉장히 저렴해서 일반 호텔의 1/10이다.

발상기법(PMI)을 사용, 깡통을 축소하면 일본 캡슐 호텔 아이디어도 쉽게 나온다.©Chris 73

이런 테크닉을 사용하면 아이디어가 훨씬 더 빨리, 많이 나온다. 실제로 시간을 측정해 보자. 100원 동전 용도를 10개를 생각해 보자. 이 경우 동 전만 뚫어지게 쳐다볼 것이 아니라 배운 기법을 가지고 생각하면 10개가 나오는 시간이 많이 단축될 것이다.

실전훈련

1. 병마개 용도를 1분 간 최대한 많이 써보자.
2. 동전과 풍선 공통점과 차이점을 2개 작성한 후, 이것에 착안하여 100원 동전 용도를 최대한 많이 써 보자. 제한시간은 역시 1분이다.

답; 두 문제의 차이를 알 수 있는가? 물론 개인차가 있겠지만 두 번째가 더 쉬웠을 것이다. 왜냐면 풍선과 공통점, 차이점을 조사하면서 동전 특성을 더 잘 알 수 있었기 때문이다. 특성을 파악했으니 동전의 용도를 내기가 더 쉬워졌다. 유추법은 간단하지만 효과가 뛰어난 아이디어 발상법이다. 이런 발상법을 배운 후 마음에 드는 몇 가지를 몸에 익혀서 매번 사용한다면 훨씬 쉽게 아이디어를 낼 수 있다. 즉 발상도 배워서 늘어난다. 이런 조직적 발상방법을 평생 습관으로 만들면 창의맨으로 바뀔 것이고, 여러분 인생을 바꿔놓을 것이다.

2. 생활 속 매일 훈련기술 5개

1) 훈련시간 사전 확보

당신은 창의성을 위해서 매일 얼마나 시간을 투자하는가? 5분, 30분, 1시간? 많은 사람들은 1분도 따로 투자하지 않을 것이다. 창의성이 중요하다는 것을 알면서도 왜 훈련을 하지 않을까? 창의성이 우선 당장 급한 것이 아니기 때문이다. 필요는 하지만 우선순위에서 밀린다. 창의성이 없어도 사는 데에 문제가 없다. 밥 먹고 학교 가서 외우고 잠자는 데 창의성이 별로 필요 없다. 한국인은 굉장히 바쁘다. 한국인 노동시간은 2000~2007년까지 OECD(경제협력개발기구) 연속 1위였다. 지금도 OECD 34개국 2위를 고수하고 있다. OECD 평균 1.3배다. 많이 일한다 해서 창의성이 낮다는 것은 아니지만 문제는 그 노동시간에도 마음의 여유가 없다는 것이다. 심리적 여유가 없으면 창의성이 살아나지 않는다. 시간 내에 급히 무언가를 해내야 하는데 새로운 것을 생각해 낼 틈이 없다. 기존에 쓰던 방법으로 사용하기도 바쁘기 때문이다. 한국인의 '빨리빨리'는 이곳저곳에서 관찰된다. 다음은 일상생활 속에서 관찰되는 빨리빨리 증세 10개다.

10위, 편의점에서 음료수를 마시며 계산한다.

9위, 3초 이상 열리지 않는 웹사이트는 닫아버린다.

8위, 볼일 보는 동시에 양치질 한다.

7위, 영화관에서 종료 벨이 울리기 전에 나간다.

6위, 3분 컵라면이 다 익기기도 전에 뚜껑 열고 먹는다.

5위, 엘리베이터 문이 닫힐 때까지 닫힘 버튼을 누르고 있다.

4위, 삼겹살이 채 익기도 전에 먹는다.

3위, 화장실에 들어가기 전에 지퍼를 내린다.

2위, 버스정류장에서 버스와 추격전을 펼친다.

1위, 자판기 커피가 나오기도 전에 손을 넣고 기다린다.

물론 우스갯소리다. 하지만 빨리 결과를 봐야하는 한국인 속성에 새로운 아이디어를 생각하면서 커피 한 잔을 마시는 여유를 찾기란 쉽지 않다. 미리 하루 일정시간을 떼어 놓아야 한다. '성공하는 사람들의 7가지 습관'(스티븐 코비)은 해야 할 일을 4종류로 구분한다. 즉, ① 사소하고 덜 급한 일, ② 사소하고 급한 일, ③ 중요하고 급한 일, ④ 중요하고 덜 급한 일로 구분하는 것이다. ①은 방바닥 물 자국을 지우는 일, ②는 떨어진 물을 사오는 일, ③은 학교시험 준비를 하는 일, ④는 명상을 하는 일이다. 성공하는 사람들은 반드시 4번째 시간을 따로 확보한다는 것이다. 왜냐면 이렇게나마 시간을 확보해 놓지 않으면 4번은 뒷전으로 밀리고 미래를 준비할 수 없다는 것이다. 명상은 심리적 안정, 자신감, 긍정사고 방식을 키우는 훌륭한 활동으로 알려져 있다. 따로 시간을 내야 한다. 워렌버핏은 아침에 사무실에 나가서 먼저 한 시간 책을 읽는다. 다른 일은 모두 뒤로 미룬 채 이 시간을 확보한다. 또 집으로 돌아와서도 한 시간 책을 읽는다. 온전히 자력으로만 세계 부자 2위에 오른 워렌 버핏은 독서광으로 유명하여 16세에 사업관련 서적을 수백 권 독파했다. 그의 독서 시간은 보통사람의 5배 정도다.

전 세계 매장 12,000개 보유한 세계 최대 커피 체인점 주인공인 하워드 슐츠는 점심시간에 매번 다른 사람과 식사를 한다. 다양한 사람과 점심식사를 하면서 다양한 사람들을 접하는 습관이 새로운 아이디어를 얻을 수 있고 사람을 알 수 있는 최고 훈련장이라고 본 것이다. 독서를 통한 다양한 지식습득, 다른 분야 경험 획득, 이 두 가지는 하루아침에 이룰 수 없고 꾸준한 노력으로만 얻어지는 보물들이다. 창의력도 마찬가지다. 따로 시간을 내서 매일 연습해야 한다. 하지만, 창의력은 일상생활 속에서도 훈련할 수 있는 장점이 있다. 타고 다니는 전철 안에서도 관찰훈련을 할 수 있고, 보이는 간판을 보면서도 유창성 훈련을 할 수 있다. 어떤 시간이 당신에게 제일 적합한 시간인가? 그 시간만큼은 확보하라. 매일 한다는 것이 많이 하는 것보다 중요하다.

2) 성공하는 이미지 트레이닝 실시

리우올림픽 펜싱게임장, 선수가 혼자 중얼거리는 장면이 카메라에 잡혔다. 입모양은 '이길 수 있다'였다. 그리고 이것이 금메달을 걸 게 만들었다. 자기 스스로에게 거는 최면, 즉 이미지 트레이닝은 막강한 효과를 낸다. 작가인 잭 포스터는 농구 자유투가 이미지 트레이닝만으로 증가한다고 밝혔다. 실제로 20일 동안 그냥 연습한 그룹과 같은 시기에 이미지 트레이닝만을 한 그룹, 아무것도 하지 않은 그룹을 비교했다. 그 결과 이미지 트레이닝만을 한 그룹이 다른 그룹에 비해 성공률이 23%나 높았다. 또 실제로 연습을 한 그룹과 아무 행동도 하지 않은 그룹의 차이는 1%에 불과했다.

의학계에서는 플라시보(위약) 효과가 있다. 즉 진짜 약을 쓰지도 않았는데 약을 쓰고 있다는 믿음만으로 치료 효과가 생긴다. 일종의 이미지 트레이닝 결과다. 의학계에서는 암 치료에 종종 효과가 있다고 보고된다. 즉 치료를 통해 몸이 건강해지는 상상, 예를 들면 암세포가 사라지는 상상을 매일 한 환자가 치료 효과를 보였다. 예전에는 이런 사실에 대해 과학적인 증거가 부족하다는 이유로 그 효능을 입증하기가 힘들었다. 그러나 최근 플라시보 효과를 과학적으로 증명하는 결과가 속속 나타났다. 즉 환자가 가짜 약을 먹었지만 진짜 약이라고 생각하기만 해도 뇌에서 화학작용이 일어난다. 곧 사고와 감정, 믿음이 단지 마음에서만 일어나는 주관적인 생각에 불과한 것이 아니라 뇌와 몸 전체에 실제적인 화학반응, 물리적 변화를 일으킨다.

어떤 문제를 해결해야 할 때 우선 그 문제 해결에 자신감을 가지는 것은 이미지 트레이닝의 핵심이다. '꿈은 이루어진다'는 슬로건은 한일 월드컵 당시 응원석에 걸린 커다란 현수막에 쓰인 말이다. 그 꿈대로 한국은 월드컵 4강 신화를 만들었다. 내 아이디어가 성공할 수 있다고 믿는 것이 아이디어 실현의 지름길이다. 이미지 트레이닝은 구체적인 말보다도 그런 장면을 자꾸만 생각하는 방법이다. 글자보다 이미지로 메모를 하면 더욱 기억에 오래 남는다는 원리와 유사하다. 이미지트레이닝을 할 때는 구체적으로 다음 세 가지 방법으로 매일매일 연습하자.

1. 매일 삼시세끼를 먹듯이 꾸준히 연습을 해야 한다.

2. 나 자신을 좋아해야 한다.

3. 입버릇처럼 상상하는 바를 자주 말하라.

이미지 트레이닝은 다른 의미로 자기 최면이다. 길거리를 가든, 밥을 먹든 온통 자신이 있어야 하고 그것을 입으로 표현해낼 때 강력한 힘을 발휘한다. 원하는 것이 있다면 아침에 일어날 때 5분간 말을 해주자. 저녁에 잠을 잘 때 5분 동안 말해주자. 친구들이나 주변인들에게도 나의 포부와 꿈을 말하자. 말이 씨가 된다고 했다.

3) 관찰 훈련을 하라

관찰이란 그냥 지나가면서 보는 'See'가 아니고 들여다보는 'Look'라고 앞에서 설명했다. 어떤 목적을 가지고 사물이나 행동을 볼 때 아이디어가 떠오른다. 우리는 매일 무엇을 관찰한다고 하지만 그냥 보고 있는 경우가 많다. 예를 들어보자. 매일 버스나 전철을 타고 다닌다. 지하철역이라면 매일 오르는 계단의 모습을 정확하게 묘사할 수 있겠는가? 매일 지겹게 본 풍경임에도 그 모양을 정확하게 묘사 할 수 없음에 스스로 놀랄 것이다. 그 계단 수가 몇 개인지를 묻는 것이 아니다. 계단 끝부분이 튀어나온 형태인지 무슨 색인지 아니면 계단을 오르내리는 사람들은 하늘을 보고 걷는지를 기억하지 못한다. 일상적인 관찰력을 갈고 닦으면 지금까지 보이지 않던 것이 눈에 들어온다. 탐정이 아니더라도 관찰력과 추리력은 창의성의 중요 요소다. 모든 것을 그냥 지나치지 않는 호기심 많은 어린 아이가 돼야 한다. 성인이 될수록 이런 관찰력은 감소한다. 의식적으로 훈련하지 않으면 관찰력은 늘지 않는다. 모든 것을 다 보려하지 말고 특정한 모양, 특정 색, 특정 시선 위치를 매일 변화시키자.

4) 아이디어가 가지 치도록 하라

아이디어는 처음이 제일 힘들다. 즉, 뭔가 대단한 것을 써야 한다고 생각해서다. 이럴 때 조그만, 사소한 데서 출발하자. 그리고 거기에서 가지를 치자. 예를 들어 서울시를 개선하는 아이디어를 내라하면 너무 어렵다. 당신이 살고 있는 동네부터 시작하자. 동네도 넓다면 뒷골목 쓰레기통을 개선하는 아이디어부터 시작하자. 동네 쓰레기에서 구 단위 청소차 문제, 시 단위 소각장 문제, 국가단위 쓰레기 매립장 등으로 확대할 수 있다. 일단 조그만 시야로 시작하는 것이 중요하다.

주제를 좁혀서 시작했으면 가지치기를 계속해야 한다. 아이디어 생성의 원칙은 다다익선이다. 즉, 질보다 양이라는 생각으로 무조건 많이 만든다. 아이디어는 많이 만들어 놓고 그중에서 좋은 것을 골라야 한다. 처음부터 좋은 것을 만들어야 한다는 부담감이 있으면 아이디어 발상에 제동이 걸린다.

5) 다양한 분야와 접하라

필자가 처음 미국에서 애플 매킨토시 컴퓨터를 보았을 때의 놀라움이 30년이 지난 지금도 생생하다. 당시는 IBM 컴퓨터가 대세였다. 즉 딱딱한 형태의 알파벳이 화면에서 명령어로 쓰이고 있었다. 컴퓨터에 글자가 보이기만 하면 됐지 글자 모양이 중요하지 않다고 생각하던 때다. 그래서 IBM 컴퓨터 앞에서 작업을 할 때는 기계와 글자로 통신한다는 기분이 들었다. 하지만 애플 매킨토시 컴퓨터는 달랐다. 다양한 폰트가 눈에 들어왔다. 특히 필기체 형태의 구불구불한 폰트는 친숙했다. 다양한 크기로 변화시킬 수도 있었다. 무엇보다 눈에 보이는 폴더 형태 배치는 IBM의 딱딱한 명령어보다는 훨씬 부드럽고 쓰기가 편했다. 비싼 돈을 주고도 애플을 사고픈 마음이 들었다.

애플의 이런 혁신적인 디자인, 운영체제 변화는 다른 분야와 융합에서 시작되었다. 스티브 잡스는 타 분야와 융합이 아이디어의 출발점이라고 했다. 특히 과학과 인문학과의 경계점이 새로운 제품을 만드는 원동력이 된다고 했다. 실제로 스티브 잡스는 대학을 중퇴하고 나서 공부를 하지 않은 것이 아니다. 단지 그가 관심 있는 분야에 눈을 돌린 것이다. 그는 다양한 글자형태를 디자인하는 데에 관심이 있었다. 즉 폰트 분야를 공부했다. 이는 훗날 매킨토시의 독특한 폰트개발 계기가 되었다. 타 분야와 융합은 창의성의 기본이다. 창의력의 사전적 의미는 새로운 것을 창조하는 능력이지만 세상에 완벽하게 새로운 것은 없다. 새로운 아이디어, 새로운 상품은 잡종에서 나온다. 잡종은 좋은 것만을 모을 수도 있지만 전혀 새로운 것이 나올 수도 있다. 노새는 잡종이다. 잡종강세라는 말처럼 잡종이 원천 소스보다 강한 경우다.

세계적인 공연이 된 '난타' 공연도 잡종이다. 즉 연극, 요리라는 기존 두 개 틀이 융합해서 '요리하는 연극'이 탄생했다. 창의성도 타 분야와 융합이 기본이다. 늘 다른 분야에 눈을 돌려야 한다. 직접 경험이 최선이지만 시간이 없다면 다른 분의 사람들과 많은 교류를 가져야 한다. 유럽 왕가들이 본인들 혈통을 유지하려도 왕가 사이에서만 결혼을 했다. 그 결과는 참담했다. 근친결혼에 의한 유전병이 유럽 왕가를 휩쓸었다. 같은 생각, 같은 지식, 같은 배경을 가진 사람들끼리는 생각과 그 범위가 한정되어 있다. 눈을 바깥으로 돌려라.

다음 문제를 풀어보자.
1. 1번 도형을 같은 4개 도형으로 나누라.(시간 30초)
2. 2번 도형을 같은 4개 도형으로 나누라.(시간 30초)
3. 3번 도형을 같은 4개 도형으로 나누라.(시간 30초)

1번   2번   3번

답; 쉽게 풀 수 있었는가? 사실 이 문제는 앞의 다른 문제와 달리 제일 쉽다. 어떤 줄이던 4개를 그으면 된다. 왜 이런 간단한 생각이 안 났는가 하면 앞의 두 번의 문제를 모두 유사한 방법으로 풀었기 때문에 마지막 문제도 같은 방법으로 풀려고 해서다. 바로 선입견에 잡혀있었던 것이다. 평상시 연속되는 유사문제는 같은 방식으로 풀릴 것이라는 반복행동 때문에 그렇게 회로가 형성되어 있었다.

1번   2번   3번

복습퀴즈

1. 창의성은 결국 평상시의 습관으로 두뇌가 그렇게 돼야 한다. 그런 의미와 다른 하나는?

   (1) 영어실력 (2) 인격 (3) 로마의 명성 (4) 외모

2. 동생은 공상과학 영화를 열심히 본다. 창의성 6요소(SFFORE)에 도움이 되는 부분은?

   (1) Sensitivity (2) Flexibility (3) Originality (4) Elaboration

3. 빈 깡통의 용도를 10개 적는 훈련은 두뇌를 잠그는 5가지 심리장벽 중 무엇에 도움이 되는가?

4. 플라시보란 가짜 약을 말한다. 즉 잠 오는 약이라고 속여도 잠이 오는 경우가 있다. 실제로 뇌에서 변화가 생길까?

답

1. (4); 다른 3개는 모두 매일 같이 해야 완성되는 것이다. 외모는 하루아침에도 변화시킬 수 있다.

2. (3); 만화는 상상의 이야기들이다. Originality가 늘 것이다.

3. '물건기능 고정화'를 없앨 수 있는 훈련이다.

4. 수면제를 먹었다는 생각만으로도 수면유도 호르몬이 나온다.

창의맨은 어떤 특성을 가져야 하고 또 어떻게 훈련을 해야 그러한 특성을 가질 수 있는가? 엘리베이터가 속도가 느리다는 불평을 해결한 청소부의 예를 들었다. 청소부는 창의맨의 6가지 특성, 즉 SFFORE 중에서 무엇을 가지고 있었던 것일까? 감수성이다. 손님들이 엘리베이터 내에서 무얼 하는지 늘 관심을 가지고 본 것이다. 그리고 유연성이다. 즉 모터를 더 빠르게 하는 대신 거울이라는 대안품을 쉽게 찾을 수 있었다. 또한 거울의 용도를 용모를 확인하는 기존의 기능대신 시간을 보내는 용도로도 쓸 수 있다는 면도 좋다. 즉 거울의 다른 용도를 찾는 능력도 가지고 있다. 청소부가 가장 뛰어난 점은 심리적 장벽을 넘어섰다는 것이다. 내가 청소를 하지만 엘리베이터에 대해서는 전문가를 앞설 수 있다는 자신감이다. 전문가라는 권위에 신경 쓰지 않은 장점이다. 엔지니어들의 모터 속도라는 권위는 그를 막지 못한 것이다. 창의맨은 하루아침에 태어나지 않는다. 팔짱을 끼면 어느 손 한쪽이 늘 올라오는 것처럼 우리의 사고방식도 오랜 세월동안 고정되어 있다. 우리는 백화점 지배인처럼 우리 두뇌를 알게 모르게 스스로 잠그고 있다. 상자는 무엇을 담는다는 고착관념, 그리고 다수의견을 따르는 그룹 심리 등이다. 이제 그것을 바꾸려면 역시 그만큼 노력을 하면 된다. 창의력을 증진시키는 데에도 기술이 있다. 평상시 이런 습관과 고정관념을 깨는 훈련을 하면 청소부 같은 창의맨이 될 수 있다.

⏱️ 실천사항

1. 다른 분야(사람, 지식)와 접촉하자.

2. 늘 다니는 길을 변경해서 다녀보자.

3. 나는 창의맨이라는 이미지 트레이닝을 매일 하자.

📎 심층 워크시트

1. 최근 사건이나 관찰에서 떠오른 아이디어를 하나 적어라.

2. 1의 아이디어를 낼 때 심리적 장벽은? 그 이유는?

3. 본인의 창의성 검사 중 가장 강한 점과 약한 점은? 약한 점을 극복하는 방법은?

4. 평상시 훈련기술 5개 중 가장 선호하는 방법은? 그 이유는?

수평적 사고의 힘

"창의력은 단지 남들과 다르다는 게 아니다.
간단하게 최대한 심플하게 하는 것, 그것이 창의력이다."

찰스 밍거스(1922년-1979년) 재즈 연주가

부모가 아이들에게 콜라를 나누어 주는 일은 늘 힘들다. 한 병을 두 컵에 아무리 공평하게 나누어 주어도 두 아이는 상대방 것이 더 많다고 서로 싸우곤 했다. 부모는 공평하게 나누어 주는 방법을 찾으려 한다. 어떠한 방법이 가장 좋은가? 보통 부모라면 동일한 컵에 눈금을 표시해서 정확하게 나누거나 그래도 불만이면 저울까지 사용할 방법을 생각한다. 그렇다고 아이들 불만이 사라질 것 같지 않다. 언제나 상대방 것이 많아 보이는 것이 아이들 심리다. 가장 간단한 방법은 따로 있다. 바로 한 아이가 나누고 다른 아이가 고르게 하는 방법이다. 한 아이는 최대한 공평하게 나누려고 할 것이고, 다른 아이는 자기가 선택한 것이니까 군말이 없을 것이다. 보통 부모들이 생각한 방법, 즉 컵에 눈금을 그리거나 저울을 사용하는 방법 등은 지극히 상식적이고 논리적인 해결 방안이다. 하지만 이 문제의 핵심은 둘 다 불만이 없는 것이 목표이지 나누는 방식을 정확하게 하는 것이 목표가 아니다. 둘 다 불만이 없는 것이 목표다. 한 아이가 나누고 다른 한 아이가 고르는 방법은 논리적 사고가 아닌 수평적 사고의 한 예이다. 이번 장에서는 수평적 사고방식 필요성, 핵심요소 3가지, 실제 적용 기술을 배워보자.

① 수평적 사고 필요성

1. 수평적 사고 정의

수평적 사고는 영국 애드워드 보노 박사가 1967년에 주장한 사고법이다. 어떠한 전제조건에도 지배되지 않는 자유로운 사고법, 혹은 발상 틀을 확대하는 사고법이다. 반대 개념으로는 논리적 사고(logical thinking)가 있다. 이 방법은 차곡차곡 쌓아올리는 형태의 사고법이다. A→ B→ C처럼 매사를 순서대로 쌓아 올리면서 정답을 이끌어내는 사고법이다. 각 사고 단계가 순서대로 올바르게 이어지는 것이 대전제다. 만약 도중에 논리 진행방법에 무리가 있다면 정답에 도달하지 못한다. 상식과 경험에 비추어 타당하다고 여겨지는 정답을 위해 논리를 깊이 파고들어 가기 때문에 수직적, 즉, 위에서 내리꽂는 형태의 사고라 부른다.

이에 비해 '수평적 사고(lateral thinking)'는 해결책을 이끌어 내기 위한 순서나 과정은 별로 문제가 되지 않는다. 논리적으로 생각할 필요도 없고 시작점에서 점프해서 갑자기 해답에 도달해도 상관없다. 수평적 사고는 논리적 사고와 달리 유일한 정답이란 없다. 논리적 사고와 달리 수평 방향으로 시점을 확대한다. 다각적으로 본다. 이렇게 시점을 확대할 때 다양한 선택 형태가 생기는데 어떤 것이든 문제해결로 이어지기만 하면 전부 정답이다. 답이 많을수록 바람직하므로 모든 의견에 '그런 방법도 있군'이라는 태도를 보이는 사고법이다. 따라서 답을 이끌어 낼 때는 상식적으로 생각할 필요는 없다. 어떤 것이 마땅하다, 당연하다는 사고법에서 벗어나 자유롭게 발상하고 다양한 기능을 찾으면 된다.

논리적인 사교와 비교하면 수평적 사고가 어떤 사고인지 금방 알 수 있다. 요컨대, 문제를 해결할 때 논리적 사고에서 묻는 것은 '과정'이고 수평적 사고에서 묻는 것은 '결과'다. 수평적 사고에서는 어떻게 가던 서울만 가면 된다. 즉, 가는 과정은 생각지 않고 최종 목적지에만 도달하면 된다. 수직적 사고가 논리적으로 해답을 이끌어 내는 것이 목적이라면, 수평적 사고는 사고의 폭을 넓히는 것이다. 수직적 사고는 사고 방향성이 하나를 깊이 파고드는 반면, 수평적 사고는 모든 가능성을 넓힌다. 수직적 사고는 상식적, 경험적으로 발상을 하고 논리를 중시하고 기존의 틀에 맞춘다. 반면 수평적 사고는 자유분방하게 발상하고 직감을 중요시하며 틀에 사로잡히지 않는다. 해답을 구하는 수직적 사고방식은 매사를 분류하고 정리해서 구체적으로 생각하지만 수평적 사고는 매사 요소를 모아서 본질적으로 생각한다.

2. 수평적 사고 특징

1) 어떤 것에든 얽매이지 않는다

수평적 사고는 상식에 얽매이지 않고 매사를 다른 각도에서 본다. 어떠한 전제나 틀에 사로잡히지 않고 자유롭게 발상할 수 있다. 예를 보자. 양궁에서 100미터 앞 과녁 화살 적중률을 높이는 방법이 무엇일까? 보통 정상적으로 훈련하는 방법은 화살을 과녁에 맞히기 위해서 조금씩 훈련을 해가며 적중률을 높이는 방법이다. 이것이 이른바 논리적 사고이다. 반면 수평적 사고는 화살을 과녁에 맞힌다는 '행위의 본질'에 주목해서 자유롭게 발상한다. 즉, 과녁에 화살이 맞기만 하면 된다. 예를 들어서 적중률을 높이고 싶다면 맞추는 것이 목적이기 때문에 과녁 크기를 크게 하거나 화살 정확도를 높이기 위해 보조날개를 달면 된다. 꼭 연습을 열심히 해야 한다는 수직적 사고에서 벗어난다는 이야기다. 화살을 정확하게 적중시키는 것이 목적이라면 과녁까지 걸어가서 그 앞에서 쏴도 된다. 누가 꼭 100미터 선상에서 쏘라고 했는가? 과녁에 화살이 잘 맞는 것이 목표라고 했다. '그렇게 하면 경기가 안 되잖아'라고 말하는 사람이 있을 수도 있다. 그렇다. 우리가 많이 보는 양궁 경기에서는 이러한 방법은 인정되지 않는다. 하지만 당연하다고 여기는 전제를 의심해 보면 문제가 단숨에 해결되는 경우도 있다.

2) 새로운 것이 생긴다

주어진 전제를 뒤집으면 완전히 새로운 발상이 생겨난다. 왜 화살을 과녁에 맞힐 필요가 있을까? 라는 전제 자체를 뒤집어 보면 기존 가치관을 뒤집어서 그때까지 없었던 무언가를 만들어내는 것이 수평적 사고만의 특징이다. 발명이 이루어지는 장소에서는 수평적 사고가 활약한다. 논리적 사고는 이미 오랫동안 해왔던 방법이라 이 방법으로는 대부분 기술이 확립되어 있다. 수평적 사고를 통하게 되면 지금까지 없었던 것이 생긴다. 즉, 창의성이 높은 제품이 나올 수 있다.

3) 결과 우선방식으로 문제가 해결된다

수평적 사고에서는 결과가 우선이다. 어떤 문제를 해결하기 위해서 어떤 수단을 사용해도 상관없다. 물론 그렇다고 해서 도덕적으로 문제가 되는 방법을 사용하라는 말은 아니다. 예를 들어 서울에서 일을 보다가 부산에서 급한 일이 생겼다고 하자. 빨리 부산을 가야 한다. 그때 우리가 보통 생각하는 방법은 열차시간표를 보고 최단 환승방법을 찾는 것이 논리적 사고다. 우리가 지하철 앱을 가지고 A에서 B까지 가는 것을 늘 보았다시피, 늘 그런 식으로 최단 KTX 환승 방법을 찾는 것이 보통이다. 수평적 사고를 해보자. 왜 헬리콥터를 타고 갈 생각을 하지 못하는가? 목표가 부산에 가는 것이 목표라고 했지, 기차를 타고 가라는 전제가 있었던 것은 아니라는 이야기다. 이처럼 상식에 사로잡히지 않고 발상하면 아무도 깨닫지 못하는 지름길을 발견, 문제를 해결할 수 있다. 결과적으로 문제를 해결하는 가장 짧은 루트를 쉽게 찾게 된다.

4) 돈, 시간, 수고를 절약할 수 있다

엑스포에는 볼거리가 많다. 방송에서는 미리부터 흥미 있는 볼거리를 선전해서 사람들은 개관식 당일에 구름처럼 몰린다. 전시관이 곳곳에 퍼져있다. 인기 전시관에 들어가려면 먼저 가서 줄을 서야 한다. 사람들은 인기 공연을 보려고 문을 열자마자 건물들로 뛰어가려 한다. 사고가 예상된다. 어떻게 사고를 막을 수 있을까? 경비원들이 아무리 '달리지 마시오'라고 소리를 쳐도 효과가 없을 것이다. 논리적인 사고라면 첫째, 경비원 인원을 늘려서 뛰지 못하게 막는다. 둘째, 게이트를 크게 만들어 동시에 연다. 셋째, 입장객을 제한한다. 넷째, 처음부터 예약을 받는다. 실제로 여수 엑스포에서는 예약을 받아서 사람들이 자기가 원하는 곳의 시간을 받아서 갔다. 이보다 더 쉬운 방식은 없을까? 가장 중요한 것, 즉 목적이 무엇인가 보자. 목적은 '입장객이 달리지 않는 것'이다. 이점에 착안한 사람이 기막힌 아이디어를 냈다. 즉 입장을 하면 사람들은 안내장을 받고 뛴다. 뛰어가면서 '빌딩 A에서 X라는 공연을 한다'는 안내장을 보고 지도에서 A를 찾아 뛰어간다. 따라서 가장 간단한 방법은 사람들에게 배부하는 프로그램 안내지를 '아주 작은 글씨'로 써놓는 것이다. 달리면서는 글씨를 읽지 못하기 때문에 달리는 사람이 무척 줄었다고 한다. 이것이 바로 수평적 사고다. 만약 다른 방법을 썼더라면 즉, 경비원 인원을 늘리거나 철책을 만들거나 컴퓨터로 입장객 예약을 받거나 할 경우에는 시간, 경비가 필요했을 것이다.

5) 논리적 사고와 수평적 사고는 상호 보완 관계이다.

수평적 사고와 논리적 사고가 대립하는 사고법 같지만 그렇지 않다. 또한 문제를 해결할 때 어느 하나만을 채용해야 하는 것도 아니다. 즉 수평적 사고를 할 수 있다고 해서 논리적 사고가 필요 없다는 것은 아니다. 물론 수평적 사고로 생각하면 많은 선택 방법을 얻을 수 있다. 하지만 그러한 선택 방법 하나하나를 잘 들여다보면서 현실적으로 실행할 수 있는지 따져 보는 것이 논리적 사고다. 아무리 많은 선택을 떠올려도 최종적으로 실행할 수 있는 것은 단 한 가지이기 때문에 논리적 사고 없이는 선택할 수 없다. 그러므로 처음에 수평적 사고로 발상하고 다음 단계는 논리적 사고로 검토하는 방식이 가장 효과적이다.

사과를 샀는데 13개이다. 3사람이 나누어 공평하게 나누어야 한다. 어떻게 하면 될까? 3가지 방법을 생각해 보자.

답

1. 4개씩 나누고 남은 1개를 3등분한다. 가장 많이 쓰는 논리적인 방법이다. 사과를 똑같은 개수로 나누는 것이므로 세 아이 모두 납득할 것이다. 남은 한 개는 3등분하면 된다. 누구나 생각할 수 있는 논리적인 사고방식이다.

2. 저울을 이용해서 똑같은 중량으로 분배한다. 사과는 크기가 서로 다르다. 따라서 단순하게 3개씩 나눈다는 것은 잘 생각해 보면 불공평할 지도 모른다. 그러니 먼저 사과 크기가 한쪽으로 치우치지 않도록 분배한 다음 각각 무게를 계산해 본다. 거기서 생긴 부족한 무게를 남은 한 개로 조정하는 것도 나쁘지 않은 생각이다.

두 가지 방법은 상당히 논리적인 발상이다. 공평하게 나눈다는 목적을 위해 그 방법을 논리적으로 파고들었기 때문이다. 하지만 두 방법 모두 문제가 없는 것은 아니다. 첫 번째, 네 개씩 나누고 남은 한 개를 삼등분 한다는 것은 약간 어려울 것 같다. 신중하게 나누었는데 '저 쪽이 더 크다' '불공평하다'는 불만이 나올 수 있다. 두 번째 방법, 즉 중량으로 분배하는 것이 과연 공평하다고 할 수 있을까? 사과마다 맛이 다르다. 이 경우도 '내 사과만 맛이 없다'한 한 아이가 울기 시작하면 골치가 아파진다. 수평적 사고로 시도해 보자.

세 번째, 주스로 만들어 나눈다.

이것이라면 공평하다. '3인분으로 나누어 주세요'라고 이야기하면 우리는 반드시 현물 그대로 나누어야 한다고 굳게 믿는다. 하지만 가공하면 안 된다는 전제는 어디에도 없었다. 그러니 주스를 만들어 나누어 주는 것은 멋진 해결책이다. 이 말을 들으면 이런 생각이 든다. '뭐야? 그런 거야?' 그와 동시에 어떻게 내가 그 생각에 스스로 브레이크를 걸었는지 조금씩 감이 올 것이다. 이런 생각을 낼 수 있는 아이들은 초등학생들이 많다. 이처럼 아이들은 어떠한 전제나 상식을 간단히 뛰어넘어서 자유롭게 발상할 수 있다. 반면, 어른은 그 벽을 넘지 못하고 고정관념에 사로잡힌 채로 잔뜩 경직되어 매사를 처리한다.

3. 수평적 사고 장점

1) 여러 개 답을 낼 수 있다

논리적 사고와는 달리 수평적 사고에는 유일한 정답이 없기 때문에 어떤 대답을 해도 틀리지 않다. 그런데 우리는 보통 정답 하나만을 선택하는 것에 익숙하다. 왜 그럴까? 이유는 학교에서 논리적 사고만을 배우기 때문이다. 시험에서 요구되는 정답은 하나뿐이다. 만약 사과 13개를 세 사람이 나누면 어떻게 해야 좋을까? 라는 문제가 출제 되면 방법 1과 2가 정답일 것이다. 주스로 나누어 준다. 이러한 답을 학교에서 수업시간에 말하면 오답으로 될 것이다. 학교뿐만 아니라 직장에서도 여러 답보다는 한 가지 의견으로 좁히라고 요구한다. 그것도 최대한 빨리 판단해야 한다.

최근 시청자들 이해를 돕기 위한 보도 프로그램에서도 정보를 단순화 시켜 전달하고 있다. 그 결과 본래 다양한 의견이나 해석이 존재하는 사회문제 조차도 A인지 B인지처럼 알기 쉬운 구도로 파악하려는 경향이 만연하다. 여기서도 답을 하나로 제한하려는 사고방식이 작용한 것이다. 이러한 주입이 반복되기 때문에 결국 우린 '답은 여러 개가 존재하지 않는다'는 생각에 익숙해진다. 이른바 '정답 하나 증후군'이다.

2) 사고범위가 확대된다

우리 사회가 논리적 사고에 지배당하는 것은 어떤 의미에서 당연한 일이다. 몇 개 정답을 인정하거나 별난 발상을 적용하면 모든 것이 혼돈될 수 있다. 하지만 발상이 논리적 사고로만 쏠린다면 상상 범위는 극히 축소되고 대안도 좁아진다. 만약 '정답 하나 증후군'이 심해지면 어떤 일이 생길까? 우선, 발상이 빈약해지고 아이디어가 줄어든다. 그뿐만 아니라 가능하면 문제가 없는 답을 선택하기 때문에 결과적으로 시시한 발상만 하게 된다. 또한 자기 의견만이 옳다고 믿고 다른 생각을 부정하게 된다. 수평적 사고를 통해서 사고범위를 넓혀야 한다.

3) 달리 생각할 기회를 제공한다

세상에는 생각할 기회를 빼앗는 것들이 있다. 그 예로 규칙을 들 수 있다. 일단 규칙이 정해지면 행동하기 전에 스스로 생각하고 판단할 필요 없이 그저 규칙을 따르기만 하면 된다. 그래서 매뉴얼이나 취급설명서가 있는 일은 편하다. 고정관념도 우리에게서 생각할 기회를 뺏는다. 고정관념이란 상식이나 굳은 믿음, 선입견 등과 같은 확고한 사고를 말한다. 그중에서 가장 영향력이 큰 것은 상식이다. 상식이란 압도적으로 많은 사람들이 옳다고 생각하는 공통인식을 말한다. 그러므로 상식에 따라 판단하면 일단 합격점을 얻을 수 있다. 게다가 어지간한 예외가 없는 이상 상식적으로 생각하면 비난당할 일도 없으므로 우리는 상식에만 의지하고 스스로 생각하길 포기한다. 달리 생각하는 것은 상식대로 생각하는 것보다 힘든 일이다. 반면 규칙이나 고정관념을 따르면 편하다. 하지만 이런 상식이 통하지 않는 곳이 있다. 예를 들면 전혀 없던 새로운 사업이나 새로운 무언가를 만들어내려고 할때. 그 때는 이 규칙이나 고정관념을 전혀 믿을 수가 없고 적용할 수 없다는 것이다. 왜냐하면 규칙, 상식은 이미 있는 것을 토대로 하는데 지금 우리가 만들려고 하는 것은 새로운 것이기 때문에 전혀 모르는 것을 찾아나가야 한다. 이때 상식에 사로잡히지 않고 여러 가지 선택을 검토할 수 있는 수평적 사고가 유용한 이유다.

4) 어떠한 변화에도 대응 가능하다

모든 것이 금방금방 변한다. 우리가 진리라고 생각했던 것, 아니면 지금

기술이라고 생각했던 것이 곧 바뀌고 그것이 다른 제품이 되고 다른 아이디어가 된다. 즉, 지금 상식이라고 생각했던 것이 내일은 비상식이 되는 경우도 많다. 따라서 상식적으로만 생각한다면 이렇게 바뀌는 환경에서는 대응할 수가 없다. 상식이 뒤집히면 논리를 처음부터 다시 구성해야 하기 때문이다. 즉, 상식이 쓸모가 있는 것은 그 상식이 통하는 기반에서만 가능하다. 따라서 기반이 바뀌는 상황에서는 모든 지식이 바뀌고 모든 기술이 바뀐다. 아예 처음부터 상식에 사로잡히지 않는 수평적 사고라면 그러한 변화에 유연하게 대응할 수 있다. 변화가 빠르다는 것은 그만큼 기회가 많다는 것이기도 하다. 그런데 많은 사람들이 오래된 상식을 고집하고 진부한 발상에서 벗어나지 못하는 것이 안타까울 따름이다. 변화를 살피고 재빨리 대처할 수 있으면 남보다 훨씬 더 앞서갈 수 있다. 어떠한 변화가 와도 어떠한 지식 기반이 바뀌는 상황이 와도, 그 상황에 바로바로 대응할 수 있는 사고법이 바로 수평적 사고법이다. 논리적 사고법이라는 것은 A라는 상황에는 A라는 논리가 적용되고 그것이 B라는 것으로 바뀌면 A라는 논리가 적용이 안 되는 것이다. 그때는 다시 B, C사고를 해서 B라는 환경에서 살아남아야 한다는 것이다. 다음 예시를 통해서 실제 문제에 대응한 경우를 보자.

*전철 자동 개찰기 통과하기

지금은 전철개찰기를 별 문제없이 통과한다. 하지만 맨 처음 개발했을 때는 골치 아픈 문제가 있었다. 지금은 카드를 대자마자 바로 열리지만 초기에만 해도 1초 정도 후에야 문이 열렸다. 카드를 인식하고 금액을 계산하기 때문이다. 그래서 1초를 기다려야 했다. 그런데 줄줄이 서서 1초를 기다려야 한다면 보통 골치 아픈 일이 아니다. 대기 줄이 길어질 것이다.

물 흐르듯 승객이 나가야 하는데 사람이 밀린다면 문제이다. 이런 상황을 어떻게 해결할 수 있을까? 힌트를 보자. 문제의 본질은 1초를 '서서 기다리지 않고' (그러면 기다리는 줄이 생기니까)통과하는 방법이다. 그림을 그려서 생각해 보자. 답은 여러 개 나올 수 있다.

논리적으로 사고를 한다면 다음과 같다. 컴퓨터 성능을 높여야 한다. 아니면 계산이 끝날 때까지 개찰구를 막은 상태로 기다리거나, 아니면 자동개찰기를 증설해야 한다. 하지만 다른 대안이 없을까? 수평적 사고를 해보자. 수평적 사고는 통과하는 것이 목적이다. 얼마나 걸리는가는 문제가 아니다. 시간이 얼마가 걸리던 쉬지 않고 계속 걸어가서 통과하면 된다. 즉, 1초 후에 문이 열릴 정도 기계성능이라면 카드를 댄 후 걸어서 1초를 걸어 간 곳에 출입문을 만들면 된다. 그러면 대고 나서 걸어가는 사이 1초가 지난 다음에 문이 열리면 그 사람은 쉬지 않고 통과한다.

이게 지금 통과하는 개찰구가 생각보다 긴 이유이다. 기계를 증설하거나 컴퓨터 성능을 높이지 않아도 사람들이 쉬지 않고 통과하는 방안은 의외로 간단했다. 즉, 목표인 '쉬지 않고 통과하기'에 초점을 맞춘 수평적 사고방식의 결과다.

🔑 키포인트

수평적 사고는 논리적인 사고와는 달리 수평 방향으로 시점을 확대하는, 즉 다각적으로 보는 사고법이다.

수평적 사고의 특징은 1) 모든 전제로부터 자유로워진다. 2) 지금까지 없었던 것이 생긴다. 3) 빠른 방법, 경로로 문제가 해결된다. 4) 돈, 시간, 수고를 절약할 수 있다. 5) 논리적 사고와 수평적 사고는 상호보완 관계이다.

수평적 사고 필요성은 1) 여러 개 답을 낼 수 있다. 2) 사고범위가 넓어진다. 3) 생각할 기회를 제공한다. 4) 어떠한 변화에도 대응 가능한 사고법이다.

1. 수평적 사고란 목표를 중시하는 사고방식이다.
2. 수평적 사고와 수직적 사고는 상호 보완적인 방법이다.
3. 수평적 사고는 어떤 경우 상황이라도 쓸 수 있다.

답

1. O; 논리적 사고가 순서대로 찾아가는 형태면, 수평적 사고는 목표로 직진하는 방법이다.

2. O; 처음에는 수평적 사고로 많은 가능성을 보았다면 이 방법이 제대로 될 것인지를 파악하는 것은 수직적인 논리가 필요하다.

3. O; 이 방법은 상식이 필요하지 않은 방법이다. 상식이란 해당 문제의 지식과도 같아서 매 문제마다 정확한 답이 있다. 반면 수평적 사고는 상식을 벗어난 것이라 어떤 상황이라도 쓸 수 있다.

2

수평적 사고 핵심요소

1. 고정관념 타파하기

고정관념은 창의성의 가장 큰 걸림돌이다. 이건 이럴 것이다, 이래야 한다는 선입견, 상식, 믿음이고 수평적 사고와 반대다. 상식, 편견에서 벗어나야 신선한 사고, 아이디어가 나온다. 고정관념을 타파하는 것은 수평적 사고를 위한 최단, 최고의 지름길이다. 이를 타파할 3가지 방안을 보자.

1) 상식, 믿음이라는 것을 의심해라

지금 상식이라고 느끼는 것이 예전에는 전혀 상식이 아닌 경우가 종종 있다. 보리밥 하면 가난한 사람들이 먹던 음식으로 생각했다. 하지만 지금은 건강식으로 일부러 찾아먹는다. '보리밥은 가난함'이란 상식, 믿음이 시대에 따라 변하는 것이다. 상식, 믿음은 시대에 따라 변하지만 사람에 따라, 지역에 따라, 나라에 따라 변한다. 상식, 믿음을 의심해야 한다. 도로 안전에 대한 상식도 마찬가지다.

어느 지방도시 마을에 커브길이 있었다. 그곳에만 들어서면 차들이 정면충돌 사고가 많이 났다. 그런데 커브가 급하긴 해도 전혀 앞이 안 보이는 정도는 아니었다. 또한 가드레일과 가로등도 잘 돼 있어 언뜻 보면 사고 따윈 절대 일어나지 않을 법한 장소였다. 그 지역 사람들은 그곳에 표식이나 거울 설치 등 여러 가지 의견을 내놓았고 그때마다 다양한 대책이 마련되었지만 사고는 전혀 줄지 않았다. 어떤 방법으로 사고를 줄일 수 있었을까? 논리적인 방법으로는 도로 폭을 넓혀라, 신호를 설치해라, 경찰에게 교통관리를 시켜라 등이 있었다. 하지만 실제 효과적인 방식은 의외였다. 가드레일을 떼어내고 중앙선도 없앴다. 그랬더니 사고가 전혀 안 생겼다. 왜 그럴까? 실제로 가로등만 겨우 남겨두었더니 운전자들이 아주 신중해져서 속도를 내지 않게 되었다. 그전에는 뭔가를 설치해야 사고가 줄어들 것이라는 굳은 믿음이 있었던 것이다. 이런 굳은 믿음을 의심함으로서 사고를 감소시킬 수 있었다.

2) '왜 그래야 되는데'라고 일부러 말하라

수평적으로 생각을 하려면 '의심의 힘'을 발휘하는 것이 중요하다. 모든 것이 꼭 그럴지는 않다고 생각하면 상식으로부터, 고정관념으로부터 벗어날 수 있다. 평상시 의심하는 습관을 가지려면 다음 단어를 일부러 써보자.

왜? ; 왜 필요한가, 왜 불가능한가, 왜 똑같아야 하는가, 정말? 이라고 스스로에게, 타인에게 물어보자. 알려진 정보가 항상 정확하다고는 할 수 없다. 그 정보가 옳다는 굳은 믿음에 근거하여 판단하면 잘못된 결론을 도출할 수 있다. 눈앞에 있는 전제를 있는 그대로 받아들이지 말고, 정말? 하고 자신에게 물어보자.

모든 건 변한다; 모든 사물은 시간과 함께 변화한다. 지금은 옳다고 믿을 수 있는 것도 10년 후엔 오류가 될 수 있다. 또 10년 전엔 불가능했던 일을 지금은 간단히 할 수 있게 된 예도 있다. 10년 전에는 커피는 다방에서만 마시지만 지금은 캔 커피를 마시고, 또 컵에다 들고 다니면서도 마신다. '어떤 일을 1시간 내에 한다는 것은 무리다!' 라고 생각하는 것은 지금은 그렇다는 것이다. 지금은 그렇다 해도 쉽게 납득하면 안 된다. 그럴 때는 '지금은 그렇지만…' 라고 중얼거려보기 바란다.

3) 다른 분야 사람들과 일부러 어울려라

매일 같은 분야 사람과 유사한 이야기를 계속하다 보면 틀에 갇혀있기 쉽다. 다른 업계 사람과 이야기를 하면 생각이 완연히 다름을 안다. 같은 일을 오래하면 그 업계에서 상식이나 관례가 당연하다고 생각한다. 다른 업종에서는 달리 본다. 세대가 다른 사람과 이야기하는 것도 중요하다. 즉 당신이 20대라면, 일흔 살 어른이나 다섯 살배기 어린아이와 이야기해 봐라. 사고방식과 가치관 차이에서 커다란 발견을 할 것이다. 자기 세대에서는 상식인 것이 다른 세대에서는 생각할 수도 없는 일이거나 애초에 이해조차 불가능할 수 있다. 이처럼 세대가 멀어질수록 자신 상식은 흔들리기 마련이고 수평적 사고가 늘어날 것이다. 외국인과 대화를 해보자. 언어, 종교, 생활습관이 다른 외국인과의 대화는 우리 상식을 뒤집어 준다.

2. 문제 본질 파악하기

1) 물건 본질 파악

연필을 대체할 새로운 것을 찾아봐라. 이런 문제가 닥치면 어떻게 접근할까? 우선 연필 본질이 무엇인가를 파악하는 것이 중요하다. 연필은 쓰는 것이다. '쓴다'라는 것이 연필 본질이라면, 이제 연필 대용품이 보인다. 볼펜, 사인펜, 샤프, 붓 혹은 컴퓨터 프린터도 연필의 대용품이 될 수 있다. 이렇게 이미 존재하는 것을 다른 것으로 대용할 수 없는지 연구해 보는 것은 발상을 넓히는 데 매우 효과적이다.

자동차 왕 헨리포드는 한 번에 갑부가 되지 않았다. 19세기 말 한참 마차가 인기였을 때 포드는 무엇을 할까 고민했다. 사람들은 마차를 개발하라고 했다. 말 4마리보다 6마리, 6마리보다 8마리가 빠르니 빠른 마차를 개발하라고 주위 사람들이 이야기했다. 하지만 포드의 생각은 달랐다. 말 대신 그 당시 일부 부유층만 소유할 수 있었던 자동차에 주목해서 자동차 회사를 만들었다. 포드는 당시 거리를 달리는 마차의 본질이 빨리 이동하는 것이란 것을 직시했다. 따라서 마차는 자동차로 변해야 한다는 것을 깨달았다. 그래서 마차를 개량하는 대신 서민에게 자동차를 최대한 저렴한 가격으로 공급하기 위하여 대량생산 방식을 도입했다.

그 당시 하나하나 조립하던 자동차를 컨베이어 라인으로 만들어 냈다. 그 결과 몇 사람만이 소유했던 교통수단에 불과했던 자동차가 대중 자동차로 바뀌었다. 그렇게 잘 나가던 포드에게도 위기가 찾아왔다. 그때까지 포드는 검은색 모델 한 종류만 생산 중이었는데 라이벌 회사가 다채로운 색상과 디자인을 가진 자동차를 발표한 것이다. 포드 자동차 매출이 떨어지기 시작했고, 포드는 차츰 '본질'이 변한 것을 깨달았다. 즉 그 사이 자동차 본질은 '남에게 자랑할 수 있는 것'으로 바뀌었다. 그러므로 다채로운 모델로 바뀌어야 했다. 자동차가 서민에게 골고루 보급되기 전까지는 디자인이나 색상 따위는 본래 용도, 빨리 달리는 것에 비해 부수적인 것이었다. 하지만 대량생산으로 자동차가 당연해지자 뭔가 어떻게 차별할 수 있느냐가 중요해진 상황이다.

어느 상인이 늙은 고리대금업자로부터 돈을 빌리고 갚지 못하고 있었다. 마침 고리대금업자는 그 상인 딸에게 눈독을 들이고 있어서, 그 상황을 이용해 다음과 같은 제안을 하였다. 자신의 검은 주머니에서 상인의 딸이 조약돌 하나를 집어내는데, 검은 조약돌을 집어내면 딸과 결혼을 하고 빚은 갚지 않아도 되며, 흰 조약돌을 집어낼 경우에는 조건 없이 빚을 청산해 주겠다는 것이다. 만일 딸이 이 제의를 모두 거절한다면 상인을 고소하고 딸 역시 도망가지 못할 것이라 하였다. 결국 상인은 이 제의에 동의했고, 그러자 고리대금업자는 자신의 집 오솔길에서 검은 색 조약돌 두 개를 주워 주머니에 넣었다. 그런데 우연히 그 장면을 상인의 딸이 보게 되었다. 이런 상황에서 여러분이 상인의 딸이라면 어떻게 할까?

답; 수직적 사고에서의 해결안으로는 고리대금업자의 제의를 아예 거절하거나 주머니 속 두 개의 검은 돌을 꺼내 보이는 것이다. 고리대금업자 속임수를 폭로하는 방법을 쓰거나 아버지를 감옥에 보내지 않기 위해 조약돌을 꺼내 자신을 희생하는 방법을 쓸 수 있다. 하지만 수평적 사고는 다르다. 소녀는 주머니에서 돌을 하나 꺼내 그것을 보지도 않고 멀리 던져버린 후에 "주머니에 남아있는 조약돌의 색을 보면 제가 버린 돌의 색을 알 수 있을 것"이라고 한다. 물론 주머니에 남아 있는 조약돌의 색은 검은색일 것이고, 소녀가 던져 버린 돌은 흰 색이 되는 것이다.

수직적 사고를 하는 사람은 상인 딸이 조약돌 하나를 집어내야만 한다는 사실에만 집착하게 된다. 반면 수평적 사고를 하는 사람은 주머니 속에 남게 될 조약돌에 관심을 갖는다. 수직적 사고를 하는 사람은 어떤 상황을 합리적으로 관찰한 다음 그 상황을 논리적으로 주의 깊게 해결하려 하는 반면 수평적 사고를 하는 사람은 상황을 약간 다른 각도에서 조명해 보며 직관적인 해결책을 찾으려 한다. 수평적 사고는 이와 같이 문제 해결을 위해서만 유용한 것이 아니라 사물을 보는 각도를 달리하여 새로운 아이디어를 창출하는 것이다.

2) 물건 '용도'가 본질이다

수평적 사고에서 문제 본질이 무엇인가를 빨리 파악해야 한다. 그래야 문제 본질도 알 수 있다. 본질이 무엇인가를 파악할 때는 '이것은 ( )하는 것'에 무엇이 들어갈지 생각해야 한다. 13개 사과를 나누는 문제의 본질은 불평 없이 3등분 하는 것이다. 만약 연필이라면 '쓰는 것', 자동차라면 '빨리 이동하는 것'으로 쓸 수 있어야 한다. 이렇게 물건 사용법을 생각하면서 ( )하는 것 괄호부분을 찾아가면, 대상을 본질화 하는 힘을 얻을 수 있다. 신문의 본질은 무엇일까? 신문은 (~~)하는 것이라는 공식에 맞춰보면 정보를 전달하는 것, 광고를 싣는 것으로 생각할 수 있다. 다른 관점에서 보면 다른 용도가 생길 수 있다. '포장하는 것'이라면 군고구마나 채소를 '포장'할 수 있다. 밑에 깔 것이라면 손톱을 자를 때, 과일껍질을 벗길 때에 아래에 깔고 사용한다. 만약 모양 변형을 방지하는 것이라면 가방이나 구두 속에 넣어두는 것이 될 수 있다. 위험을 방지하는 것이라면 앞치마로 사용된다. 또 불을 붙일 때 불 쏘시개, 비옷 대용, 방한구, 재활용 자원 등 용도는 많다. 만약 신문에 실려 있는 내용을 주목한다면 신문은 '광고 디자인의 견본', '시사문제지', '광고문구 참고자료', 이렇게 신문을 물체로 보느냐 정보로 파악하는가에 따라 대상 본질은 변화한다.

3) 본질파악 요령

어떤 물건 본질을 바꾸어서 쉽게 수평적 사고를 할 수 있는 방법은 그 물질의 다른 용도를 생각해 보는 방법이다. 예로서 오물에 관련된 용도로 신문을 보자. 주위를 더럽히지 않으려고 더러운 것을 신문으로 쌀 수 있다. 더러운 것을 감싸는 것이다. 반면 깨끗한 과일을 잘 보호하려고 신문으로 싼다면 이번에는 깨끗한 것을 감싸는 것이다. 즉 신문으로 무엇을 싸느냐에 따라 신문 용도는 두 가지가 되는 셈이다.

평소에 주위 사물을 보면서 무엇을 하는 것일까? 다른 용도는 없을까? 라는 생각하는 습관을 가지자. 이렇게 본질화를 의식적으로 행하면 발상의 폭이 넓어질 것이다. 냉전시대에 미국과 구소련이 우주 개발에 한참 경쟁을 했을 때의 이야기이다. 당시 NASA는 우주선 내에서, 즉 무중력 상태에서 글을 쓰려고 할 때 볼펜을 쓸 수 없다는 사실을 알았다. 볼펜은 중력에 의해 잉크가 내려와야 하는데, 무중력 상태라 써지지 않는 것이다. 그

우주선 내 볼펜 문제로 고민한 미국 NASA와 달리 소련은 간단히 연필로 대체했다.

래서 무중력 상태에서도 볼펜을 쓰려고 볼펜에 많은 장치를 들여 드디어 성공을 했다. 많은 비용이 들어갔다. 그러나 경쟁 상대였던 소련에서는 그러한 걱정 자체를 하지 않았다. 왜냐면 연필을 사용했기 때문이다. 수평적 사고 능력은 미국보다도 구소련이 한수 위였다고 할 수 있다.

3. 우연을 무시하지 않기

1) 닥쳐올 우연을 준비하라

음극관 옆에 서 있던 사람 주머니에 있던 초콜릿이 흐물흐물해지는 우연한 사건이 발생했다. 그때 미국 스펜서는 그 우연을 그냥 우연으로 넘기지 않았다. 대신 '음극관에서 나오는 강한 전자파동으로 물이 진동을 해서 열이 생기고 그래서 초콜릿이 녹는 것이다'라는 것을 알았다. 그리고 그 아이디어로 '전자레인지'라는 획기적인 발명을 하게 되었다. 지금도 이런 우연이 당신 곁을 스쳐 지나가고 있을지 모른다. 눈을 뜨고 우연을

놓치지 마라.

이처럼 우연을 무시하지 않고 무언가를 발견하는 힘을 '우연한 발견(serendipity)'라 한다. 당신은 지구본을 보고 뭔가 신기한 것을 본 적이 없는가? 아프리카 동쪽과 아메리카 서쪽이 마치 깨진 유리처럼 딱 들어맞는 것을 알 수 있다. 1910년 알프레드 베게너도 같은 것을 우연히 보았다. 그리고 아메리카와 아프리카는 같은 땅 덩어리였다는 대륙이동설을 주장했고 정설로 받아들여졌다.

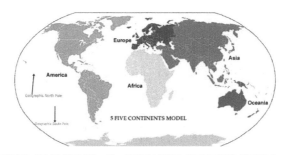

떨어진 대륙 간 짝이 맞는다는 우연한 관찰이 대륙이동설을 만들었다.

우연은 발명의 어머니이다. 우리 주변을 살펴보면 우연히 발명한 것이 많다. 가령 빵은 몹시 더운 날씨에 밀반죽을 방치하였다가 우연히 만들어졌고, 와인은 우연히 떨어진 포도가 발효된 와인이 기분 좋게 만들기 시작하면서 와인은 세계적인 음료가 되었다. 겨울철 비비면 열이 나는 손난로도 과자봉지에 철 성분을 산화방지 목적으로 사용하다 실수로 발열한 것에서 시작되었다.

2) 모든 가능성을 다 열어두라.

3M의 '포스트잇'은 우연한 발견의 대표적인 사례이다. 1968년 스펜서

실버 박사는 접착제 개발 중 잘 붙지 않고 떨어지는 '반쪽 접착제'를 실수로 만든다. 이런 우연한 실수를 단순히 실수로 넘기지 않은 3M사 아트 프라이는 찬송가 책에 붙일 임시 메모지로 이 '반쪽 접착제'를 사용한다. 이렇게 빛을 보게 된 포스트잇은 3M사 대표상품이 되어 40년이 지난 지금

3M 포스티잇은 실수를 그냥 버리지 않았기 때문이다. ⓒProjectManhattan

도 인기상품이다. 수평적 사고 핵심은 이런 우연한 사건, 실수를 그냥 버리지 않는 '엉뚱함'에 있다. 이런 우연한 사건이 발생했을 때 아무것도 느끼지 못하는 사람과, 그것을 무언가에 응용할 수 있지 않을까 생각하고 연구하는 사람 중, 누가 성공의 열쇠를 장악할는지는 불 보듯 뻔하다.

여기서 말한 '우연'이란 뭔가 특별한 일이 일어난 순간이 아니라 일상에서 일어나는 일 가운데 건져지는 것이다. 이렇게 우연에서 영감을 얻으려면 감성을 모든 방향으로 레이더를 쳐야한다. 무엇을 봐도 놀라지 않고, 무슨 말을 들어도 '그런 건 다 알고 있어'라며 대수롭지 않게 여기면 감성은 점점 둔해지고 만다. 감성이 둔해지면 발상도 빈약해진다. 뭐든 당연하다 생각하지 말고 당연한 일에 놀라는 버릇을 들여야 한다. 억지로 놀라도 상관없다. 억지로 감동해도 뇌가 속아서 자연스럽게 감동하게 되기 때문이다. 항상 놀라고 감동하다 보면 이런 우연을 우연으로만 보지 않는 능력은 자연스럽게 늘어날 것이다.

하늘에서 날아오는 샌드위치

호주 '제플 슈츠' 샌드위치 회사 성공스토리다. 호주 멜버른 시내 7층 건물에 있는 좁은 식당은 찾는 사람이 없어서 늘 파리를 날렸고 임대료도 저렴했다. 어느 날 젊은 청년이 이곳을 임대했다. 그는 그곳에 사람들이 올라오기가 불편하고 건물 전체가 음식점이 있는 빌딩도 아니라는 것을 이미 알고 있었다. 하지만 수직적 사고를 벗어나 수평적 사고로 전환했다. 즉 음식점에 손님이 와서 먹어야 된다는 수직적 사고를 깨기로 생각했다. 낙하산으로 샌드위치를 투하하는 방식으로 영업을 했다. 주문은 인터넷으로 받고 배달은 7층에서 아래로 낙하산을 투하했다. 주문한 사람은 물론 그 시간에 건물 아래 지정된 장소에서 기다리면 하늘에서 날아오는 낙하산 샌드위치를 받으면 된다. 마침 건물 뒤편은 차가 안 다니는 좁은 골목이었고 근처에는 공원이 있었다. 사람들은 이런 아이디어에 열광했다. 식당에는 손님이 와야 한다는 수직적 사고, 그리고 샌드위치는 사람이 배달해야 한다는 고정관념이 깨진 셈이다. 최근 도미노 피자는 새로운 배달 방법을 개발 중이다. 바로 드론을 이용한 방법이다. 이제 피자가 하늘에서 날아오는 세상이 될 것이다. 세상에 정해진 것은 아무 것도 없다.

🔑 키포인트

1. 고정관념 타파하기

1) 상식, 믿음이라는 것을 의심해라.

2) 상식 타파에 도움 되는 말을 자주 써라.

3) 다른 부류의 사람들과 어울려라.

2. 문제 본질 파악하기

1) 물건의 본질을 파악해야 하듯이 문제의 본질을 알 수 있다.

2) 물건의 '용도'가 본질이므로 이를 알면 다른 방법을 찾을 수 있다.

3) 본질 파악 요령; 다양한 물건의 용도를 찾은 연습을 하면 본질 파악이 쉽다.

3. 우연을 무시하지 않기

1) 선입견 대신 백지상태로 만들어라. 그래야 외부 자극이 들어올 수 있다.

2) 감성을 모든 방면으로 쳐라. 우연히 생기는 발견의 행운을 잡을 수 있다.

12간지(干支) 순서가 쥐, 소, 범 순서인 이유는?

매년 그해 상징적인 동물을 12마리 내세우는 '띠'는 소위 12간지다. 순서는 자(子), 축(丑), 인(寅), 묘(卯), 진(辰), 사(巳), 오(午), 미(未), 신(申), 유(酉), 술(戌), 해(亥) 동물 순서다. 그런데 쥐(자)가 소(축)보다 먼저 나온다. 그 이유가 있다. 부처님이 설날에 동물들을 소집했다. 소집 시간에 제일 먼저 오는 대로 좋은 자리를 주겠다고 해서 동물들이 각자 준비를 했다. 부지런한 소는 당연히 제일 먼저 준비를 했고 아침 일찍 일어나서 갈 준비를 했다. 소는 다른 동물들이 출발하기 전에 떠났다. 그런데 당연히 먼저 도착한 것이 소일 줄 알았지만 제일 먼저 도착한 동물은 소 등에 타고 있다가 뛰어내린 쥐였다는 것이 이 이야기 결말이다. 즉 소 등에 몰래 탔던 쥐가 도착하기 전에 등에서 뛰어내려 1등이 되었다는 이야기다.

쥐는 남의 힘을 빌려서 먼저 도착한 나쁜 놈이라고 비난할 수 있다. 하지만 최소 힘으로 최대 효과를 낸 대표적인 경우다. 모든 일은 자기 힘으로 열심히 노력해야 된다는 고정적인 논리적 사고를 뒤집는 수평적 사고의 한 예다. 덕분에 쥐는 소의 힘을 빌려 가장 먼저 도착한 영예를 얻은 셈이다. 누군가 지어낸 우스갯소리지만 수평적 사고란 무엇인가를 보여주는 한 예다.

1. 고정관념은 수평적 사고의 큰 장벽이다.
2. 내 전공과 같은 전문가와 모임을 자주 갖는 것은 수평적 사고를 확장하는 방법이다.
3. 자동차 본질은 시간에 따라 변할 수 있다.

답

1. O; 고정관념은 이미 사고방식이 결정된 방법이다. 자유로운 사고방식을 하려면 고정 관념에서 벗어나야 한다.
2. X; 다른 분야 사람을 만나야 시야, 관점, 사고방식이 다양해질 수 있다.
3. O; 처음 만들 당시 '빨리 이동하는 것'이 본질이었지만 나중에는 '남에게 자랑하는 것' 으로 바뀌었다.

3

수평적 사고 실전기술

수평적 사고 목적은 어찌하든 답을 찾는 것이다. 1 → 2 → 3 → 4 순서대로 풀어나가는 것이 아니라 1→ 4로 최단거리를 가는 방법을 찾는다. 그런 의미에서 쥐가 소 등을 타고 1등을 했다는 '띠'에 얽힌 우화는 전형적인 수평적 사고라 할 수 있다. 이 경기의 목적은 제일 먼저 도착하는 것이다. 과정이 문제가 안 된다. 즉 열심히 노력한다가 상식이고 논리적 사고방식이라면 위 경우처럼 최소 힘으로 최대 효과를 내기 위한 방법은 수평적 사고방식의 하나이다. 수평적 사고 실전기술은 3가지 방법이다. 다른 사람의 힘을 빌리고 다른 사람과 공존하고 미래를 보는 방법이다.

1. 다른 사람(물건) 힘을 빌리기

마크 트웨인 소설 '톰 소여의 모험'에는 페인트칠하기 이야기가 나온다. 주인공 톰은 담에 페인트칠하는 일을 맡게 되었다. 본인은 열심히 칠하고 있었지만 칠하는 일이 지루해서 아이디어를 떠올렸다. 아이디어는 그가 진짜 재미나는 듯이 페인트칠을 하는 것이었다. 마침 톰이 일을 한다는 것을 알고 톰을 약 올리려고 온 친구들이 그 광경을 보고 궁금해 했다. 그래서 톰한테 한 번만 시켜달라고 이야기했지만 일부러 거절을 했다. 그러자 친구들이 몰려들었고 앞다투어 페인트칠을 시작하는 바람에 순식간에 일이 끝났다. 톰은 사실 거의 아무 일도 하지 않았지만 일을 끝냈다. 이 톰 소여가 다른 사람을 속였나? 그렇지 않다. 이 일화는 다른 사람 심리를 이용한 발상 전환의 예다. 일은 반드시 본인이 열심히 해서 끝내야 한다는 것이 논리적 사고방식이라면 다른 친구들 힘을 빌린 것은 수평적 사고이다. 물론 다른 사람 힘을 이용한다 해서 다른 사람을 속인다는 뜻은 전혀 아니다.

톰은 친구들 힘을 빌려 페인트칠을 쉽게 했다. ©Mark Twain

다른 물건의 힘을 빌리는 방식 중 하나는 작업을 하나로 합하는 것이다. 사과를 무게에 따라 분류하고 상자에 싣는 일이 있다. 하나하나 무게를 재고 사람이 일일이 상자에 옮겨 넣었다. 이 과정이 기계식으로 바뀌면서 두 개 단계를 하나로 만들었다. 즉 사과가 벨트를 지나가며 해당무게가 되면 분리되어져 해당 박스에 떨어지게 되었다. 또 다른 예는 지게차 경우다. 화물 무게를 재고 다시 트럭에 실어야 하는 두 단계 일이다. 회사는 두 단계를 하나로 합쳤다. 즉 지게차 팔 부분에 저울을 설치해서 지게차에 실리면 무게가 측정되도록 하였다. 옮기면서 무게가 측정되어 화물처리 속도

가 증가했다. 걸으면 바닥청소가 되는 걸
레도 아이디어 상품이다. 슬리퍼 밑에 일
회용 걸레를 붙이면 걸어 다니며 청소가
된다. 걸어 다니는 힘을 빌리는 것이다.
이른바 '손 안 대고 코 푸는' 방식이다.

손 안 대고 코 푸는 방식이 정식이 아니
라 거부감이 드는가? 남에게 피해가 가지 않는다면 목표 도달에 가장 현
명한 방식이다. 동남아시아에 가면 고갯길을 오르는 자동차에 매달려서
가는 자전거를 종종 본다. 차 동력에 비한다면 자전거 하나 매달리는 건
큰 부담이 아니다. 만일 운전사에게 최소비용을 지불한다면 누이 좋고 매
부 좋은 식 아닌가?

고객 힘을 빌리는 항공사도 있다. 저가 항공의 대명사인 사우스웨스트
항공은 후발주자로 어떻게든 성공해야 했다. 후발 주자가 손님을 끌어모
으려면 가장 좋은 방법은 낮은 가격이다. 그러려면 최대한 항공기 운전횟
수를 늘려야 한다. 비행시간의 적잖은 부분은 승객 탑승수속에 걸리는 시
간이다. 탑승수속 당시 승객이 빨리빨리 움직여 주면 좋은데 승객은 그럴
필요가 없다. 즉 탑승카운터에서 자리배정을 받으면 탑승시간 마지막에
느긋하게 들어가도 된다. 사우스웨스트는 색다른 아이디어를 냈다. 다른
회사는 탑승 수속 시 좌석 티켓을 배정받고 대기한 후에 자기 자리로 착
석한다. 국내 아시아나, 대한항공 모두 같은 방식이다. 사우스웨스트 탑승
수속은 좀 다르다. 탑승 수속을 할 때 좌석 표를 주는 게 아니고 번호표를
순서대로 준다. 탑승이 시작되면 1번부터 50번까지 번호표를 받은 사람
이 먼저 들어가게 한다. 여기서도 좌석을 앉는 순서는 본인이 원하는 데로

가서 앉도록 하는 것이다. 즉 승객은 비행기에 올라타면 어느 자리든 마음대로 앉을 수 있는 것이다. 이 시스템을 채용하면 어떤 효과가 있을까? 사우스웨스트 승객은 탑승 번호를 먼저 받으려고 먼저 카운터에 줄을 선다. 탑승 수속이 그만큼 빨라진다. 직원은 탑승시간이 되면 번호표만 회수하고 앉는 것은 본인이 편한 자리에 앉게 한다. 승객들은 자리를 먼저 앉으려고 빨리 자리로 간다. 좌석번호를 찾지 않고 자기가 원하는 자리에 앉을 수 있어서 그만큼 빨리 이륙할 수 있다. 물론 이 탑승방식을 좋아할 수도 싫어할 수도 있다. 하지만 사우스웨스트는 목표를 달성했다.

사우스웨스트는 문제 본질을 파악해서 사업을 성공적으로 이끌었다. 가장 저렴한 항공회사가 되려면 비행기를 한 편이라도 더 빨리 날려야 한다. 그렇다면 문제 본질은 지상에서 대기시간을 어떻게 줄이냐 하는 것이다. 사람들은 큰 성과를 얻으려면 그 나름 노력이 필요하다고 생각하기 십상이고 편하게 결과를 낸다는 것에 왠지 모를 저항감이 생긴다. 아무것도 하지 않고 큰돈이 들어오는 시스템을 생각하기보다는 땀 흘리며 착실하게 돈을 버는 쪽이 아름답다고 생각한다. 하지만 정말 그럴까? 확실히 노력 자체는 중요하지만 작은 노력으로 큰 이익을 얻는 것은 결코 잘못이 아니다. '노력하는 것은 좋은 것이고 편한 것은 나쁜 것이다' 이러한 공식이 우리 마음을 잡고 있는 선입견이다. 어떻게 하면 편하게 목적을 빨리 달성할 수 있을까? 이 발상이 수평적 사고이다.

서울 거리에서는 광고 전단지를 나누어 주는 사람들을 흔히 볼 수 있다. 하지만 잘 받지 않으려 한다. 상품 전시회에서도 같은 현상이 생긴다. 즉 어떤 회사 전시상품에 대한 팸플릿을 나누어 주려 하는데, 잘 받아 가져질 않는다. 그런데 어떤 전시회장 한 부스 앞에 있던 전단지를 지나가던 사람들이 모두 가져가는 일이 생겼다. 어떤 방식을 사용했을까? 힌트로 '왜 내가 나누어 줘야 되지?'라고 반문을 해보라. 지나가는 사람들 힘을 빌려라. 받아가지 않는 심리에 들어있는 고정관념을 뒤집을 방법을 생각해 봐라.

답
팸플릿을 나누어 줄 때 받아가지 않는 심리는 무엇일까? 나한테 주려고 하는 것을 보니 별로 중요하지 않을 거라는 심리다. 이걸 바꾸면 된다. 책자를 나누어 주는 대신 테이블에 놔두고 '한 사람당 3부 이상은 안 된다'라고 써 놓았다. 그러자 사람들 심리가 바뀐 것이다. 목적은 여러 사람들에게 책자를 나누어 주는 것이다. 이런 경우 논리적으로 생각한다면 소책자 디자인을 바꾸거나, 사람들이 많이 왕래하는 곳에 배치하자 등 해결책이 나왔을 것이다. 수평적 사고 방법으로 '왜'를 사용해 보자. 왜 내가 꼭 나누어 줘야 되는가, 지나가는 사람들이 경쟁적으로 가져가게 만들면 안 될까?
즉 수평적 사고 발상은 오히려 '가져가지 말라'는 태도를 취한 다음 사람들로 하여금 흥미를 갖게 만드는 것이다. 이 방법으로 바꾸자마자 산더미처럼 쌓여있던 소책자가 줄어들었다. 전에는 '한번 읽어 보세요'라면서 소책자를 나눠 주었다. 부탁하는 형태였지만 방법을 바꾸자 책자를 모두 가져가 버린 것이다.

2. 강자와 함께 사는 전략을 세우기

약육강식이라는 말이 있듯이 세상에는 강자와 약자가 존재한다. 엄연한 사실이다. 약자는 압도적으로 힘이 센 강자를 이기지 못한다. 인간 세계에서는 사회를 성숙시키기 위해서 구제책이 마련된다지만 자연계라면 이야기가 다르다. 강자에게 잡혀서 먹이가 되고 말 것이다. 약자는 살아남기 위해서 어떻게 하면 강자의 힘을 이용할 수 없을까라고 고민을 하게 된다. 강자와 정면으로 부딪히지 않고 상대방 힘을 이용하면서 공존하는 방법을 찾아야 한다. 이러한 전략, 즉 약자가 살아남기 위한 방법을 수평적 사고방식에 적용해 보면 어떨까?

자연계에서는 3가지 방법을 쓴다. ① 강자에 완전히 빌붙어 사는 방법, 편리공생 ② 강자 속으로 들어가서 사는 방법, 기생 ③ 서로 대등하게 공존, 공생

1) 편리공생

강자한테 피해를 주지는 않지만 한쪽에서만 이익을 받는 경우다. 큰 고기가 이동을 하게 되면 거기에 붙어서 이동하는 놈들이 있다. 혹등고래에 붙어사는 따개비는 붙어있기만 하면 이곳저곳 이동시켜 주니 먹이도 다양해진다. 반면 혹등고래는 별 피해가 없다. 고래상어에 붙어사는 작은 물고기(빨판상어)도 편리공생을 한다. 스스로 헤엄치지 않고 이동할 수 있고 또 큰 동물이 남긴 먹이나 배설물을 먹을 수 있다. 큰 동물 즉 상어라던가 고래는 이러한 자신에게 붙은 조그마한 물고기를 대수롭지 않게 여겨서 그냥 놔둔다.

빨판상어는 큰 고래상어에 붙어서 편리공생 한다. ©Albert kok

비즈니스에서도 그러한 방법을 사용할 수 있다. 비즈니스의 본질은 살아남아서 돈을 버는 것이다. 만약 수직적 사고를 가지고 있다면 반드시 어떤 회사와 경쟁을 해서 이겨야만 자기가 산다는 생각에 매이기 쉽다. 예를 들어 자동차 용품, 카오디오, 블랙박스 등 자동차 용품 시장이 생길 수 있는 것은 자동차라는 거대한 물건이 팔리기 때문이다. 자동차가 큰 동물이

라면 자동차 용품은 그것에 붙어사는 편리공생 즉 빨판상어와 같은 것이다. 또 휴대폰 회사가 있으면 휴대폰 부속 이어폰, 액정필름을 만드는 회사도 있다. 일종의 따개비다. 이 방법이 잘못된 방법일까? 아니다. 이 방법은 '회사는 홀로 서야 된다'는 고정관념이 깨진 수평적 사고다.

2) 기생

기생은 숙주한테 영향을 준다. 사람 몸에 기생하는 기생충은 일방적으로 영양분을 빼앗아 간다. 베스트셀러가 나오면 거기에 붙어서 베스트셀러 '해설집', '요약집' 혹은 그와 내용이 유사한 책을 내는 경우다. 어떤 식으로든 베스트셀러 자체에 영향을 주게 된다. 유명 음식점 옆에 유사 음식점이 생긴다. 이미 장사가 잘되는 식당 옆에 조그만 같은 종류의 식당을 낸다는 것은 안 될 것이라고 생각하는 것은 수직적 사고방식이다. 큰 식당 옆에 붙어서 하는 조그만 식당이 그래도 살아남는 이유가 있다. 유명하고 큰 식당을 찾았을 때 지긋지긋할 정도로 긴 줄이 있다면 줄서는 것이 귀찮아진다. 그 중 일부는 '오늘은 비슷하지만 좀 한산한 가게에서 편하게 먹고 갈까?'라면서 옆 가게로 들어간다. 물론 잘되는 집에 해를 줄 수는 있다. 그런 것이 맘에 걸린다면 다른 방식을 찾아야겠지만 음식점이 모여 있으면 어차피 경쟁이 있을 수밖에 없다. 이런 영업방식이 오히려 그곳에 있는 음식점 모두에게 도움이 될 수도 있다. 그 지역이 특정 음식점들이 모여 있는 유명한 곳이 될 수도 있기 때문이다.

다) 공생

소라게와 말미잘은 서로 공존한다. 어떤 소라는 자기 껍데기에 말미잘을 붙인 채로 생활하는데 말미잘은 독이 있어서 다른 생물들이 접근하지

않게 한다. 또 말미잘은 소라의 껍데기
에 붙어 있으면 멀리 이동할 수 있기 때
문에 두 개가 서로 상부상조한다. 편리
공생이나 기생에 비해 공생이 가장 바람
직하다. 자동차와 자동차 용품과의 관계
를 한 쪽만이 이익을 보는 편리공생 형태
가 아니고 양쪽 다 이익을 보는 형태로 할

말미잘과 소라게는 움직임과 집을 상호
제공하며 공생한다. ©rocken Inaglory

수 있을까? 어떤 자동차부품 회사가 카오디오(A)를 아주 잘 만들어서 고
객들이 그 카오디오(A)를 잘 안다고 하자. 자동차회사는 '카오디오(A)를
장착한 차'라고 선전해서 도움이 된다면 이건 공생이다. 또 '항생제를 전
혀 사용하지 않은 제주산 흑돼지'라는 선전을 하는 고급 레스토랑을 본
다. 이 경우 레스토랑은 '무항생제 고기'라고 선전해서 좋고 또 고기 공급
자는 '고급 레스토랑에 납품되는 고기'라는 판매 문구를 사용할 수 있다.
'Win-Win' 방식이다. 만약 무항생제 고기를 사용하는 것이 일상화되어
있고 고기를 공급하는 곳이 소규모 기업이라면 이익을 보는 곳은 소규모
기업만일 것이다. 이 경우는 공생이라기보다는 편리공생에 해당한다.

'회사는 자기 힘으로 살아야 된다'는 고정관념, 즉 수직적 사고를 깬 방
법 중 하나가 크고 잘나가는 회사의 영향력을 이용하는 것이다. 예를 들어
음식점을 새로 내려고 한다. 어떤 부분에 가장 자금이 많이 들어갈까? 어
떤 점포를 낼 때에는 주변 지역의 성격을 고려해야 한다. 즉 그 지역에 어
떤 사람들이 다니는지, 어떤 시간 때에 다니는지, 어떤 사람이 방문할 것
같은지를 사전조사 해야 한다. 이른바 마케팅 리서치 비용인데 이 비용이
가장 많이 들어간다. 대기업이라면 이 마케팅 조사의 예산을 풍족하게 투

입할 수 있지만 소기업에서는 그럴 수 없다. 좋은 장소를 힘들여 찾아도 그곳에는 다른 업체가 이미 점포를 차지하고 있다.

이때 실망할 것이 아니라 다른 업체를 따라서 그곳에 점포를 또 내는 방법이 있다. 실제로 최고 기업이 그곳에 점포를 냈다는 것은 '그곳이 수익을 낼 수 있다'라는 예측, 즉 마케팅 조사 결과다. 그래서 '최고 기업이 옆에 있으니 도망가자'는 전략보다는 '거기에 달라붙자'라는 전략을 세우자. 최고기업이 어떤 백화점에 판매부스를 설치하면 조그만 기업도 같은 백화점에 진출하고, 역 플랫폼에 광고 포스터를 붙이면 조그만 기업도 반드시 그 옆에 포스터를 붙였다. 자동판매기를 세우면 같은 위치에 세웠다. 최고기업 옆에 붙어있어서 작은 기업 브랜드 인지도도 올라간다. 결국 조그만 회사가 큰 회사 마케팅을 이용한 것이라고 볼 수 있다.

업계 2위 렌터카가 업계 1위와 공생하는 전략도 유명하다. 미국 아비스 (Avis)는 1위 허츠(Hertz)와 시장 점유율에서 격차가 컸다. 1위를 따라잡아야 했다. 수직적 사고라면 2위라는 사실을 굳이 광고하지 않는다. 하지만 아비스는 자신들이 '2위'라고 대대적으로 광고했다. 즉 '에이비스는 업계 2위이므로 1위가 될 수 있도록 노력하겠다' 또 아비스 직원들은 '우리는 2위다'라고 쓰인 배지를 달았다. 이렇게 되자 렌터카를 빌리러 온 사람들이 이러한 이상한 광고를 자꾸만 보게 되고 직원들은 이상한 배지를 달아서 고객을 의식하게 되었다. 즉 배지가 에이비스 직원들에게 1위를 의식하게 만드는 아이템으로 작용하게 된 것이다. 수평적 사고가 2위에 사람들의 눈이 가게 만든 것이다. 이런 방식으로 눈을 끈 후에는 실질적으로 뭔가 고개들에게 나은 서비스를 제공해야 했다. 1위 허츠는 많은 손님들이 몰려오는 이유로 제 시간에 차를 대기가 힘들었다. 제대로 청소도 하지 않은 차가 나가는 부작용이 발생했다. 2위 아비스는 이 틈을 노렸다. 다음과 같은 메시지를 광고에 보냈다. '우리는 업계 2위다. 하지만 결코 불쌍하니까 라는 이유로 저희 차를 빌리지 말아주십시오', '혹시라도 직원이 우물쭈물하거나 기다리게 한다거나 혹은 대여하는 자동차가 지저분하다면 우리 아비스를 가차 없이 무너뜨려도 좋다'. 결국 아비스는 이 광고 캠페인으로 2년 동안 시장 점유율을 무려 28퍼센트나 늘렸다. 당연히 2위가 있으면 1위도 있다. 그렇지만 아비스처럼 2위라는 입장을 전면에 내세운 것은 1위 힘을 이용한 마케팅 행위라고 볼 수 있다. 2위라는 입장을 전면에 일부러 내세워 인지도를 올린 것이다.

앞 사례들은 강자 힘을 이용하는 방법을 보여준 사례다. 아무리 강하다고 해도 강자에게는 미처 눈길이 가지 않은 부분이 있기 마련이다. 우선 그 맹점을 찾아야 한다. 강자 제품 서비스를 분석해서 어떤 것이 고객 불만이고 무슨 방법으로 해결할 수 있는지 생각해야 한다. 바로 여기에 기존 마켓으로 들어갈 힌트가 숨어있다. 또 강자가 만들어낸 과정을 이용할 수는 없는지 검토해야 한다. 이미 완성된 제도, 모델, 시스템 등 강자가 만들어 놓은 것을 빌려 쓸 수 있다면 쓸데없는 투자를 하지 않아도 된다. 처음 길을 개척하는 사람은 큰 위험을 무릅쓰고 결단을 내려야 한다. 반면 그 뒤를 따르는 사람은 만들어진 길을 곧장 나아가기만 하면 된다. 이러한 방법이 '정정당당하지 않다'라고 말하는 사람이 있겠지만 과연 그럴까? 무턱대고 돈이나 노력을 열심히 들이는 것만이 능사가 아니다. 기회를 정확히 포착해서 상대방 힘을 이용하는 것도 방법이다. 약자에겐 약자 나름의 승부법이 있다. 물론 이런 방법이 만능은 아니다. 약자가 사용할 방법을 찾으면 속단속결로 즉시 움직여야 한다. 왜냐하면 강자 주위에는 무수한 약자가 있으므로 꾸물거린다면 당신 아이디어와 똑같은 방법으로 성공을 거두는 사람이 나올지 모르기 때문이다.

3. 미래를 내다본다.

목표 달성을 위해서는 미리 투자도 해야 한다. 당장 손해 보는 것 같지만 결국 시간이 지나서는 이익이 난다. 어느 마을에 저수지가 있었다. 유일한 식수원이었다. 동네까지는 멀리 떨어져서 동네 사람들은 물을 길어줄 사람을 공모했다. 두 사람이 나타났고 자유경쟁을 하기로 했다. A는 1킬로 떨어진 저수지에서 양동이로 길어서 동네에 공급했다. 금방 돈이 들어왔다. 반면 B는 한 동안 보이지 않았다. 안심한 A는 계속 양동이로 길어서 돈을 받았다. 6개월 뒤 B가 나타났다. 저수지에서 동네까지 파이프를 깔고 집까지 공급하는 수도를 놨다. 당연히 싼 가격으로 공급이 가능했다. B가 독점적 지위를 가졌다. 지금 당장 돈이 되지 않지만 미래를 준비한 B가 목표 달성에 성공했다.

이 이야기는 먼 미래를 내다보는 방식을 이야기한다. 이런 방식은 앞으로 전개를 예측하고 미리 손을 써두어 '최종적으로' 성공을 거두는 뜻이다. 즉 목적을 달성하려면 수고와 돈이 든다. 때로는 이익이 나올 때까지 손실이 생기는 경우도 있을 것이다. 그러나 들인 수고나 돈이 상쇄될 정도로 큰 이익이 최종적으로 손에 들어오면 전부 해결된다. 앞 사례를 보자면 B는 송수관을 놓기 위해서 그 나름 시간과 자금이 필요했을 것이다. 처음에는 고생이 되지만 일단 송수관이 완성되면 양동이로 물을 운반할 필요가 없어져서 안정적으로 물을 공급할 수 있게 된다. B는 그 사실을 깨달은 것이다. 이렇듯 목적을 달성할 때까지 어느 정도 비용이 들었다고 해도 완성되고 나면 간단히 회수할 수 있다.

'크리스피'라는 도넛은 나온 지 얼마 되지 않아서 폭발적 인기를 누렸다. 도넛 시장은 이미 선점한 제품들이 있어서 정상적인 방법으로는 시장 진입조차 힘든 상황이었다. '크리스피'는 미래를 위해 '공짜' 도넛에 돈을 들였다. 즉 누구든 10개씩 도넛을 무료로 나누어 준 것이다. 필자가 직접 찾아간 크리스피 도넛 가게에는 이미 줄이 서 있었다. 공짜라면 양잿물도 마신다는 우스갯소리를 눈으로 확인한 셈이다. 기다리는 시간은 5분 정도였다. 그 시간에 도넛이 만들어지는 과정을 눈으로 직접 본다. 줄줄이 지나가는 도넛을 보면서 입에 침이 절로 고인다. 하나도 아닌 10개를 받고나면 무엇을 할까? 그 자리에서 10개를 다 먹은 사람은 별로 없었다. 사무실이나 집으로 가지고 가서 나누어 먹는다. 자연스레 입소문이 나고 퍼지게 된다. 물론 10개씩을 나누어 주는 비용이 적잖이 들 것이다. 하지만 초기투자 비용보다는 훨씬 많은 매출이 나기 시작했다. 미래를 위해 투자한 것이 현재 매출을 올린 지름길이 되었다.

이 두 가지 예, 즉 마을에 수로관을 놓은 경우와 도넛을 무료로 나누어 준 것은 목표가 무엇인지 분명히 알고 수평적 사고를 한 것이다. 중요한 것은 최종적으로 어떻게든 결과를 얻겠다는 마음에서 출발하고 발상하는 것이다. 송수관을 놓은 B라는 사람은 호수와 마을을 왕복하지 않고 물을 손에 넣을 수 있을까라고 목표만을 생각했다. 또 도넛 경우에도 많은 사람들이 방문하게 만든다는 최종 목표를 세웠기 때문에 대담한 서비스를 할 수 있었다. 물이 필요하다면 양동이로 옮기면 된다고 생각하는 A 발상은 논리적 사고이고 반면 송수관을 만들자는 B의 사고는 수평적 사고이다. 물론 어느 쪽이 옳다는 것이 아니고 자기 몸을 써서 양동이를 계속 운반하느냐 머리를 써서 시스템을 생각하느냐 그 차이다.

전구를 실용화한 에디슨을 보자. 에디슨은 수평적 사고 달인이었다. 전구를 발명한 사람하면 에디슨을 떠올리지만 실제로 그렇지는 않다. 실제로 최초로 발명한 사람은 영국 조셉 수완이다. 조셉 수완 전구는 약 40시간 정도밖에 가지 않았지만 에디슨도 같은 시기에 실험을 했고 필라멘트를 소재로 해서 전구 수명을 더 늘렸다. 또 실용화가 성공한다면 분명히 많은 사람이 전구를 사들일 것이라고 예측해서 에디슨은 한 단계 더 나갔다. 즉, 전구가 많이 팔리면 그만큼 더 전력이 필요할 것이다. 그렇다면 전력 공급 회사를 만들면 되지 않을까? 즉시 에디슨은 발전소를 설립하여 전기 공급을 시행했고 소요되는 발전기도 에디슨이 발명했다. 에디슨이 만든 전구는 단숨에 보급되고 발전소는 성공했다. 에디슨 예상이 맞은 것이다. 즉 에디슨 경우는 발명품이 보급된 후 '앞의 앞' 세상을 상상했다고 볼 수 있다.

창의력 도전문제

유명한 물리학자인 보어(원자의 모델 확립)가 대학생 때 있었던 일이다. 물리학 시간에 교수가 문제를 냈다. 건물 높이를 기압계를 이용해서 재는 방법을 고안하라고 했다. 보어는 이 문제 답을 5개나 만들었다. 정답은 여러 개라는 수평적 사고방식을 가장 잘 알고 있는 보어이기에 가능한 일이다. 여러분도 5개를 만들어 보자. 보어 답은 논리적 사고로 3개, 수평적 사고로 2개다. 논리적 사고는 중학교 물리시간에 졸지 않았다면 풀 수 있는 문제이다. 논리적 해결의 팁은 기압–높이 관계, 낙하, 추 진동이다. 수평적 사고는 여러분 몫이다.

답

1) 옥상과 지상 기압차를 측정하여 높이 계산한다. 2) 낙하 속도식을 계산해서 기압계를 자유낙하시킬 때 걸리는 시간을 측정한다. 3) 기압계를 추처럼 매달아서 진동시간을 계산한다. 이런 3가지 논리적 사고는 복잡한 식과 계산기가 필요하다. 이것도 답이지만 다른 답을 낼 수 있으면 진짜 천재다. 보어는 4) 기압계에 줄을 매달아서 줄 길이를 잰다고 했다. 또 5) 기압계를 건물관리인에게 주어서 건물설계도를 얻는다고 했다.

1. 수평적 사고가 넓게 찾는다면 논리적 사고는 (   ) 판다.
2. 승용차는 당연히 바퀴가 있다. '지금은 그렇지'라는 말을 사용해서 이 상식을 타파하라.
3. 볼펜을 우주에서 사용하지 못하였기 때문에 미국은 돈을 들여 새로운 필기구를 개발했다. 소련 우주선에서는 수평적 사고로 해결했다. 무슨 방법이었고 그 원리는 무엇인가?
4. 마크 트웨인 작품 속 톰은 친구 힘을 빌려서 페인트칠을 쉽게 끝냈다. 사우스웨스트 항공은 신속한 착석을 위해 누구 힘을 빌렸나?
5. 무항생제 돼지고기를 납품하는 회사가 아주 작은 소규모기업이고, 이 기업이 유명 레스토랑에 납품한다는 사실을 광고한다면 이는 큰 힘을 이용하는 3가지 방법 중 어디에 해당하는가?

답

1. 깊게.
2. 승용차가 지금은 바퀴가 있지만 앞으로는 바퀴 없이. 예를 들면 도로 위에 낮게 떠다니게 될지도 몰라.
3. 연필을 사용하는 것이었고 볼펜의 본질(용도)이 쓰는 것이라는 점에 집중했다.
4. 승객; 승객들이 원하는 자리에 앉도록 만들었다.
5. 편리공생. 유명 레스토랑은 무항생제를 강조해서 매출이 증가한다면 공생에 가깝지만 무항생제가 일반화 되어 있고 공급업체가 소규모 영세업체라면 큰 이익을 기대하기 힘들다. 이 경우는 편리공생.

수평적 사고는 논리적인 사고와는 달리 수평 방향으로 시점을 확대하는, 즉 다각적으로 보는 사고법이다. 이 방법을 사용하면 모든 전제, 제약으로부터 자유로워진다. 어떠한 틀에 사로잡히지 않고 자유롭게 발상할 수 있다. 기존 가치관을 뒤집어서 그때까지 없었던 무언가를 만들어낼 수 있다. 수평적 사고는 어떤 경로로 답을 찾는가가 중요한 것이 아니라 답, 즉 문제 해결이 목표이다. 따라서 여러 가지 답을 낼 수 있고 때로는 빠른 방법, 다른 경로로 문제가 해결된다. 수평적 사고는 어떤 경우에도 쓸 수 있다. 지식, 기술, 원리는 대상이 무언가에 따라 변하지만 이런 상식을 뒤집는 방법은 상식이 무엇인가 알 필요가 없다. 즉 논리적으로 답을 구하는 것이 아니라 전혀 다른 답을 찾기 때문이다. 수평적 사고 연습 방법은 '왜'라고 늘 의심하고 우연한 사건에 눈을 돌려야 한다. 3M포스트잇, 대륙이동설, 전자레인지 아이디어 개발 동기를 명심해야 한다

실천사항

1. 왜 그래야 하는 데를 하루 두 번 사용해 보자.
2. 지금 주위에 보이는 것의 다른 용도를 하나씩 써 보자.
3. 당신이 알고 있는 상식을 하루 하나씩 뒤집어 보자.

심층 워크시트

1. 최근 사건이나 관찰에서 떠오른 아이디어를 하나 적어라.
2. 당신 아이디어는 수직적인가, 수평적인가?
3. 아이디어에 수평적 사고 핵심요소를 적용해서 발전시켜라.
4. 아이디어에 다른 사람(물건)의 힘을 빌리는 기술을 적용해서 발전시켜라.

두뇌와 사고

"상상은 창조의 시작이다. 소원하는 것을 상상한 후 그 상상을 소원하자.
마침내는 상상한 것이 창조된다."

조지 버나드 쇼(1856년-1950년) 극작가

•
•
•

상대성이론 대가인 아인슈타인은 천재 중 천재다. 그의 두뇌는 도대체 얼마나 큰 것일까? 보통 사람들은 뇌 10%만 사용한다는데 아인슈타인은 뇌를 100% 사용한 것일까? 실제로 아인슈타인의 뇌는 유언에 따라 사망하자마자 꺼내져 연구됐다. 재미있는 사실이 확인됐다. 그의 뇌는 보통 사람보다 작았다. 국내 한 조사에서 '사람은 평생 뇌 기능의 10%만을 사용할까'라는 물음에 10명 중 8명꼴은 '그렇다'고 대답했으나, 이것은 '틀린 상식'이다. 결론적으로 모든 뇌 신경 세포가 항상 활발하게 활동을 하는 것은 아니다. 동물과 사람을 비교하면 코끼리 머리는 사람 몇 배나 크지만 사람보다 똑똑하지 않다. 사람사이도 마찬가지다. 천재인 아인슈타인 뇌도 일반인들 뇌보다 월등히 크지 않다. 아인슈타인 뇌는 무게가 1230g으로 일반인

천재 아인슈타인 뇌는 일반인보다 작지만 연결 상태가 월등히 우수하다.

평균(1400g)보다 가볍다. 사고 작용을 맡은 대뇌피질도 여느 사람보다 얇았다. 대뇌 주름도 단순하고, 주름 하나하나 길이도 짧았다. 다만 아인슈타인 뇌는 뇌세포사이를 연결하는 부분 연결 상태가 월등하게 우수하다. 아인슈타인 예에서 보듯 지능은 머리 크기보다는 뇌신경이 얼마나 조밀하게 연결되어 있는가에 달려 있다.

❶
두뇌의 구조

1. 두뇌의 구성

창의성은 두뇌에서 만들어진다. 뇌는 어떻게 생겼을까? 우리가 무슨 생각을 하는 곳은 앞머리 부분인가 아니면 뇌 깊숙한 부분인가? 뇌가 잘 돌아가야 창의성이 나오는데 두뇌를 팽팽 돌리는 것이 나은가, 아니면 푹 쉬는 것이 창의성에 도움이 되나? 무언가를 이룬 사람들은 집중을 했다. 즉 아이디어가 떠오르면 그것을 완성하기 위해 더 많은 아이디어를 내고 또 이 방법이 현실적으로 가능한지 집중을 했다. 한번 미치면 끝을 봐야하는 사람들이 성공한다. '몰입' 과정 중 두뇌에서는 어떤 일이 벌어지고 있을까? 이번 장에서는 두뇌 구조를 통해 두뇌를 쉽게 하는 법을 배우고 몰입, 즉 집중하는 요령을 배운다.

창의성이 나오는 곳은 두뇌다. 두뇌가 우리 몸에서 어떻게 연결이 되어 있고 실제 사고를 하는 곳은 어디인지, 기억이 만들어지는 곳은 어디인지를 아는 것은 마치 컴퓨터가 어떤 원리로 움직이는지를 아는 것과 같다. 고작 1,500그램 정도 무게로 전체 몸무게 3~5%만을 차지하지만 인간 모든 활동과 창의성을 관장하는 중심부다. 이제 뇌 과학 발달로 기억, 학습, 사고가 어떻게 일어나고 있는지가 알려지고 있다.

　신경계는 중추신경계, 말초신경계로 구성된다. 그 중 우리 몸 중심인 중추신경계는 두뇌와 척수로 구성되어 있다. 말초신경계는 온몸으로 뻗어나가는 모든 신경을 의미한다. 이곳을 통해서 바깥 세계를 느낄 수 있다. 즉 오감(시각, 청각, 후각, 미각, 촉각)으로 외부 자극을 받아들인다. 창의성 기본인 관찰도 오감이 기본이다. 바람을 느끼는 촉각은 피부의 촉감센서에 의하여 감지되고 피부에 퍼져있는 말초신경을 통하여 척수, 즉 허리의 신경다발을 통해 두뇌를 들어온다. 비로소 두뇌는 바람 잔물결을 느낀다. 컴퓨터 키보드, 마우스, 스캐너, 카메라가 말초신경에 해당된다면 여기에서 얻어진 정보가 모아져서 컴퓨터의 두뇌인 프로세서에서 해석되는 것과 같다. 물론 창의성이 나오는 곳은 두뇌다. 하지만 창의성의 가장 중요한 소스인 관찰은 오감에서 나오는 것이라는 점도 잊지 말자.

두뇌는 진화정도에 따라 뇌간, 구피질, 대뇌피질로 분류한다.
©Lchunhori

사과 씨앗을 두뇌라 하고 이것을 3층으로 분류하면 가장 바닥인 1층(후뇌)은 약 5억 년 전, 2층(중뇌)은 2억~3억 년 전, 3층(대뇌)은 400만 년 전에 생기면서 진화를 거듭했다. 즉 가장 원시적인 동물은 후뇌만, 조금이라도 생각하는 동물, 예를 들면, 파충류인 악어는 중뇌까지, 그리고 인간을 포함한 영장류는 대뇌까지 발달해 있다. 창의성이 나오는 곳은 물론 대뇌다. 인간 두뇌를 기능에 따라 3구분 한다면 뇌간(기본 생명유지 담당; 뇌교, 연수), 구피질(본능 담당, 감점; 변연계, 시상, 시상하부), 신피질(고등 사고 담당; 대뇌피질)로 분류한다.

1) 뇌간

제일 오래된 부위인 후뇌 중 기본생명 유지를 담당한다. 대뇌 '전원장치'라 할 수 있다. 이 부위가 손상돼 혼자 힘으로 생명을 유지할 수 없는 상태를 '뇌사'라고 한다. 뇌사상태에서 인공적으로 호흡기를 통해 공기를 공급하고 심장에 전기 파동을 주어서 심장을 움직이게 할 수는 있지만 인공장치를 제거하면 곧 사망한다. 반면 식물인간은 뇌간은 살아있고 대뇌만이 정지한 경우라 호흡, 순환, 운동은 스스로 가능하고 장기간 생존이 된다. 물론 장기이식이 가능한 경우는 뇌사상태, 즉 거의 사망한 상태에서만 가능하고 식물인간은 대뇌가 깨어날 수도 있으니 장기이식을 해서는 안 된다. 후뇌는 정해진 행동만을 반사적으로 실시한다. 완전히 본능에만 의존해서 목숨을 보존하는 기본 장치다. 하지만 이 부분이 없으면 마치 엔진이 꺼진 것처럼 인체를 스스로 돌릴 수 없다. 바로 죽음이다.

2) 구피질(변연계)

본능적 행동을 수행하는 감정 발생지역이다. 이곳 조절은 대뇌피질에서 하며 시상과 시상하부 그리고 대뇌변연계로 구성된다. 시상은 구피질 80%이며 감각정보 대기실로 감각정보를 모아서 대뇌피질로 보낸다. 즉 외부에서 들어오는 오감 정보는 시상에서 모아져서 메인 컴퓨터인 대뇌피질로 가게 된다. 시상하부는 섭식활동, 체온조절, 성행동 등의 행동을 관장한다. 시상하부 바로 밑의 콩알만한 뇌하수체는 각종 호르몬을 만들어서 내분비계 활동을 지배한다. 시상하부는 음식을 섭취하고 체온과 수면을 조절한다. 이 부위가 손상되면 수분이 제대로 조절되지 않아 소변을 자주 보게 된다. 뇌하수체 이상이 생기면 성욕을 잃고 성불구자가 될 수 있다.

대뇌변연계는 시상과 대뇌피질을 연결하는 곳으로 감정 반응을 관장하고 정서를 조절한다. 정보를 위아래로 전달하는 중간 정거장 역할을 한다. 포유동물이 다른 종보다 감정 표현을 잘하는 이유는 이 부위가 잘 발달돼 있기 때문이다. 대뇌변연계에는 편도체, 해마, 중격이 있다. 편도체는 분노, 공포 등 정서반응을 관장하는데 정서기억이 파괴되면 동물이 온순해진다. 우리가 머리가 쭈뼛한 경우나 자라보고 놀란 가슴이 되는 것도 이 편도체 때문이며 트라우마(일종의 공포기억)가 생기는 곳이다.

해마는 학습과 기억 장소다. 바다생물인 해마를 닮았다고 하는 이곳은 기억 제조공장이다. 소리, 촉감, 시각 등 오감과 모든 정보가 말초신경을 통해 척수를 통해 중뇌 해마에 들어오면 해마는 불필요한 것을 버리고 필요한 소수 정보만을 거른다. 새로운 기억을 저장하는 이 해마가 손상을 입으면 5분 전 일을 기억하지 못하게 된다. 해마는 장기기억을 저장하기 위한 중간 단계로 수술을 잘못하여 파괴되면 수술 이후는 기억이 안 되어 매번 만나는 사람이 새로운 사람이 된다. 해마는 기억이 일시적인 저장고로 여러 번 반복 학습하면 대뇌에 장기기억을 남긴다. 평소 머리를 쓰지 않으면 해마가 퇴화해 인지기능장애가 빨리 온다.

창의성은 상당부분 기억에 의지하고 있다. 즉 오랜 기간 동안 경험이나 학습이 지능을 형성하기 때문에 기억 첫 단계인 해마는 중요한 장소다. 폭음으로 기억을 잃는 '블랙아웃'은 해마 기능이 마비된 것으로, 이 같은 현상이 잦아질 경우 50대 이후 치매가 올 확률이 높아진다. 영화 '메멘토 (2001, 미국)는 해마 중요성을 보여준 영화다. 아내가 성폭행 후 살해당한 날의 충격으로 해마가 손상된 단기 기억상실증 환자가 된 남자 이야기다. 주인공은 범인을 찾으려고 중요한 단서 기억을 위해 온몸에 문신을 한다. 기억은 이처럼 한 번에 저장되는 것이 아니고 1차로 해마에서 걸러지고 장기기억으로 간다.

기억은 감각기억, 단기기억과 장기기억으로 구분한다.
(1) 감각기억; 보고 들은 것이 감각기관에 1~3초 남아있으며 선택되어 기억회로로 저장된다.
(2) 단기기억; 20~30초 되는 기억을 말한다.
(3) 장기기억; 해마에 옮겨진 단기기억은 대뇌피질 장기기억으로 전환된다. 대뇌피질에서는 반복된 자극으로 해당 시냅스 회로가 굵어지면서 오래 기억된다.

해마를 자극하면 기억력과 판단력을 좋게 할 수 있는데 자극이 커지면 발전하는 생체 특성 때문이다. 해마는 기억을 입체로 한다. 이 입체에 감정, 스토리, 연상, 회상 등이 첨가되면 확실히 기억된다. 즉 나무 밑에서 읽는 동화책을 기억하려 할 때 단순히 내용을 주입하는 것이 아니라 들판에 있는 나무, 동화의 감미로운 감정, 나무 사이를 스치는 바람 느낌 등을 같이 기억하면 그 기억이 단순암기보다 오래간다. 해마를 입체적으로 자극해라. 즉 단순 암기보다 3D 암기를 하는 것이 기억이 잘된다.

3) 신피질(대뇌피질)

대뇌 가장 윗부분 껍질은 대뇌피질이다. 표면이 주름져 있어 작은 두개골 안에 많은 뇌신경세포를 담을 수 있다. 이 같은 특성은 뇌 크기를 작게 유지함으로써 아이를 낳는 데 도움을 준다. 머리가 좋다 나쁘다는 대뇌피질 각 영역 발달정도에 의해 결정된다. 인간이 만물의 영장이라고 자부할 수 있는 이유는 대뇌피질이 다른 포유류보다 훨씬 발달했기 때문이다.

대뇌피질은 전체 뇌 무게 40% 정도를 차지하며 두께는 약 2~3mm, 면적은 평균 2,200cm^{2}로 신문지 한 면 크기와 비슷하다. 이 부위에는 140억 개에 달하는 뇌신경세포(뉴런, neuron)가 모여 있다. 이들 세포는 20세가 되는 시점에 가장 잘 발달했다가 이후 매일 10만 개씩 감소한다. 그러나 뇌신경세포가 죽는다고 해서 뇌가 무조건 퇴화되는 것은 아니다. 지속적인 훈련으로 뇌에 자극을 주면 세포 간 연결체인 시냅스(synapse)가 증가해 뇌기능이 향상될 수 있다. 즉 뇌가 나이를 먹더라도 훈련에 의하여 젊어질 수 있다는 뇌 가소성(Plasticity)이 밝혀졌다. 대뇌피질은 위치에 따라 4구분(전두엽, 측두엽, 두정엽, 후두엽)한다. 전두엽은 가장 큰 부위로 감정 및 행동 조절, 성격, 계획, 주의집중력, 추상적인 사고를 할 수 있도록 도와준다.

2. 두뇌 특성

1) 두뇌 크기

많은 사람들이 뇌가 크고 무거울수록 지능이 높은 고등생물이라고 생각한다. 하지만 뇌 크기가 지능 혹은 뇌 복잡성과 비례한다고는 볼 수 없다. 향유고래 뇌 무게는 9,000g으로 지구상 모든 생물 중 가장 무거우며, 보통 성인 뇌 무게인 1,300~1,500g의 6배다. 그러나 인간 뇌는 향유고래와 비교할 수 없을 정도로 우수하다.

아인슈타인(Albert Einstein)은 뇌 무게가 1,230g으로 보통 사람보다 오히려 작았다. 또 흔히 대뇌피질에 주름이 많으면 머리가 좋은 것으로 알려져 있지만 그의 뇌 주름은 구조가 단순했고 길이도 짧았다. 반면 수리력과 연상력 등을 관장하는 두정엽 하단부가 일반인보다 15% 가량 넓었으며, 신경세포 간 교신활동을 돕는 아교세포가 일반인보다 훨씬 많은 것으로 분석됐다. 이는 뇌 크기보다 뇌 속 신경 세포 수나 배열구조가 지능에 더 큰 영향을 준다는 주장을 뒷받침한다.

흥미로운 점은 현대인의 두뇌 크기가 2만 년 전 인류보다 오히려 작아졌다는 사실이다. 중국, 남아프리카, 호주, 유럽 등에서 발굴된 네안데르탈인의 두개골을 조사한 결과 현대인은 2만 년 전 인류보다 뇌 크기가 평균 150cc(10%) 가량 감소한 것으로 나타났다. 인류 체구와 뇌 크기가 선사시대보다 점점 작아지고 있다는 연구결과가 있다. 뇌 크기가 줄어드는 것도 진화의 일부분으로 봐야 한다. 문명이 점차 발달하고 분업화되면서 인간 뇌는 에너지 사용을 줄이고 더 효율적으로 쓰도록 바뀌었다. 개발 초기 엄청난 덩치를 자랑했던 컴퓨터 크기가 성능이 업그레이드될수록 오히려 작아진 것과 같은 원리다.

2) 두뇌 물리화학적 특성

뇌 무게는 우리 몸 2%에 불과하지만 총 에너지 20%, 흡입한 산소량 25%, 일일 칼로리 30%, 탄수화물 65%를 소모할 정도로 왕성하게 활동한다. 심지어 잠을 자거나 멍청히 앉아 TV를 볼 때에도 뇌는 쉬지 않는다. 왕성한 활동량만큼 사용범위도 광범위하다. '사는 동안 두뇌 10%만 사용한다'는 설은 틀렸다. 현대의학에서는 인간이 평생 동안 뇌 구석구석을 사용하는 것은 의심할 여지가 없는 분명한 사실이라고 주장한다. 다만 뇌를 어느 정도 비율로 사용했는지 측정할 수 있는 기술이 아직 개발되지 않아 정확한 사용비율은 알 수 없다.

실전훈련

사람 두뇌는 제일 중요하다. 인간이 진화하면서 발달한 것 중 두뇌를 보호하는 기능으로 변한 것은 머리뼈, 모발, 두뇌혈관장벽이 있다. 이들 역할을 설명하라.

답
- 머리뼈; 두뇌 물리적 충격으로부터 방어.
- 모발; 열 발산, 제일 많은 에너지를 쓰는 전산소의 과열방지.
- 두뇌혈관장벽(Brain Blood Barrier); 작은 망들이 촘촘히 들어차 있어서 외부침입병원균이 혈액으로 침투 못하게 한다.

남녀 간 기본적인 행동패턴 차이는 뇌 구조가 다른 데에서 비롯된다. 여성은 언어·청각과 관련된 뇌 부위 신경세포가 남성보다 10% 가량 많아 언어능력이 뛰어나고 말을 더 잘 한다. 변연계의 해마 크기도 남성보다 커서 감정을 감지하고 표현하는 능력과 기억력이 더 우수하다. 연인 사이 말

싸움에서 항상 남성이 여성에게 밀리는 이유가 여기에 있다. 사춘기에 접어들면 호르몬 분비로 인해 남녀 간 뇌 구조 차이가 더욱 분명해진다. 남성은 분석적이고 논리적인 능력을 관장하는 좌뇌가 우위인 반면 여성은 남성보다 좌·우 뇌를 더 효율적으로 사용한다. 남녀 간 행동과 성격이 다른 이유는 뇌 연결구조가 다르기 때문이다. 남성 대뇌는 대뇌반구 내부 연결성이, 여성은 좌뇌-우뇌 연결성이 더 뛰어난 것으로 나타났다. 반대로 소뇌 경우 남성은 좌우반구를 오가는 연결구조가, 여성은 각 반구의 내부 연결이 더 발달됐다. 이 같은 구조적 특성으로 인해 남성은 즉각적인 행동과 수행이 필요한 일에, 여성은 논리와 직관이 동시에 관여하는 일에 강한 모습을 보인다. 즉 여성은 남성과 달리 여러 일을 동시에 하는 멀티태스킹 (multitasking)이 한결 우월하다.

두뇌 물리적 특징을 살펴보면 코끼리 뇌는 몸무게의 1/2,000이고 유인원은 1/100인데 인간은 1/40이다. 두뇌가 차지하는 비중이 인간이 제일 크다. 두뇌 무게는 1.5kg이고 체중의 2%다. 산소포도당 소모율은 25%로서 많은 에너지가 소요된다. 7초 동안 산소공급이 중단되면 의식이 없어진다. 1분 간 중단되면 뇌세포가 사망한다. 뇌 혈액공급은 최우선이라 뇌출혈 시 부족한 피는 두뇌에 먼저 공급하도록 심장이 조절한다. 뇌출혈로 뇌세포가 죽으면 뇌세포 일부는 다시 생성되지만 전반적으로 재생산이 안 된다. 신경계 기본은 신경세포(=뉴런)다. 신경세포는 핵과 수상돌기로 구성되어 있고 수상돌기는 신경세포에서 온 신호를 세포내부로 전달한다. 수상돌기 중 가장 긴 축삭돌기는 수상돌기에서 받은 신호를 다른 신경세포의 수상돌기로 보낸다. 신경세포(A)의 축삭돌기와 신경세포(B)의 수상돌기가 만나는 곳을 시냅스라 부른다. 시냅스는 신경세포끼리의 연결점으로 신경세포 당 1,000~10,000개 있다. 뇌세포수가 1,000억 개이니 시

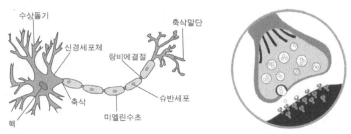

신경세포(뉴런)는 다른 뉴런과 시냅스로 연결되어 있다. 시냅스는 작은 간극으로 신호자극으로 물질이 분비되어 신호가 계속 전달된다.

냅스 수는 수백조개가 있는 셈이다.

아이디어를 내는 활동은 모두 두뇌라는 컴퓨터 연산 작용이다. 이런 두뇌 연산 작용은 구체적으로 시냅스에서 이루어진다. 시냅스 사이 신호전달은 축삭돌기를 따라온 전기신호가 시냅스에 도달해 '신경전달 물질'이 방출되면서 시작된다. 이 신경전달 물질이 다른 신경세포 수상돌기(수용체)에 붙음으로써 전기신호가 발생되고 축삭돌기를 따라 전달된다. 이때 신경전달 물질은 60가지로, 아세틸콜린, 도파민, 노르에페트린, 세로토닌, 엔도르핀 등이 있다. 도파민이 분비되면 쾌감이 생기고 페닐에틸아민은 열정을 분출한다. 옥시토신은 포옹하고픈 욕망이 생긴다. 엔도르핀은 통증을 제거하고 즐거움, 기쁨, 상사병 주체가 되기도 한다.

세포노화로 인하여 뇌 무게는 변한다. 20대 최고점에 도달하고 이후 감소, 80세에는 17%나 줄어든다. 시각중추 신경세포 감소로 시력이 저하된다. 해마능력 저하로 단기기억이 감소해서 어제 일은 기억이 안 나지만 장기기억은 그대로 있다. 육체노동을 하면 신체기능이 좋아지듯 뇌를 사용하면 세포 수는 늘지 않더라도 시냅스는 증가한다. 따라서 뇌를 계속 자극하지 않으면 뇌는 퇴화한다.

3) 뇌의 성숙

뇌는 훈련에 의해 변한다. 창의성도 훈련에 의하여 증가한다. 장난감을 가지고 노는 쥐와 아무것도 못하고 제한된 공간에 있던 쥐를 비교한 결과 장난감을 가지고 노는 쥐의 두뇌 무게가 10% 증가했다. 꾸준히 뇌 자극을 받은 것이 뇌 무게가 증가한 원인이다. 이때 젊은 쥐와 함께 있던 늙은 쥐 두뇌 무게도 10% 증가했다. 반면 젊은 쥐는 변화가 없었다. 늙은 쥐는 젊음을 수혈한 셈이다. 뇌신경세포는 태어날 때 대부분 완성되며 세포 수가 더 이상 증가하지 않는다. 다만 뇌세포가 커지고 수상돌기가 증가한다. 신생아일 때 350그램이던 것이 사춘기가 되면 1,400그램으로 증가한다. 두뇌 훈련하면 시냅스가 증가하며 이 때문에 전달속도가 20~240배 증가한다. 뇌 세포 중에서 장기기억을 저장하는 해마는 늦게 완성되어서 우리는 3살 이전 기억이 없다. 하지만 정서기억은 편도체에 남아있어 어린 시절에 따라 정서적으로 큰 차이를 보인다. 즉 본인 기억에는 없지만 정서적인 흔적이 편도체에 있다는 이야기다. 뇌간 중심부인 망상체에 의한 주의력 집중 부분 완성은 비교적 늦게 된다. 따라서 청소년 전에는 집중력이 부족해서 감정적이고 충동적이 되는 소위 '질풍노도'의 시간이 된다.

3. 좌뇌, 우뇌형 인간

1) 좌뇌 우뇌의 역할

창의맨 6요건은 날카롭게 관찰하고, 유연하게 많이 생각하고, 또 어떤 방안도 가능성을 보고 문제 이면을 들여다보는 능력, 그리고 독창성이다. 이런 능력은 모두 유연한 두뇌활동에 필요한 요소들이다. 하지만 아이디어를 자유롭게 많이 내는 것은 좋으나 실제로 뭔가를 만들려면 계획을 세우고 그것이 될 수 있는지, 왜 안 되는지를 조사, 분석해야 한다. 자유로운 분위기에서의 일도 필요하지만 정확하고 날카로운 작업이 필요하다. 새로운 주택모형 건설 프로젝트를 하려고 수백 개의 아이디어를 냈다고 하자. 모두를 시도할 수는 없고 최고 아이디어를 골라야 한다. 비용, 가능성, 소요시간, 환경 영향 등이 면밀하게 고려되어야 한다. 분석기능이 필요하다. 최종 선정된 아이디어라면 좀 더 정확하게 필요한 도면, 소요부품, 소요인력 등을 계산해야 성공할 수 있다. 결국 아이디어는 발상과 실용화, 이 두 단계가 모두 필요하다.

뇌는 이 두 단계를 모두 담당해야 한다. 두뇌에서는 이런 기능이 서로 분리된다. 우뇌는 발상을, 좌뇌는 실용화를 담당한다. 물론 두 개 뇌는 서로 연결되어서 상호피드백을 한다. 하지만 사고하는 영역이 서로 다르다. 어떤 사람은 좌뇌가, 어떤 사람은 우뇌가 많이 발달되어 있다. 흔히 문과형은 우뇌, 이과 형은 좌뇌로 간단히 분리하지만 정확한 분류가 아니다. 좌뇌 혹은 우뇌가 발달했는지 검사를 해서 부족한 것은 더 늘리고 발달된 것은 더 발달시키면 된다. 테스트를 해보자. 번호에 맞는 항목을 세어보자. (가; 1, 2, 5, 6, 7, 8, 9, 13), (나; 3, 4, 10, 11, 12, 14, 15). 만약 정답이 6~8점

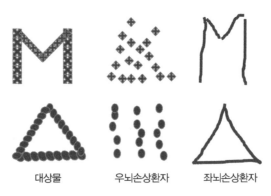

| 대상물 | 우뇌손상환자 | 좌뇌손상환자 |

자극에 대한 뇌손상환자들의 반응 ©손영숙

사이면 좌, 우가 비슷한 편이고 5이하면 우뇌형, 9이상이면 좌뇌형이다.

좌뇌, 우뇌는 각각 무슨 역할을 하는가? 제일 좌측 그림 두개를 잠깐 보자. 이를 기억해서 그림을 그리라고 하면 대부분 그대로 그린다. 하지만 우뇌가 손상된 환자의 경우 가운데 그림을 그린다. 즉 전체 형태를 기억하지 못하고 세부적인 사항, 즉 글자 'M'의 알갱이와 삼각형의 동그라미 알갱이를 기억한다. 반면 좌뇌 손상이 있는 사람은 전체 형태를 기억해서 M과 삼각형은 그리지만 세부적인 알갱이 모습은 기억하지 못한다. 즉 우뇌는 전체 숲을 보는 능력, 좌뇌는 나무를 보는 능력을 가지고 있다.

No			문항	체크
1	하루 일과를 계획할 때, 나는 대개	가	해야 할 모든 일들의 리스트를 만든다.	
		나	갈 장소와 만날 사람들, 할 일들에 대해 마음속에 그린다.	
2	나는 책을 읽을 때,	가	책의 내용을 세세하게 요약하는 것을 더 좋아한다.	
		나	책의 개요를 잡아내는 것을 더 좋아한다.	
3	나는	가	공간적인 이미지(방의 배열, 사람들이 어디에 앉아 있었는지 등)를 기억하는데 매우 뛰어나다.	
		나	언어적인 것들(이름, 날짜 등)을 기억하는데 매우 뛰어나다.	
4	어떤 계획을 누군가에게 요약해 줄 때, 나는	가	종이와 펜을 사용할 것 같다.	
		나	말로 그것을 설명할 것 같다.	
5	누군가가 나에게 과제를 줄 때, 나는	가	구체적인 지시를 받는 것이 더 낫다.	
		나	융통성이 있는 개략적인 지시만을 받는 것이 더 낫다.	
6	나에게 선택권이 있다면, 나는	가	나 혼자 스스로 일하겠다.	
		나	팀으로 함께 일하겠다.	

7	나는	가	질서 정연하고 계획된 경험들을 통하여 체계적으로 배우는 것을 더 선호한다.	
		나	자유로운 탐색을 통하여 배우는 것을 더 선호한다.	
8	나는	가	신중하게 생각하고 분석한 후에 결정을 내리는 경향이 있다.	
		나	충동적으로나 감으로 결정을 내리는 경향이 있다.	
9	나는 미래에 대해서	가	현실적으로 계획하는 것이 더 재미있다.	
		나	꿈을 꾸는 것이 더 재미있다.	
10	나는 문제를 해결하는 데 있어,	가	직관적으로 하는데 뛰어나다.	
		나	논리적이고 합리적으로 하는데 뛰어나다.	
11	나는	가	나무 등의 자연재질이 좋다	
		나	플라스틱이나 금속재질이 좋다.	
12	나는	가	몹시 배가 고파야만 먹는다.	
		나	식사는 매일 정해진 시간에 먹는다.	
13	나는 TV나 책을 보고 난 뒤	가	등장인물의 장면이나 얼굴을 잘 기억한다.	
		나	스토리를 잘 기억한다.	
14	나는 걸을 때	가	주변 경치나 지나가는 사람들을 보며 천천히 걷는다.	
		나	목적지를 향해 앞만 보고 걷는다.	
15	나는	가	미술, 음악이 과학, 수학보다 좋다.	
		나	과학, 수학이 미술, 음악보다 좋다.	

좌뇌 우뇌형 검사 도표

2) 우뇌 증진방안

좌뇌는 따로 증진하지 않아도 평상시 학교에서 배우는 지식, 혹은 사회를 통해 겪은 상식으로 늘어난다. 대부분 지식은 좌뇌에 필요한 특성, 즉 논리적이고 계산적이고 분석적이고 정확하기 때문이다. 더 깊은 지식, 예를 들어 전공지식까지 합쳐지면 좌뇌 능력은 충분하다. 부족하다면 공부로써 채울 수 있다. 문제는 우뇌다. 네이버 지식백과를 읽는다고 증가하는 것이 아니기 때문이다. 우뇌는 어디에서 가져오는 것이 아니다. 상상력은 지식이 아니기 때문에 별도로 훈련을 통해서 늘려야 한다. 우뇌자극 방안은 아래와 같다.

 * 잠자기, 편안하게 눕기, 조용한 음악듣기, 그림그리기, 여행하기, 멍하게 창 밖 보기, 반신욕하기, 산보하기, 잡담하기, 명상하기.

위 행위는 무언가 지식, 결과를 얻는 행위가 아니다. 오히려 두뇌를 비우는 듯한 '멍 때리는' 행동들이다. 일부러 하지 않으면 평상시 거의 하기 힘든 행동들이다. 학교 성적에도 당장 도움이 안 되는 일이니까 뒤로 미루기만 할 행동들이다. 일부러 시간을 내서 해야 한다.

3) 좌우 뇌 협동

좌우뇌가 합쳐야 전체 그림을 완전하게 기억할 수 있다. 즉 좌뇌와 우뇌가 각각 다른 영역 일을 한다고 해서 뇌에서 독립적이란 의미는 아니다. 좌뇌는 분석, 주의집중을 하는 영역이고 우뇌는 같은 영역 내에서도 주의를 확산하고 펼치는 상상력을 가지고 있다는 의미다. 즉 그림처럼 더 넓은 범위를 보는 능력이다. 좌뇌가 송곳형태의 작업도구라면 우뇌는 큰 그물형태, 부드러운 큰 붓이라고 할 수 있다. 어떤 문제가 무엇인가를 정의할 때는 좌뇌, 그래서 어떤 아이디어들이 있을까는 우뇌다. 그 아이디어가 적합할까를 검증할 때는 좌뇌, 그 아이디어의 실행계획을 수립할 때는 다시 좌뇌, 그 계획을 다른 사람에게 설득할 때는 다시 우뇌가 작동하는 원리다. 창의적 아이디어를 위해선 좌뇌와 우뇌의 협력이 필요하다. 요약하면 우뇌는 확산해서 상상적 사고를 하는 일이고 좌뇌는 아이디어를 수렴하고 판단, 좁혀 나간다.

뇌는 좌뇌와 우뇌가 합쳐져 있고, 우리는 그것을 지능, 즉 IQ로 표현하기도 한다. 아이큐와 창의성이 관계가 있을까? 창조성 수치(Y축)와 지능지수(X축)의 관계를 보면 지능지수가 높은 X점에 있는 사람 중에 창조성이 낮은 사람이 있고, 지능지수가 평균인 100미만에 있는 사람이 창조성이 훨씬 높은 경우가 있다. 지능지수가 낮은 사람의 경우는 창조성의 곡선이 아무래도 떨어지게 된다. 지능지수가 높은 사람이라고 창조성이 높다라고 할 수는 없다. 하지만 지능지수가 낮은 사람은 창의성이 낮다. 즉, 지능이라는 것은 창의력의 필요조건인 것이다.

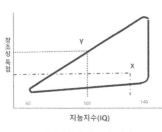

지능지수와 창의성 관계

머리가 좋은 사람은 창의력이 높을 수도 있다. 하지만 머리가 좋다고 창의력이 높은 것은 아니다. 이런 그래프가 나온 이유는 지능 지수를 측정하는 방법이 주로 좌뇌, 분석, 계산, 논리와 같은 요소가 측정이 되기 때문에 그렇다. 좌뇌가 주로 지능지수와 관련이 있는 것으로 측정된다. 요약하면 지능지수 지능은 창의력에 도움을 주지만 그렇다고 그것이 전부는 아니다. 따라서 IQ가 조금 낮다고 실망할 이유는 전혀 없다. 끊임없이 두뇌를 훈련하면 창의성은 어느새 IQ를 훌쩍 넘어간다.

신경계는 중추신경계와 말초신경계로 구성된다. 중추신경은 두뇌와 척수로 구성된다. 말초신경계는 온몸으로 뻗어나가는 모든 신경군이며 오감, 자극을 받아들인다. 두뇌는 대뇌와 소뇌로 구성되며 대뇌는 정신 상태를 관장하고 소뇌는 몸 평형을 유지하고 정교한 운동을 기억한다. 대뇌를 3부분으로 나누면 신피질(대뇌피질), 구피질(변연계) 그리고 뇌간(기저핵)으로 나눈다. 신피질은 지적활동, 즉 지각·학습·언어·계산을 하는 이성의 뇌다. 구피질(변연계)은 감정 활동(기쁨·슬픔·두려움·분노)을 관장하고, (하뇌)뇌간은 생명유지의 기본 활동을 한다. 두뇌는 좌뇌 우뇌로 역할이 구분된다. 좌뇌는 분석·언어·이성적 판단을 한다. 우뇌는 이미지·상상·그림·창의적 사고 확산을 담당한다. 우뇌 휴식은 창의성에 절대적으로 필요하며 두뇌를 아무것도 안하는 것이 휴식이다. 좌우뇌가 협동해서 우뇌는 상상을 좌뇌는 이를 현실화해서 진정한 창의성을 완성한다.

복습퀴즈

1. 두뇌는 대뇌와 소뇌로 구분되는데 소뇌는 호흡 등 기본운동을 담당한다.
2. 대뇌는 후뇌, 중뇌, 대뇌피질로 구분되는데 감정을 표현하는 곳은 후뇌이다.
3. 아인슈타인의 두뇌 크기가 일반인보다 크다.

답

1. O; 두뇌는 정신활동, 소뇌는 기본운동을 담당.

2. X; 감정을 관장하는 곳은 중뇌다.

3. X; 두뇌크기는 일반인보다 작다. 뇌 신경세포 연결도가 오히려 크다.

❷
두뇌 휴식과 창의성

1. 그룹 내 창의성

회사가 창의성이 있으려면 어떤 모습이어야 하는가? 구글 오피스는 동사무소 형태가 아니다. 자유로운 놀이터를 연상한다. 구성원들은 어떨까? 어떤 분위기, 어떤 동료가 되어야 창의성이 발휘될까?

1) 한국인은 공감 능력이 세계 꼴찌

한국 청소년들의 지식 영역은 OECD 3위다. 하지만 서로 소통하고 관계를 맺을 수 있는 능력은 35위다. 잘 외워서 지식은 높지만 서로 관계를 잘 맺는 사회적 협력 점수는 꼴찌다. 오히려 태국이나 인도네시아, 말레이시아 등등이 협력 점수가 높다. 한국의 OECD 자살률은 1위다. 행복지수 최하위가 그냥 나온 수치가 아니다. 상대방을 이겨야 하는 적으로만 간주되는 곳에서 행복과 협력은 기대할 수 없다. 한국 청소년들은 공감 능력이 부족하다. 소통과 합의를 통해서 문제를 해결하는 위기관리 능력이 부족하다. 다른 사람과 공감하지 못하면 그와 뭔가를 같이 해나갈 집단 아이디어 창출력, 창의력이 부족하다. 이런 문제는 스마트폰 등장으로 더욱 심각해진다. 전철에는 스마트폰에 머리를 박고 지내는 사람이 대부분이다. 다른 사람과 교감이 부족해지는 이런 소통부족 현상은 어떤 일에 대처하는 능력을 부족하게 만들고 무엇보다 남과 공감하는 능력이 줄어든다. 결국, 집단의 창의성 부족으로 연결된다. 소통 능력을 키워야 창의력도 커진다.

2) 인터넷 세상 커뮤니케이션 중요성

기술별 도입 속도, 즉 기술이 도입 후 사용되기까지 소요되는 시간을 보면 놀랍다. 전화는 25년, 전기는 30년이 걸렸다. 그러나 스마트폰은 6~7년, 태블릿 PC는 불과 2년 만에 모두가 쓰고 있다. 우리는 매일 스마트폰을 통해 접하는 SNS에 목메어 살고 있다. 이런 정보폭탄 시대에 살면서 어떻게 다른 사람과 커뮤니케이션을 해야 할까?

일란성 쌍둥이 중 어릴 때 소통 능력이 적은 아이가 중학교 때 왕따를 당한다고 한다. 다윈의 적자생존이라는 말은 강한 자가 살아남는다는 약육강식을 의미한다. 하지만 지금은 다윈 시대가 아니다. 지금은 집단끼리 커뮤니케이션 하는 집단지성 시대, 집단협력 시대다. 당연히 커뮤니케이션을 잘 하는 사람이 살아남는다. 커뮤니케이션이 중요하다는 의미고, 창의성도 지금 이러한 커뮤니케이션에 기반을 두어야 한다. 접속이 중요한 것이 아니라 접촉이 중요하다. 소통 기본은 즐겁게 웃고 통하는 것이다. 인간은 미숙아로 태어나기 때문에 초반 인격 형성이 중요하다.

1904년 독일에서 덧셈을 할 수 있다는 말이 등장했다. '3+3?' 하고 물으면 말굽으로 6번을 정확히 친다는 것이다. 과학자들이 사실 여부를 조사했다. 3+3이 얼마냐고 물은 다음에 말이 말굽을 차기 시작하는데 6이란 답에 가까울수록 사람들 얼굴이 긴장하는 모습을 보고 말이 판단한다는 것을 알아냈다. 말에게도 비언어적인 메시지, 즉 몸짓이나 표정이 중요하다. 실제로 언어보다도 비언어적인 메시지가 90% 이상의 전달력을 가지고 있다. 사람도 마찬가지다. 이런 상황에 표정도 없고 말도 없는 단순한 문자로 전달되는 것은 굉장히 건조하다. 오해를 사는 경우가 종종 있다. 문자는 상대방과 소통에 극히 비효율적이다. 가능하면 마주보고 이야기하자. 직접 상대방을 터치할 수 있으면 더욱 좋다. 창의성도 이처럼 감각에 중점을 두어야 한다. 왜냐하면 사람을 움직이는 것은 결국 사람 감정이기 때문이다. 만약 당신이 상대를 피하고 싶다면 상대도 당신을 외면하고 어려워한다. 소통을 잘 해야만 두 사람 사이가 가까워지고 창의적인 생각을 쉽게 나눌 수 있다. 아무리 좋은 아이디어도 상대가 공감하고 그룹 내에서 호응을 얻어야 집단에서 힘을 얻는다. 집단 내에서 소통하는 기술을 챙겨야 한다.

3) 두뇌 거울신경

다른 동료와의 교감은 이성으로 할까 아니면 감성으로 통하나? 원숭이 실험을 보자. 바나나를 먹는 동료를 보는 원숭이 뇌가 바나나 먹을 때처럼 반응하는 현상, 즉 거울신경(Mirror Neuron)이 사람에도 있는 것으로 확인되었다. 다른 사람이 하품하면 같이 하품한다. 이처럼 사람은 이성이 아닌 감성에 의해 먼저 움직인다. 감성 마케팅이 중요한 이유다. 1960년대 MIT에서 '대화기계'를 만들었다. 어떤 사람 이야기 중에서 키워드를 선택해서 그 말을 반복하는 맞장구를 하는 기계였다. 상대방이 '여행하는 것은 힘들어'라고 이야기하면 '그래 여행이 어렵지' 이런 식으로 이야기를 받아주었다. 사람들은 자기 마음을 알아주는 것 같은 간단한 기계에 매료되었다. 다른 사람 마음을 읽고 공감하는 것이 소통 기본이라는 의미다.

4) 타인 인정의 힘

창의력을 이용한 아이디어가 성공하려면 결국 사람을 움직여야 한다. 사람을 움직이는 것은 무엇일까? 답은 본인에 대한 자부심, 본인 인정이다. 본인이 하는 것은 '낭만'이고 남이 하는 것은 '불륜'이다. 본인 계획은 '투자'이고 남의 계획은 '투기'다. 모두 자기가 옳다고 생각한다. 자기가 틀렸다고 생각하지 않고 모두가 인정받기를 원한다. 논리, 이성보다는 인정과 배려에 기초한 공감이 필요하다. 법정 스님은 모든 것을 다 버렸지만 가장 버리기 힘들었던 것이 남에게 인정받는 것이라 했다. 사람의 기본적인 욕망은 남에게 인정받는 것이다. 이것을 안다면 소통 원칙은 간단하다. 남을 인정해라. 배려·공감으로 소통하라. 창의력을 통하여 어떤 아이디어를 내고 이것을 실용화하려 할 때 사람을 움직이는 것은 '내가 남으로부터 인정받고 싶다'라는 점을 잊지 말자.

2. 두뇌의 충전

1) 재충전 방법

잘 채우려면 먼저 비워라. 두뇌도 마찬가지다. 두뇌를 잘 활용하려면 안에 있는 것을 다 비워야 새로운 아이디어가 들어갈 수 있다. 두뇌가 잘 비워지는 곳은 '3B'다. 즉 Bed, Bath room, Bathtub이다. 아이디어가 잘 떠오르는 장소들은 잠자리, 걷고 있을 때, 버스, 전철이다.

뇌를 젊게 하기 위한 방법으로 ① 뇌에 휴식 주기 ② 뇌 적절하게 사용하기 ③ 일의 순서 바꾸기 ④ 유산소 운동하기다. 뇌를 편히 쉬기 위해서는 언제나 머릿속에 가득 차 있는 일에 대한 걱정과 스트레스 등을 없애야 한다. 따뜻한 해변을 거닐거나 푸른 초원 위에 누워 있는 자신의 모습을 상상하는 것만으로도 뇌는 한층 젊어진다. 뇌 전문가들이 꼽는 최고의 뇌 휴식법은 '무념무상'이다. 두뇌는 '집중'과 '휴식'이 번갈아가며 이뤄져야 한다. 즉 현대인은 휴식 없이 집중 상태만 지속하려는 경향이 강한데, 이런 경우 뇌에 과부하가 걸려 문제가 발생할 수 있다. 걸으면서 음악을 듣는 행위도 뇌 입장에서는 일하는 것과 마찬가지다. 뇌가 쉬지 못하면 충동을 억제하고, 이성적인 판단을 관장하는 전두엽 기능이 떨어져 사회생활에 어려움을 겪을 수 있다. 멍하게 넋을 놓거나 공상에 빠져 있는 행동은 측두엽, 두정엽, 전두엽 앞쪽 깊은 곳을 의미하는 '디폴트 네트워크(Default network; 외부에 집중하지 않을 때 활동하는 뇌 영역)'을 활성화시켜 창의적인 사고를 한결 수월하게 한다. 반면 아이디어 발상에 도움이 안 되는 행동들도 있다.

스마트폰은 창의력과 거리가 멀다. 스마트폰, PC 등에서 자주 하는 일은 멀티태스킹, 즉 여러 창을 동시에 열고 여러 일을 동시에 하는 일이다. 미국 소녀들의 하루 문자수는 평균 131개다. 한국 청소년 스마트폰 중독은 이미 30%에 육박하고 있다. 두뇌가 돌아가는 시간에 두뇌는 쉬지 못한다. 영화나 독서도 휴식이 아니다. 외부입력 정보가 많을수록 두뇌 처리 속도는 빨라지고 집중도도 올라가지만 스트레스가 올라감에 따라 집중도가 급격하게 떨어지게 된다. 외부 입력이 많다고 집중도가 높아지는 것은 아니다. 만성 피로는 육체가 아닌 정신에서 오게 된다.

등산, 낚시, 유산소 운동 등 새로운 취미생활에 도전하는 것은 뇌를 젊게 만들고 삶에 활기를 불어넣는 데 효과적이다. 그동안 다뤄보지 않은 새로운 분야를 공부하면 뇌 자극을 줄 수 있다. 또 뇌는 손놀림이 많을수록 더욱 잘 발달한다. 뇌에서 손을 관할하는 영역이 전체의 30%를 차지하기 때문이다. 감정표현에 솔직한 성격도 기억력 향상에 도움이 된다.

실전훈련

다음 4개 공통점은 무엇인가? 토플 성적, 오솔길, 로마, 창의적 사고방식

답
하루아침에 이루어지지 않는다. 영어는 매일 꾸준히 해야 성적이 오르고 오솔길은 같은 길은 계속 걸어야 생긴다. 로마는 하루아침에 이루어지지 않았다(Rome was not built in a day). 사고방식도 매일 연습해야 뇌가 원하는 방향으로 변한다. 매일 관찰훈련을 해야 하는 이유다.

---

2) 수면과 창의성

외부의 단편적인 정보가 들어오면 해마에 임시 저장된다. 장기 기억할 것이면 대뇌 외곽의 신피질에 새로운 시냅스로 기억이 형성된다. 잠자는 사이에 해마는 기억을 분류하고 삭제하고 저장한다. 따라서 잠은 뇌 임시 기억을 비우는 방식이다. 뇌를 비우면서 새로운 것을 저장하는 과정에서 나타나는 것이 꿈이다. 꿈은 새로운 창작방식이다. 꿈에서 잠을 깨자마자 떠오른 아이디어들이 성공한 경우가 많다. 벤젠 고리구조도 그 중 하나다. 독일 화학자 케쿨레는 꿈에서 뱀이 꼬리를 무는 꿈을 꿨고 여기에서 고리 형태 벤젠구조를 생각했다. 꿈에서 영감을 얻은 사람은 또 있다. 독일 과학자 뢰비는 뇌에서 어떤 물질이 생각의 신호를 전달할 것으로 믿고 있었다. 그 방법을 고민하고 있던 차에 꿈에서 영감을 얻어 급히 메모를 한 후 다시 잠들었다. 개구리 심장을 뛰게 한 후에 그 액을 다른 심장에 넣었더

니 뛰기 시작했다. 액 속에 심장을 뛰게 하는 물질이 있었던 것이다. 이 아이디어로 노벨의학상을 수상했다.

　뇌는 잘 때도 움직인다. 이는 수면 중 안구활동과도 연관이 있다. 수면은 눈동자가 움직이는 렘(REM; Rapid Eye Movement)수면과 움직이지 않는 비렘(Non-REM)수면이 있다. 렘수면은 자면서 4~5번 정도 반복을 한다. 낮은 상태 잠이며 꿈을 꾸는 때다. 꿈을 꾸면서 뇌의 많은 활동으로 뇌가 발달하는 시간이다. 장미향을 맡았던 사람에게 자는 동안 같은 냄새를 맡게 하면 뇌가 그 냄새를 강하게 복습해서 훨씬 기억이 잘 된다. 즉, 뇌는 자는 동안에도 일을 한다. 따라서 게임, 정보검색을 하다 잠이 들면 뇌가 활성화되고 멜라토닌 생산이 억제되어서 수면의 질이 떨어진다. 잠들기 전에는 뇌를 활성화시키지 말고 뇌를 비울 수 있도록 여건을 조성해야 한다. 숙면은 잠 잘 시간을 알려주는 생체시계가 제대로 시간을 알려줘야 되고 육체적 피로가 적당히 쌓여서 그 시간에 수면스위치가 찰칵 켜져야 된다. 따라서 낮에는 태양 위주의 생활로 생체시간을 지키고 육체활동으로 적당한 피로를 만들어야 된다. 또한 잠들기 전에는 스마트폰을 멀리하고 명상이나 가벼운 독서로 두뇌를 가라앉혀야 된다.

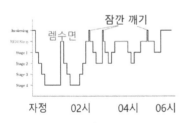

수면 동안에 얕은 잠인 렘수면이 4번 정도 일어난다. ©RazerM

3. 두뇌의 창의성 증진

1) 두뇌 훈련법

　뇌 특성을 이용한 5가지 훈련방법이 있다. ① 떠오른 아이디어를 언어가 아닌 이미지로 표현해 보자. 아이디어를 뛰는 호랑이, 뿜는 분수처럼 이미지로 표현하라. ② 다른 존재가 되라. 본인을 거인 혹은 호랑이 등으로 변환시켜라. ③ 결정을 유보하라. 어떤 아이디어에 Yes, No를 금방 결정하지 말고 다양한 생각이 떠오르게 하자. ④ 항상 메모할 준비를 하자. 두뇌에서 번뜩이는 영감은 순식간이다. 특히 잠에서 깨어나 바로 메모할 수 있도록 하자. ⑤ 주제를 늘 머리에 두고 있자. 불교 화두처럼 한 가지 주제를 두고 생각하는 습관을 갖자. 버스 안에서나 회의 중에도 그 주제를 생각하자. 어느 순간 좋은 아이디어가 떠오를 것이다.

2) 두뇌 훈련과 습관 형성

시냅스란 두뇌의 세포와 세포사이를 연결하는 곳이다. 우리 두뇌에는 천억 개 내지 이천 억 개의 뇌세포와 서로 연결된 시냅스 네트워크가 있고 두뇌활동의 중심이다. 자주 사용하면 시냅스가 증가한다. 즉, 재정리가 되면서 동시에 시냅스가 늘어난다. 마치 사람 많이 사는 곳에 버스노선이 늘어나서 도로가 넓어지듯 두뇌는 쓸수록 좋아진다. 청소년기에 뇌세포는 급격히 자라면서 정리가 잘되지 않는다. 즉 힘은 센데 미숙한 운전자 같은 시기다. 이 시기에 뇌를 잘 훈련시켜야 한다. 청소년기 뇌는 쉽게 오래 기억된다. 무언가를 외우려고 노력하면 해마가 늘어난다. 즉 두뇌는 본인이 노력하고 원하는 방향으로 재편성된다. 해마 기억은 오감과 함께 저장하면 오래간다. 기억은 세 가지다. 서술기억, 즉 대한민국 수도는 서울이라는 명백한 사실과 사건을 기억한다. 절차기억은 절차, 즉 예를 들면 자전거를 타는 절차를 기억한다. 의미기억은 어제 봤던 영화의 줄거리 같은 일반기억이다. 이 중 절차기억은 소뇌라는 곳에 따로 저장되고 다른 두 기억은 해마를 거쳐 대뇌피질에 저장된다. 창의성은 물론 대뇌피질 기억과 직접적으로 연결되어 있다.

새로운 일, 경험은 새로운 시냅스 회로를 만든다. 어떤 행동이 반복되면 그 회로가 두꺼워지고 튼튼해진다. '세 살 버릇 여든 간다'는 속담처럼 습관은 결국 단단하게 강화된 시냅스다. 시냅스는 뇌세포와 뇌세포를 연결하는 접점이다. 뇌세포가 전기신호를 받으면 시냅스에서 화학물질이 나와서 건너편 세포 수용체(receptor)로 전달되고 전기신호로 변환되어 계속 전달된다. 이런 반응이 반복되면 수용체 숫자가 늘고 전달속도가 빨라지는 '강화(enforcement)' 현상이 생겨서 일종의 회로를 형성한다. 우리는 이것을 습관, 혹은 사고방식이라 부른다. 따라서 이미 형성되어 딱딱해진 회로를 바꾸려면 천천히 장기간 새로운 회로를 시도해야 한다. 새로운 습관을 만들려는 시도에 스스로 칭찬을 하자. 뇌도 칭찬에 약하다. 즉 뇌는 보상 사이클을 돌게 되기 때문에 그 행동이 즐거워지게 된다. 자기 스스로 칭찬해 주는 것이 습관형성의 지름길이다.

3) 경쟁과 사회성

경쟁상대가 있으면 창의성도 쉽게 늘어난다. 스티브 잡스나 빌 게이츠는 세상의 패러다임을 변화시켰다. 두 사람은 서로 경쟁 상대였다. 김연아와 아사다 마오는 피겨스케이팅 수준을 격상시켰다. 서로 경쟁했기 때문이다. 코카콜라와 펩시는 상대방과 경쟁하며 마케팅 기법을 향상했다. 맨체스터 유나이티드나 맨체스터 시티는 같은 시의 두 개 라이벌 팀이며 영국축구 레벨을 업그레이드시켰다. 창의성을 좀 더 확실히 높이고 싶으면 같은 분야의 경쟁상대가 있으면 좋다.

반면 창의성이 열매를 맺으려면 사회구성원의 도움이 절대로 필요하다. 먼저 사회구성원을 움직이는 힘을 알아야 한다. ① 사회적 단서에 주목하자. 상대방이 주는 모든 단서를 기분, 표정에서 알아차리고 상대방이 어떤 상황인지 알자. ② 사회적 단서를 해석하라. 즉 상대방이 정확하게 원하는 것이 무엇인지 추측하지 말고 정확하게 알자. ③ 사회적 목적을 설정하자. 상대와 무엇을 하고 싶은지 결정해야 한다. 친해지고 싶은 건지, 위로받고 싶은 건지 목적을 분명히 해야 한다. ④ 문제해결 방식을 만들어라. 구체적으로 무엇을 해서 해결할 것인지 구축하라. ⑤ 문제해결 방식의 효율성을 평가하고 실행하자.

쉬어가는 페이지

발명에 얽힌 이야기

멍 때리고 있던 '두뇌'가 활성화되면 생각지도 못했던 아이디어가 갑자기 떠오르는 '유레카 모멘트(깨달음의 순간)'가 나타날 가능성이 커진다. 두뇌를 잘 쉬게 해야 아이디어가 팍팍 떠오른다고 했다. 대표적인 곳이 3B이고 목욕탕(Bathroom)도 그 한 곳이다. 유명 수학자 아르키메데스가 창의성이 발휘되어 임금이 내린 문제에 대한 답을 얻고 기쁜 나머지 그대로 뛰어나가 '유레카(Eureka)', 즉 '발견했다'고 소리친 곳이기도 하다. 내력은 이렇다. 임금님이 아르키메데스에게 부탁을 했다. 얼마 전에 만든 새 왕관이 순금으로 이루어졌는지 아닌지 궁금했기 때문에 이를 확인해 달라고 한 것이다. 며칠 고민을 하다가 목욕탕에 몸을 담근 순간 넘치는 물을 보자 아이디어가 떠올랐다. 물(유체)에 잠긴 부피만큼 넘친 물(유체)의 무게가 부력과 같다는 것을 알아냈다. 어떤 물체가 물에 떠있을 수 있다는 것은 중력과 부력이 같다는 것을 의미한다. 물에 잠긴 부피만큼 해당하는 물 무게는 부력이고, 바로 중력(즉, 지구상에서 몸무게나 물체 무게라는 식이 성립된다. 따라서 순금으로 만든 것과 다른 금속을 넣은 것은 같은 부피라 해도 넘친 물 차이가 난다. 아르키메데스처럼 두뇌를 쉬게 하는 것이 두뇌를 활발하게 움직이는 방법이다. 문제에서 멀어져서 잠시 생각을 다른 데에 두는 것이 오히려 원하는 아이디어를 얻을 수 있다.

키포인트

1. 그룹 내 창의성

타인과 소통이 집단을 움직인다. 그룹 사이의 창의성은 결국 다른 사람과의 소통의 전제되어야 한다. 한국인은 공감능력이 OECD 꼴찌다. 인터넷세상에서 타인과의 커뮤니케이션 능력이 가장 중요하다. 소통은 두뇌보다는 감각으로 한다. 가장 중요한 것은 몸의 제스처, 비언어적인 소통이다. 인간이 다른 사람과 공감하는 것은 태어난 능력이며 가장 중요한 소통수단이다. 타인을 인정하는 것은 타인을 움직이게 한다. 타인은 납득할 만한 상황이 되어야 비로소 움직인다. 금전, 부, 권력의 욕망의 대부분은 버릴 수 있지만 다른 사람으로부터 인정받으려는 욕망은 버리기 쉽지 않다.

2. 두뇌 충전

아이디어를 튀어나오게 하려면 먼저 두뇌를 비워야 한다. 즉 두뇌에 꽉차있는 평상시 생각을 잠시 접어야 한다. 외부 입력이 많다고 두뇌가 잘 돌아가지 않고 오히려 과부하로 멈춘다. 두뇌를 쉬어야 한다. 이런 상황에서 두뇌를 훈련시켜야 한다. 행동을 바꾸면 습관도 바꿔진다. 뇌는 실제로 잘 때도 움직이고 렘수면 상황에서 가장 창의성이 높다.

3. 두뇌 창의성 증진

두뇌를 움직이려면 상대와 경쟁하는 것도 한 방법이다. 머리를 더 많이 쓸 수 있는 자극이 있기 때문이다. 그룹 창의성이 빛을 보려면 먼저 사회성이 뒷받침돼야 한다. 상대방과 잘 소통해야 그룹을 이끌 수 있고 그룹 전체 창의성을 높인다.

뇌에 쇠파이프가 통과한 사나이

1848년 미국 버몬트 주의 철도공사 현장에서 20세의 노동자 필리스 게이지가 암반폭파공사를 하고 있었다. 암반에 구멍을 뚫고 그곳에 다이너마이트를 집어넣어 폭파시키는 일이다. 구멍에 다이너마이트 반죽과 모래를 넣고 1.1미터, 길이 직경 3.2센티미터 쇠막대로 구멍을 다졌다. 그때 쇠파이프가 암반과 마찰하면서 불꽃과 함께 폭발했다. 날아간 쇠막대는 그의 왼쪽 뺨 부근을 통해 눈, 그리고 머리 한 가운데를 통과했다. 쇠막대 무게는 약 6킬로그램 이었다. 폭발 후 쇠막대는 25미터 떨어진 곳에 피와 뇌수가 범벅이 된 채로 발견되었다. 폭발로 뒤로 넘어진 그는 잠시 후 정신이 들었고 멍했지만 말을 했다. 그리고 스스로 일어나서 마차를 몰고 1.2킬로 떨어진 마을 의사에게 갔다. "쇠파이프가 내 머리를 뚫고 지나갔어요." 그가 이야기 하지만 의사는 믿지 않았다. 그런 상태로는 살 수 없기 때문이다. 그가 바닥에 구토를 했다. 구토물은 허연 뇌 물질들이었다. 그 이후 그는 정신이 오락가락하는 하루를 지내고 뇌가 붓기 시작했다. 가끔 한마디씩 하지만 그는 의식을 잃은 상황이었다. 가족들은 관을 마련했고 장례식을 준비했다. 2주 후 그는 살아났다. 그리고 걸을 정도로 회복했다.

이 사건은 당시 의학계에 엄청난 충격을 주었다. 당시 의학계는 두뇌 어떤 특정부분이 언어를 담당하고 어떤 부분은 운동을 담당한다는 이론과 그렇지 않다는 의견이 팽팽했다. 두뇌 많은 부분이 손상당하고도 정상 생활을 한 경우를 두고 각각 해석이 달랐다. 현재까지 가능한 해석은 쇠파이프라고 하지만 뇌수에 영향을 주지 않는 부위를 통과했고 총알처럼 속도가 높아서 충격량이 적었다는 것이다. 그리고 구멍 덕분에 출혈에 동반된 물질들을 빨리 배출해서 뇌에 손상을 덜 가게 만들었다는 것이다. 이 사건은 부상당한 부분을 다시 복구해 나가는 뇌의 '유연성, 자가 회복성'을 보여주었다. 지금도 부상으로 뇌의 기억이 없어지는 사건이 생기기도 하지만, 시간이 지나면서 복구되는 이유이기도 하다. 창의성도 유연성이 있다. 즉 늦더라도 개발하기 시작하면 새로운 시냅스(회로)가 형성되어 좋아진다는 것이다. 쇠파이프가 뚫고 간 두뇌도 새로 고쳐지는데 머리에 창조적인 회로를 만드는 것은 오히려 쉬운 일이다.

1. 사람은 수면 중에서도 꿈을 꾸는데 이 단계를 렘(REM) 수면이라 한다.
2. 공감능력이 가장 중요한 이유는 그룹을 이끄는 힘이 여기서 나오기 때문이다.
3. 두뇌의 휴식을 취하는 방법의 기본 원리는 '멍 때리기'다.

답

1. O; 렘(REM; rapid eye movement) 단계의 수면은 깨기 직전 수면단계이고, 이 단계에서 창의성도 활발하다.
2. O; 다른 사람과 커뮤니케이션 할 수 있는 공감능력이 있어야 그룹을 이끌고 그룹 창의성도 생길 수 있다.
3. O; 최고의 뇌 휴식은 무념무상이다.

3

몰입과 창의성

1. 몰입과 성공의 관계

비가 오는데도 한강변에서 축구하는 사람들이 같은 빗속에서 마라톤 하는 사람을 보고 '미친놈들'이라 했다. 사실은 둘 다 미친 사람들이다. 즉 비가 오는데도 축구를 하고 마라톤을 하는 둘은 지독히 몰입한 사람들이다. 비가 와도 달리는 마라토너들은 달리는 쾌감 때문에 몰입한다. 일반인도 어떤 행동이 즐겁다면 몰입한다. 몰입은 두뇌에 도파민을 만든다. 하지만 단순한 재미는 지속력이 짧다. 단순한 재미를 넘어서 몰입을 하면 창의성이 최고에 이른다. 하루 종일 그곳에 집중하게 된다. 어떻게 하면 창의성이 최고조로 올라가는 몰입을 할 수 있을까?

몰입을 잘하는 사람의 특징은 첫째, 성공한다. 성공과 실패 차이는 노력 차이다. 즉 몰입과 비몰입의 차이다. 실패하는 사람들은 신날 일이 없으니 노력을 안 하고 따라서 동기유발이 잘 안되어 실패한다. 둘째, 몰입을 잘하는 사람 특징은 혹시 실패하면 본인 노력이 부족했다고 생각한다. 셋째,

성공하는 사람들은 성공기대치가 높고 배우는 것 자체가 목적이다. 자기 자제를 한다. 동기유발은 물적 보상이 아닌 자신감 고취 보상이 더 크다. 흔히 '뛰는 놈 위에 나는 놈, 나는 놈 위에 미친 놈'이라고 이야기를 한다. 창의성도 이렇게 미쳐야 무언가 나올 수 있다.

2. 몰입과 중독

몰입과 중독은 아주 비슷하다. 1954년 캐나다 맥길 대학의 연구팀이 쥐의 뇌에 전극을 꼽았다. 전극을 누르는 스위치도 마련해 놓았다. 이후 관찰을 해보니 어느 쥐 하나가 밥도, 물도 안 먹고 하루에 8,000번을 누르는 것이 발견되었다. 전극이 있는 바로 그곳이 바로 쾌락중추이다.

쥐 두뇌 쾌락중추에 전극을 꽂아놓으면 밤새 그곳을 누른다. ©Vdegroot

쾌락중추는 뇌에 존재하고 이곳이 바로 중독을 일으키는 곳이다. 중독은 크게 2가지로 구분된다. 물질 중독은 알코올, 담배, 마약 등 물질에 의한 중독을 말하지만 술잔을 드는 행위, 담뱃불을 붙이는 행위도 중독의 일종이 될 수 있다. 행위중독은 도박, 게임, 섹스, 쇼핑, 주식 등에 빠지는 행위다.

쾌락은 인간진화의 원동력이다. 즉 유전자를 전파하려면 짝짓기가 쾌락적이어야 한다. 그래서 두뇌에는 쾌락 회로가 발달되어 있다. 두뇌 쾌락 회로는 도파민을 만든다. 도파민은 짝짓기 같은 쾌락 행위시 나오는 신경전달 물질이다. 이 회로에 인간들이 만든 니코틴, 마리화나 같은 물질이 들어가도 역시 도파민을 만들어 짝짓기 할 때와 같은 쾌락을 만든다. 마리

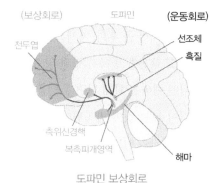

(보상회로)   도파민   **(운동회로)**

전두엽   선조체

흑질

측위신경핵

복측피개영역   해마

도파민 보상회로

몰입을 하면 도파민이 나와서 즐겁게 되고 반복되어 보상회로가 형성된다.

화나에 쉽게 중독이 되는 이유다.

  두뇌 깊숙한 곳인 'VTA'(복측피계영역)과 'Nucleus Accumbens'(중격핵)에서 도파민이 방출된다. 그 경로를 따라서 도파민이 전달된다. 그래서 뇌의 전두엽이 쾌락을 느낀다. 코카인을 들이마시거나 주사로 맞자마자 바로 쾌락이 오는 '스피드형 쾌락'은 쉽게 중독이 된다. 그러나 '고진감래'형 쾌락이라고 부르는 쾌락은 장기간 몰입 끝에 비로소 온다. 화가가 오랫동안 그림에 집중해서 결과를 얻거나 조금씩 저축하여 모은 돈이 거금이 되는 경우가 있다. 이 경우에도 몰입 과정을 거치지만 그림 그리기나 저축이 중독되지는 않는다. 어떤 골초가 뇌졸중을 앓고 난 후 금연에 쉽게 성공했다고 의사에게 이야기했다. 그냥 담배가 피기 싫어졌다는 것이다. 이렇게 쉽게 금연한 경우는 드물다. 실제 조사해 보니 뇌졸중으로 전두엽이 망가지면서 뇌 쾌락 회로도 고장이 난 것이다. 그래서 담배를 피워도 그런 도파민이 발생 안 되고 쾌락을 느끼지 못한 것이다. 즉 중독은 두뇌 쾌락 회로와 직결되어 있다는 이야기다.

중독의 첫 단계는 충동단계다. 약물, 흡연, 도박이 일시적으로 도파민을 발생시켜 쾌감을 느끼게 하지만 곧 후회, 자책감이 생긴다. 따라서 긴장이 되고, 긴장 때문에 다시 그 행동을 반복하게 된다. 둘째 단계는 중독 후기 단계 즉, 강박단계다. 어떤 행위를 하게 되면 불안증과 스트레스가 감소하지만 다시 후회, 자책감이 드는 것이 반복된다. 셋째 단계는 중독단계다. 이때는 약물섭취 목적이 쾌감이 아닌 불안, 스트레스 감소다. 이런 금단현상을 견디기 어려워서 다시 약물섭취를 한다. 이러한 중독자들은 충동적, 강박적으로 약물을 찾아다닌다. 또한 약물조절 능력을 상실한다. 약물이 없으면 금단현상 즉, 불안, 안절부절, 부정적인 정서가 생기게 되고 실제로 몸에 건강 문제가 생긴다.

실전훈련

다음은 몰입과 중독의 비교다. 틀린 것은?
① 둘 다 대상을 상당히 원한다.
② 둘 다 대상을 좋아한다.
③ 둘 다 보상회로이다.
④ 몰입이 중독보다 쾌감이 오래 간다.

답
②; 몰입은 좋아하지만 중독은 싫어하고 그걸 해야만 불안감 감소한다. 몰입은 쾌감이 지속적이지만 중독은 초기에만 일시적 쾌감이 생긴다.

1968년 스탠포드대학 월터 미셸이 유명한 마시멜로 실험을 하게 된다. 네 살 어린이에게 '지금 먹어도 되지만 15분만 참으면 하나 더 줄게'라고 제안을 한다. 이 제안에 동의한 30% 어린이를 15년 뒤 조사한 결과, 이들이 심리적으로 더 안정되고, 교우관계가 원만하고, 학업이 우수했다고 한다. 이 30% 아이들은 15분 간 다른 놀이를 하거나 다른 곳으로 억지로 관심을 분산시켜 유혹을 이겨낸 경우다. 즉, 유혹이 오는 순간 다른 곳으로 감정을 재조정(re-focus)하라. 라디오 주파수 돌리듯이 다른 곳으로 재조정하라. 나쁜 습관은 제거가 되지 않지만 좋은 습관도 오래 간다. 좋은 습관을 강화시켜서 나쁜 습관을 누르자. 몰입은 창의성의 최고 단계다. 중독자는 '나쁜 사람'이 아닌 '병든 환자'라는 의미다.

운동을 좋아하면 몰입된다. 하지만 운동도 중독이 될 수 있다. 안하면 불안해지고 다칠 때까지 해야 한다면 이미 중독단계다. 중독은 부정적인 결과를 가져오게 되고 약물이 주인이다. 빠져나오기 쉽지 않다. 그에 비해서 몰입은 긍정적인 결과를 내고 내가 주인이다. 원하면 빠져 나올 수 있다. 뇌는 몰입이나 중독단계에서 모두 도파민(쾌락)을 생산한다. 다만, 중독은 갈망(목마른 자가 물을 찾듯)이지 쾌락이 아니다. 즉 약물이 공급되지 않으면 생기는 금단 스트레스를 줄이기 위한 '할 수 없는 방안'인 경우다. 담배를 좋아서 피는 것이 아니라 할 수 없이 핀다. 몰입은 대상을 갈망하면서도 지속적인 쾌감을 얻는다. 그것이 없다고 스트레스가 되지는 않는다.

1) 몰입 10가지 방법

몰입을 하면 창의성이 집중된다. 하지만 현대인은 잡념이 많다. 생각이 많으면 집중을 못한다. 식욕부진, 수면부족이 생기고, 불안해진다. 생각을 줄여야 집중할 수 있고 창의성이 돌아온다.

1. 다르게 말하기; 긍정적으로 말하는 버릇을 가져라.
2. 다른 이름 붙이기; '고객은 (   ), 상사는 (   )', 이렇게 본인이 말하기에 따라서 불만스러운 고객이 변할 수 있고 기분 나쁜 상사가 좋아질 수 있다.
3. 나중에 생각하기; 내일은 내일의 태양이 뜬다. 지금부터 내일 일을 걱정하지 말고 나중에 생각하라.
4. 운동하며 몸에 집중하기; 운동은 두뇌를 쉬게 하는 방법이다. 운동은 단순하다. 왼발, 오른발, 왼손, 오른손, 거기에 집중하다 보면 두뇌는 쉬게 된다.
5. 글자읽기; 주변 사물과 환경을 관찰할 시에 팽팽 돌아가는 두뇌는 쉴 수 있다. 걸으면서 간판 읽기, 다른 버스 광고판 읽기, 강아지와 산책하는 사람 세기는 잡념에서 벗어나는 방법이다.
6. 가까운 사람과 수다 떨기; 나만 그렇지 않다는 것은 일반화 과정이고 큰 위안이다.
7. 좋아하는 활동에 몰두하기; 내가 좋아하는 것이면 몰입할 수 있고 효율이 좋은 결과를 낸다.
8. 최악의 상황을 설정하기; 긍정적으로 생각하려 하지만 안 될 경우에는 최악의 부정적인 상황을 30%만 설정하라.
9. 숙면하기; 숙면은 뇌를 쉬게 한다. 짧은 낮잠을 권장한다. 깨어있는 시간에는 육체활동으로 채우고 뇌는 쉬게 하라.
10. 명상하기; 명상은 두뇌를 바꾼다. 매일 명상을 하면 두뇌가 바뀔까? 하버드 대학 연구팀이 30분 간 8주 명상하는 사람의 뇌를 자기공

명 MRI를 사용하여 조사했다. 그 결과, 매일 30분의 명상만으로 신경세포가 모여 있는 두뇌 해마의 회백질 밀도가 증가한다. 해마는 학습과 기억에 중요한 곳이며 자각, 동정심, 자기성찰과 관련된 역할을 하는 부분이다. 또, 명상을 한 후에 스트레스와 긴장에서 중요한 역할을 하는 것으로 알려진 소뇌 편도체 회백질의 밀도가 감소했다. 두뇌의 가소성을 보여주었고 우리 자신이 두뇌를 변화시키는데 중요한 역할을 한다는 것을 알려준다.

2) 유명인사 8가지 몰입습관

평범하지만 강력한 교훈은 평상시에 몰입할 수 있는 습관이다. 커뮤니케이션 전문가가 백만장자 500명에게 성공요인을 물어 8가지 몰입 습관을 추천했다.

1. Passion; 여러분이 일하는 것을 사랑하라.
2. Work; 열심히 일하라.
3. Focus; 많은 일이 아니라 하나에 초점을 두라.
4. Push; 모든 일이 아니고 하나의 일을 계속 밀어라.
5. Idea; 좋은 생각을 내라.
6. Improve; 자신이 하는 일에 성과를 내라.
7. Serve; 나 자신이 아닌 다른 가치를 위해 봉사하라.
8. Persist; 인내심을 가지고, 지속적으로 열심히 하라. 왜냐면 하룻밤에 성공이 이루어지지 않기 때문이다.

몰입과 중독을 구분하는 방법은 거울을 보는 것이다. 즐거운 표정인가?

만약 오늘이 인생의 마지막 날이라면 이 일을 할 것인가? 라고 물어보고 Yes라면 바로 그것이 몰입이다. 미치지 않으면 이룰 수 없다는 말이 있다. 어떤 일에 대하여 내 가슴이 떨렸다면 그것이 몰입대상이다. 그것을 찾으라.

다음은 숫자로 보는 두뇌다. 맞는 것을 아래에서 골라라.
4mm, 354km, 120m/초, 2500cm^2, 643km, 10조, 20%, 25watt, 0개, 1.4kg

1. 시냅스(뇌세포와 뇌세포의 연결된 곳) =
2. 두뇌의 산소소비량은 전체의 (   )% =
3. 두뇌에서 소비하는 에너지 =
4. 아픔을 느끼는 통증 수용기 숫자 =
5. 신경줄기를 통한 신호 이동속도 =
6. 뉴런(뇌신경세포)의 총 개수 =
7. 인간 대뇌피질의 두께 =
8. 주름을 펼친 대뇌피질의 넓이 =
9. 모세혈관 길이 =
10. 성인의 뇌 무게 =

답
1. 10조 2. 20% 3. 25watt 4. 0개 5. 354km 6. 120m/초 7. 4mm 8. 2500cm^2
9. 643km 10. 1.4kg

1. 2만 년 전의 원시인의 뇌는 현대인보다 ① 크다 ② 작다 ③ 같다

2. 뇌를 3개 층으로 구분하자면 파충류에 있는 뇌는 어떤 뇌일까?
   ① 1층 후뇌 ② 2층 중뇌 ③ 3층 대뇌

3. 아이에게 15분 간 참으면 마시멜로를 주겠다는 실험은 무엇을 증명하고자 했나?
   ① 욕구를 참고 견디는 아이가 성공한다.
   ② 아이들도 참을 수 있는 능력이 있다.
   ③ 욕구를 참아야 한다.
   ④ 15분 간 참는다는 것도 가능하다

4. 사람들이 아이디어가 가장 잘 떠오르는 곳으로 꼽은 3B 장소가 아닌 곳은?
   ① Bed Room ② Bathroom ③ Barbershop ④ Bath

5. 다음 중 몰입에 해당되지 않는 것은?
   ① 그림그리기 ② 대상을 좋아한다 ③ 오래 지속된다
   ④ 하지 않으면 고통스럽다

답

1. ② 그렇다고 지능이 더 높다는 이야기는 아니다.

2. ① 후뇌로서 기저핵, 뇌간+소뇌로 구성. 가장 원시 5억 년 전 발달되었다.

3. ① 욕구를 참는 능력이 성공으로 이끈다.

4. ③ 3군데의 특징은 사람들이 아무것도 하지 않는 곳이다

5. ④ 중독은 좋아하는 단계를 지나 그것이 없으면 고통스럽다.

요약

두뇌는 창의성이 나오는 곳이다. 이곳 구조를 정확히 알고 어떻게 작동하는가를 알아야 한다. 두뇌를 비워야 새로운 생각을 채울 수 있다. 두뇌를 쉬게 하고 한곳으로 집중할 수 있는 몰입 과정을 알아야 한다. 대뇌는 신피질(대뇌피질; 지적활동), 구피질(변연계; 감정), 뇌간(기저핵; 기본생리활동)으로 구성된다. 두뇌는 가장 산소를 많이 소비하는 장기로 쉬어야 창의성이 살아난다. 우뇌가 잘 쉬는 원리는 '멍 때리기'이다. 두뇌는 단독으로 움직이지 않고 주위 환경, 사람들과 밀접하게 소통한다. 소통을 잘해야 그룹 내에서의 창의성도 발휘된다. 그룹 소통 기본은 상대방 인정이다. 창의성은 집중하는 힘이고 이는 좋아하는 것이다. 쾌락이 인간을 움직이는 원천이지만 고진감래형 쾌락이 필요하고 즉시형 쾌락은 중독을 만든다.

실천사항

1. 친구들 특징을 이미지로 설명하라.

2. 30분의 유산소운동을 주 3회 이상 하라.

3. 걱정되는 일이 생기면 최악의 경우를 생각해 보라.

심층 워크시트

1. 최근 사건이나 관찰에서 떠오른 아이디어를 하나 적어라.

2. 당신의 두뇌는 좌뇌형인가, 우뇌형인가?

3. 본인 아이디어가 잘 떠오르는 장소는 어딘가? 왜 그런가?

4. 1번 아이디어에 집중하고 싶다. 어떤 방식을 사용할 것인가?

chapter 5

아이디어 발상 Tool(1)

"완벽을 두려워하지 말라. 어차피 완벽하게 그릴 수는 없으니까."

살바도르 달리(1904년-1989년) 화가

•

•

•

한 여름 뜨거운 도로에서 작업을 하는 인부들은 더위 때문에 보통 고생이 아니다. 이를 해결한 방안은 없을까? 이런 경우 아이디어는 어떻게 시작하고 어떻게 최종 결과물을 낼 수 있을까? 이 문제를 통해 발상부터 실용화까지 과정을 보자. 실제 이를 해결할 상품이 나와 있다. 바로 조끼내부에서 시원한 바람이 나와 열기를 식히는 아이디어 제품이다. 상상해 보자. 도로 현장은 선풍기를 설치할 수 없다. 또 전기나 수도가 잘 들어온다는 보장도 없다. 만약 몸에 거추장스러운 장치를 설치한다면 몸은 시원할지 모르지만 작업은 안 될 수 있다. 어떤 방식으로 이런 '깜찍한' 아이디어가 나오게 된 걸까?

실용화 과정을 보자. 목표는 여름에 시원한 작업복이다. 이를 위해서 다양한 방법으로 아이디어 발상을 한다. 얼음을 넣은 작업복, 선풍기를 목에 거는 방식 등 수많은 아이디어가 나왔다. 다음 여기에서 최적 아이디어를 골랐다. 즉 도로 현장이면 어떤 자원, 전기 공급이 쉽지 않을 수 있다는 제약, 전선이 연결되거나 복잡하면 사고염려가 있다는 등의 선발 조건 등을 고려해야 한다. 그래서 선정된 것이 바람이 나오는 조끼였다.

건전지 작동 미니선풍기 내부 장착으로 이동이 편한 '시원한 조끼'를 만들었다.

마지막 단계는 아이디어 변형과 강화이다. 어떻게 바람을 내보낼 것인가를 놓고 고민을 한다. 구체적으로 옷에 어떻게 공기를 집어넣을 것이냐를 결정해야 한다. 그 결과 탄생한 최종 제품은 배터리로 작동되는 3cm 팬이 붙어있는 조끼다. 작업 도중에도 시원한 바람이 계속 몸을 식히는 '시원한 조끼'가 태어난 것이다.

1

아이디어 발상의 4단계

아이디어 4단계(발상, 확산, 선정, 실용화)와 다양한 발상기법을 배우자. 현장에서 쉽게 쓸 수 있는 브레인스토밍을 좀 더 깊이 공부한다. 브레인스토밍 심화과정 예를 통하여 문제해결에 대한 대안을 내고 이를 분류해서 새로운 아이디어를 내는 창조 과정을 거친다.

아이디어 시작과 끝은 4단계, 즉 목표설정, 발상, 선정, 실용화다. 어떤 아이디어를 만들까 하는 '목표'를 발견하는 것이 첫째 단계다. 두 번째는 발상 도구(Tool)를 사용해서 목표에 관련된 수많은 아이디어를 만드는 발상 단계다. 이 과정은 아이디어 개수가 급격히 증가하는 '확산적 사고' 단계다. 세 번째 단계는 수많은 아이디어로부터 좋은 아이디어를 선정하는 단계다. 이 단계는 아이디어 수가 줄어드는 '수렴적 사고'로 아이디어가 어떤 목표를 향해 하나로 모아진다. 네 번째는 결정된 아이디어를 변경 또는 현실에 맞게 실용화하면서 최종 작품으로 만드는 단계다. 이런 4단계를 통해 아이디어는 시작되고 실용화된다. 4단계를 요약한다면 ① 목표설정→찾기, ② 발상→펼치기, ③ 선정→고르기, ④ 실용화→다듬기다.

1. 1단계; 목표설정

목표 발견 단계다. 비행기 발전 단계를 보자. 비행기가 없는 오랜 시기가 계속되다가 라이트 형제가 비행기를 고안해 내는 도약을 한다. 최초 비행기 형태가 만들어진다. 이후로 비행기는 조금씩 개선이 된다. 제트엔진, 초음속, 우주왕복선 형태가 된다.

아무것도 없는 상황에서 비행기라는 것을 처음 만들어 내는 단계는 독창적 창의성이다. 다음부터는 이를 응용 개선하는 단계를 '응용적 창의성' 단계다. 독창적 창의성은 창의성의 '꽃'이라 할 수 있다. 땅속 두더지를 보고 지하철을 상상한 것, 걸어 다니면서 들을 수 있는 '워크맨'은 기존에 없던 것을 만든 예다. '찍찍이'도 독창적 창의성 한 예이고, '홀라후프'도 완전 새로운 아이디어다. 그러나 독창적 창의성만이 아이디어 전부는 아니다.

응용적 창의성은 현재 있는 것의 불편함을 개선하는 것에서 출발한다. 예를 들어 커터 칼은 자꾸 닳아서 새로운 날이 필요한 데서 나온 아이디어다. 병을 막아야 하는 데 쉽게 막고 쉽게 딸 수 있는 왕관 형태 병마개도 응용적 창의성이다. 물론 독창적과 응용적의 중간에 해당하는 아이디어도 많이 있다.

독창적 혹은 응용적 목표 발견 기술을 보자.

1) 관찰

아이디어를 얻는 기본은 내부, 외부에서 들려오는 모든 소리, 모든 감각을 받아들이는 것이다. 한 방법은 적극적인 관찰이다. '단순히 본다(See)'에서 '들여다본다(Look)'의 능동적인 관찰이다. 관찰 요령은 매일 달리하는 것이다. 오늘은 빨간색을, 내일은 녹색, 오늘은 네모난 것, 내일은 세모난 것, 모레는 둥그런 것만을 일부러 관찰하는 방법이다. 소리도 마찬가지다. 오늘은 보지 않고 소리만을 듣는 방법이다. '둥근 모양'을 관찰한다면 "왜 신호등은 둥근 모양일까? 다른 모양은?" 둥근 전신주를 본다면 네모기둥은 어떨까 생각하는 것이다.

2) 타인 잡담

다른 사람 잡담을 엿듣자. 다른 사람 감정을 공유할 수 있고 아이디어를 확대해 나갈 수 있다. 잡담 엿듣기는 상대 사고방식을 알 수 있고 다른 세계를 쉽게 볼 수 있다. 적극적 관찰이나 잡담 엿듣기나 모두 외부에서 들려오는 정보다.

3) 자연관찰

일본 신간선 기관차 머리 부분을 보자. 뾰족하게 생긴 것이 예전 증기기관차나 비행기와는 모양이 많이 다르다. '물총새'를 모방한 구조이다. 물총새는 물속의 고기를 발견하면 부리를 물속으로 처박으면서 다이빙한다. 물방울이 거의 튀지 않는다. 즉 가장 저항이 적게 잠수하는 최적의 부리구조를 가지고 있다. 공기층과 물 층의 서로 다른 층을 고속으로 통과할 때는 큰 소리가 난다. 물총새는 이런 통과 음을 최소로 하도록 진화했다. 만약 통과소리가 크다면 물속 고기는 미리 도망가 버리니 그만큼 잡기 힘

신간선 머리 부분은 물총새 부리에서 아이디어를 얻었다.

들 것이다. 이 원리를 고속열차에 적용했다. 긴 터널을 통과하는 고속 열차는 터널 내에서 공기를 압축하며 나온다. 터널출구에서는 압축된 공기층과 바깥 공기층 밀도가 서로 다르다. 서로 다른 두 층을 통과하는 고속열차는 '왕-'하는 굉음을 낸다. 승객들이 놀랄 것이다. 기관차 머리 부분을 물총새를 닮게 해서 소음을 최소화한 것이다. 자연은 수억 년 동안 진화하면서 각각 상황에 맞는 최적 방법을 스스로 찾아냈다. 이것을 잘 들여다보면 좋은 아이디어가 생긴다. 굳이 산으로, 강으로 갈 필요는 없다. TV, 인터넷 등에서도 신비한 자연을 만날 수 있다.

4) 최신 트렌드

최신 트렌드를 알면 현실감 있는 아이디어를 낼 수 있다. 요즘은 SNS나 앱(App)이 대세다. 앱은 스마트폰과 연결하여 많은 아이디어를 쉽게 현실화 시킬 수 있다. 다이어트 앱은 뚱뚱한 사람 구세주다. 매일 걷는 거리를 자동으로 스마트폰이 계산해 주고 친구들과 같은 다이어트 앱을 가지고 게임 형태로 다이어트를 진행한다면 훨씬 더 효과적이다. 요즘은 모바일로 모든 것을 해결하는 것이 최신 트렌드임을 안다면 비즈니스 아이디어도 많이 낼 수 있다. 대가족이 줄어들고 핵가족도 분해되어서 혼자 사는 사람들이 많아졌다. 이런 트렌드를 안다면 반찬 가게도 일인용으로 포장판매하고 웬만한 것은 택배로 공급하는 비즈니스 아이디어가 나올 것이다. 인터넷을 이용한 지식공급도 트렌드다. 이 모든 것이 최신 트렌드를 알아야 가능한 일이다. 최근 UN이 선정한 미래 트렌드 10선을 보자.

UN선정 미래 트렌드 10가지

고령화: 고령화는 사회 기반을 완전히 바꾼다. 건물, 차량 등 모든 사회기반이 고령화에 대비해서 바뀌어야 한다. 고령화가 되면 명함, 간판, 홍보물도 큰 글씨로, 가로등도 더 밝고 환하게, 건널목 건너는 시간도 길게 잡아야하고, 모든 마이크나 확성기는 더 크게 틀어야한다. 고령사회에 맞는 사회시스템 변화가 필요하다.

바이오혁명과 함께 학문간 융합: '600만 불 사나이' 같은 사이버 로봇이 나올 것이다. IT, BT, NT 그리고 두뇌가 결합한 과학이 세상을 지배할 것이다. 바이오 혁명이 일어나 인간 수명연장과 인간능력향상이 일어나고 있다.

기후변화: 기후에너지산업이 신산업이며, 2030년에는 지구촌 인구 절반이 에너지를 생산하는 일에 전념할 것이다. 신재생 에너지 분야에 우주태양광, 풍력, 바이오연료 등 새로운 에너지 기술이 쏟아져 나오고 있다.

디지털화: 이제는 디지털시대이다. 아날로그는 사라지고, 스마트폰은 지구촌에서 보편화되고 이로 인해 재택근무가 부상한다. 홈 네트워크를 통해서 일하러 도심으로 나가지 않고 집에서 다양한 기기, 인터넷, 태블릿을 사용하여 근무를 하게 되는 스마트워크(smart work) 세상이 오게 된다.

교육혁명: 이제 세계 교육이 서로 연결된다. MIT 강의를 무료로 볼 수 있는 세상이 됐다. 대학 강의실에 가지 않아도 되고 소속된 대학교수 강의를 듣지 않고도 학점을 딸 수 있다. 대학은 건물이 없어지고 관리기능만 남을

것이다. 교수들은 콘텐츠만을 가지고 세계 모든 대학에 그 콘텐츠를 공급하는 '세계대학'이 될 것이다.

미래예측기술: 미래사회변화, 미래현상, 미래기술을 종합적으로 가르치고 미래부상산업 미래부상직종을 알려주는 기술이 뜰 것이다. 구글 안경, 빅 데이터, 최첨단 건강진단 등 미래기술을 아는 분야가 중요하다. 즉 미래를 예측하는 것 자체가 하나의 중요한 산업군으로 등장할 것이다.

글로벌화: 세계가 하나로 통합된 세계정부가 2030년에 나올 것이라고 노르웨이정부가 예측했다. 이미 유럽은 'EU'로 통합되었다. 이제는 SNS로 전 세계 친구들과 사귄다. 전 세계 네트워크가 하나로 연결되면서 글로벌화 된다. 경제나 금융은 이미 글로벌화 되었고 앞으로 교육이나 정치도 글로벌화 될 것이며, 일자리도 글로벌화 된다.

의료보건기술 발전: 원거리 화상진료, 개인맞춤 의약품으로 아스피린, 당뇨약, 고혈압약도 나에게 맞는 개별 약품으로 제조할 수 있게 된다. 수명연장기술이 급격하게 발전하고 있어서 이미 100세 사회에 이르렀다. 2030년이 되면 평균수명이 130세가 된다고 한다. 자신의 장기를 프린트할 수도 있게 되는 세상, 유전자치료로 자신 질병을 미리 알고 대비하거나 유전자를 변형시키는 과학이 발전하고 있다.

똑똑한 개개인이 권력을 잡는 SNS시대: 농경시대 권력은 종교가, 산업시대는 국가가, 정보화시대는 기업이, 후기정보화시대는 똑똑한 개개인이 권력을 가진다고 예측한다. 정부 힘이 미약해지면서 똑똑한 개개인들이 SNS를 사용하여 자신들 불만을 표현하는 시대가 와서, 국가가 할 수 있는 일이 별로 없고, NGO 조합 연합 등 개개인들이 모여서 지구촌 네트워크를 조직하여 정부나 국제기구 힘보다 더 강해지는 시대가 온다.

1인 창업시대: 센서, 칩, 로봇이 인간 일자리를 뺏어간다. 2030년이 되면

30%만, 2050년에는 5%만 일자리를 가지고, 수많은 사람들이 사회기업이나 조합 등에서 같이 벌어 같이 나눠가지는 사회로 간다. 많이 가진 자는 목숨의 위협을 느끼는 시대가 온다.

2. 2단계: 발상 확산 단계

2단계는 아이디어의 확산 단계다. 확산시켜야 하는 이유는 많은 것에서 골라야 좋은 것을 고를 수 있기 때문이다. 좋은 사과를 고르려면 사과가 많은 곳에서 골라야 한다. 즉 처음부터 좋은 것 한 개를 만드는 것이 아닌 많은 것에서 좋은 것을 고르는 것이 쉽다.

1) 확산 원리

많은 아이디어를 만드는 데는 머리보다는 도구(Tool)가 효율적이다. 특히 발상을 처음 하는 초보자에게 발상도구는 편하다. 적당한 발상방법을 골라서 그것을 늘 습관화할 필요가 있다. 발상 방식은 두뇌에서 나오는 대로 따라가는 자유발상과 어떤 방법을 따라가는 조직적 발상이 있다. 자유발상은 브레인스토밍이 대표적이고, 조직발상은 체크리스트가 대표적이다. 물론 두 가지가 겸용된 것도 있다.

자유발상이건 조직발상이건 공통적인 아이디어 확산 요령이 있다. 첫째 판단을 보류하자. 판단을 보류해서 먼저 많은 아이디어를 모으자. 둘째 모든 아이디어를 수용하자. 셋째 그룹발상은 시너지가 난다. 개인 아이디어로 100원 동전 용도가 열 개를 넘는 경우가 극히 드물다. 이 경우 그룹 활동을 통해서 다른 사람 아이디어에 자극을 받으면 30개도 쉽게 넘는다. 넷째 아이디어를 바닥나게 만드는 것이다. 쉽게 나올 수 있는 아이디어 숫자를 지나서 '짜내야' 한다. 바닥이 난 후에 새로운 것을 만들 수 있다.

　발상을 확산하는 또 다른 원리는 '아이디어 공포 깨기'다. 즉 '아이디어란 대단한 것이 아니다'라는 것을 알자. 세상 천지에 완벽하게 새로운 아이디어는 없다. 대부분 아이디어는 기존 요소를 결합한 것일 뿐이다. 그리고 생활주변 아이디어가 대부분이다. 세상을 확 바꾸는 아이디어야만 된다고 생각하지 말자. 아이디어가 완벽할 필요가 없다. 시작이 중요하다. '아이디어 공포 깨기' 핵심은 질보다 양이다. 세상을 바꾸는 완벽한 아이디어 하나를 한 번에 만드는 것이 아니다. 대신 '쉬운' 아이디어를 '많이' 내면 그 중에 쓸 만한 것이 있고 될 만한 것으로 만들어 나갈 수가 있다.

2) 아이디어를 발상 – 확산하기 위한 10가지 습관

1. 늘 메모하라.
2. 매일 다른 길로 다녀라.
3. 평상시 안하던 것을 해봐라.
4. 불편한 것이 무언가 느껴라.
5. 어떤 일이 어떻게 반복되고 있는가를 관찰하라.
6. 다른 분야 사람과 이야기하라.
7. 앞자리에서 질문하라.
8. 긍정적인 언어를 의도적으로 써라.
9. 유머를 즐겨라.
10. 호기심 많은 어린이가 되어라.

3. 3단계; 아이디어 선정 기술

수많은 아이디어에서 한 개를 선정하는 방법이다. 크게 두 가지다. 첫째 육감, 직감에 의한 방법이다. 사람들은 나름대로 판단, 선택 기준이 있다. 둘째는 기준에 의한 선정 방법이다. 그 아이디어가 성공하기 위한 필요특성이다. 대학교 내에 성범죄 발생을 줄이기 위한 아이디어 선정 시 무엇이 선정 기준일까? 개인신상정보 보호가 중요하다. 아이디어의 장점, 적합성이 선정기준일 수 있다. 장점으로는 제작 가능성, 독창성, 보호유지 여부, 신규성, 간결성 등이다. 물론 어떤 아이디어가 목표인가에 따라 선정 기준은 당연히 달리 만들어져야 한다.

4. 4단계; 아이디어 변형, 실용기술

아이디어 실용화는 노력이 가장 중요하다. 대부분 아이디어들이 이 단계에서 막혀서 진전이 안 된다. 이 부분은 해당 분야에 대한 실무지식, 경험이 중요하다. 또한 상용화가 목표라면 시장 상황 등이 고려돼야 한다.

발상부터 실용화 사례; 벨크로

4단계 실용화 예를 벨크로로 확인해 보자. 미스트랄은 사냥을 좋아하는 스위스 출신 전기기술자이다. 1941년, 미스트랄은 사냥개와 함께 알프스 산을 다녀 온 후에 옷에 무언가 붙어 있는 것을 발견했다. 자세히 들여다 보니 끝에 작은 가시들이 달려있는 원형모양 풀이었다. 이것들이 옷에 붙어 잘 떨어지지 않았다. 평소 주위의 모든 것에 호기심이 많은 미스트랄은 이것의 모양을 현미경으로 관찰했다. 식물 씨앗 주위에 많은 갈고리가 붙어있는 구조로 되어 있고, 이것이 옷에 달라붙음으로 떨어지지 않는다는 사실에 놀랐다. 씨앗의 많은 갈고리를 발견한 미스트랄은 이를 상품화하기로 했다. 여기까지가 1단계 목표설정 단계다. 자연 관찰이 아이디어 소스였다. 2단계 발상 단계로 여러 가지 방법을 떠올렸다. 3단계 선정 단계로 그 중 한 면에 갈고리, 다른 한 면에 루프 형태를 최종 결정했다.

　이제는 4단계인 아이디어 변형과 실용화 단계다. 프랑스 리옹에 몰려있던 방적회사들에게 개발 제의를 한다. 하지만 모두 거절을 당한다. 절망하지 않고, 이 아이디어를 스스로 구현시키기로 한다. 먼저 면(cotton)으로 된 갈고리(hook)와 고리(loop)를 만들었다. 면은 곧 헤져서 부착포로서 기능을 하지 못했다. 면이 아닌 다른 소재를 찾아야만 했다. 이 시기는 나일론이 상용화가 시작되는 시점이라 보편화가 되지는 못했지만 새로운 소재인 나일론을 대상으로 시도를 계속하였다. 나일론으로 고리 모양으로 만드는 방법에 대해 오랫동안 고민한 끝에 뜨거운 적외선 하에서 여러 매듭이 겹쳐서 고리가 되는 현상을 찾아내게 되었다. 고리를 만들고 난 다음에 그 고리를 갈고리 모양으로 자르면 hook과 loop가 완성이 된다. Loop가 만들어진 후 열을 가해서 탄성을 주는 단계까지는 비교적 순조롭게 진행되었다.

　이 시점에서 미스트랄이 당면한 문제는 loop를 적당한 선에서 자르는 일이었다. 어느 길이 loop를 만들고 이로부터 hook을 만들어야 쉽게 연결되고 또 잘 떨어지지 않는가에 대한 고민을 했다. 어떤 방법으로 잘라야 적당한 모양의 hook이 되는가에 대한 시도가 계속 되었다. 미세한 구조를 하나하나 손으로 자를 수는 없었고, 그렇게 몇 년을 허비했다. 당시의 작업 도면(특허도면)을 보면 어떻게 만들어야 하는지에 대한 고민 흔적이 역력히 보인다. 연속된 실패로 포기를 하려고 했던 바로 그 순간에 떠오른 아이디어가 머리를 자르는데 쓰이는 '트림형' 가위였다. 정원에서 나무나 가지를 솎아 낼 때 쓰는 가위로 이 문제를 해결할 수 있었다. 드디어, 마지막 관문을 통과한 것이다.

그렇게 천(velour)에 고리(crocket)가 만들어져 있는 벨크로(velcro)가 탄생했다. 미스트랄이 벨크로를 만들기까지 소요된 시간은 자그마치 10년 이었다. 1941년 처음 발견해서 10년 동안 아이디어를 현실화 시켜 1951년 특허를 신청, 등록했다.

많은 아이디어들이 이와 같은 과정을 거친다. 좋은 아이디어라 할지라도 현실에 쓸 수 있도록 변형하고 맞는 재료를 택하는 등, 아이디어를 현실화시키는 일은 너무나도 중요한 일이다. 오랜 노력과 끈기가 필요하다. 더불어 만약 그때 나일론이 나오지 않았다면 면으로 시도한 벨크로는 더 이상 사용되지 않았을 것이다. 그러니 아이디어를 받쳐줄 만한 다른 기술이 당시에 있었다는 것도 미스트랄에게는 행운이라고 할 수 있다.

실전훈련

벨크로가 상품화 되는데 필요한 순서대로 정렬해 보자.

답
(1) 관찰을 통해 타깃(찍찍이)을 발견하고 (2) 찍찍이의 여러 방안(갈고리, 루프)을 고안하게 된다. (3) 그 중에서 제일 적절한 방법(나일론 루프)을 선정하여 (4) 특허 출원 후 상품화하는 단계를 거쳤다.

키포인트

아이디어 4단계는 다음과 같다.

1. 목표 설정; 목표를 발견하는 단계이다. 관찰, 타인과의 잡담, 자연관찰, 최신 트렌드에서 목표를 쉽게 발견할 수 있다.

2. 발상 확산; 확산시켜서 수많은 아이디어를 낸다. 두뇌에서 직접 떠 올리는 방법 또는 일정한 도구를 사용하는 방법으로 구분되나 중간 경우도 있다.

3. 아이디어 선정; 개인의 육감에 직접 의존하거나 어떤 기준이나 채점표로 선정한다. 수렴과정으로 원하는 아이디어를 점점 좁히는 능력이 필요하다.

4. 아이디어 변경 및 강화; 실용화를 하려면 끈기를 가지고 끝까지 추진할 능력이 필요하다.

2

마인드맵, SCAMMPER

아이디어 발상은 두 가지로 구분된다. 자유발상과 조직적 발상이다. 여러 명이 모여 앉아서 회사 새로운 제품을 아무거나 생각해보자고 한다면 자유발상이다. 두뇌에서 아이디어가 '그냥' 나오는 방식이다. 브레인스토밍과 브레인라이팅이 대표적 방법이다. 반면 이 의자를 다른 형태로 개선해 보자고 하면 의자를 다리, 바닥, 등받이 등으로 구분하여 새로운 아이디어를 체계적으로 낸다. 어떤 형태에 더하기, 빼내기, 둥그렇게 만들기 등 주어진 여러 가지 변수를 적용할 수도 있다. 좀 더 체계적인 방법이 조직적 발상이다. 지도 형태로 찾아가는 Mind Map, 미리 변형시킬 방법을 적어놓은 Check List나 SCAMMPER, 조합법 등이 이에 해당한다. 독창적 창의성에는 자유발상이, 응용적 창의성에는 조직적 발상이 많이 사용된다. 하지만 아이디어에는 순서가 없다. 이 두 가지 방법이 혼용될 수 있다. 조직적 발상 경우 정해진 방식을 따라가면 다소 반강제적으로 아이디어를 내서 훨씬 더 다양한 아이디어를 낼 수 있다.

1. 브레인스토밍(Brain Storming)

뇌(Brain)에서 아이디어를 폭우처럼 쏟아지게(Storming) 하는 방식이
다. 이 방법은 여러 사람이 모여서 아이디어를 자유롭게 내어놓는 회의 방
식, 즉 집단사고 형태다. 제일 쉬운 방법이고, 가장 많이 쓰는 방법이다. 어
떤 발상 도구, 형식을 따르는 것이 아닌, 생각나는 대로 내놓는다.

주요 원칙

1. 타인 아이디어를 비판하지 않는다. 아이디어 대부분은 덜 완성된 아
   이디어다. 그런 아이디어를 비판하게 되면 금방 죽어버리게 된다. 비
   판하면 금방 의기소침해져서 아이디어를 내는 것을 꺼리게 된다.
2. 자유분방한 아이디어를 환영한다. 많은 아이디어를 서로 내놓아야
   한다. 아이디어 양이 많아질수록 아이디어는 다양해진다.
3. 리더를 포함 4~10명 내외로 한다. 리더는 아이디어에 대한 평가는
   하지 않는다.

2. 브레인라이팅(Brain Writing)

둘러앉아서 얘기를 하게 되면, 겸연쩍거나 부끄럽기 때문에 말을 하기
쉽지 않다. 이 경우 종이에 쓰고 종이를 돌리는 방법이다. 아이디어를 하
나 적어서 옆으로 돌리거나, 아니면 아이디어를 쓰고 게시판에 붙여놓는
것이다. 한사람씩 아이디어를 게시판에 붙이고 거기에 자극받아 아이디

어를 계속 낸다. 말하는 데에 따른 어색함, 불편함을 해소할 수가 있다.

3. 마인드맵(Mind Map)

'마음의 지도를 그리다'라는 의미로 기억하는 것을 마음속에 지도 그리듯 하는 발상법이다.

'의자를 개선하고 싶은데 뭘 어떻게 해야 할지 막연하다'할 경우, 관련된 주제에 대해서 펼쳐 나가면서 마치 지도를 그리듯이 써나가는 방법이다. 예를 들면 의자 구성품인 다리, 등판, 바닥으로 분류한다. 다시 다리는 바퀴, 높이, 재료 등으로 재분류한다. 바퀴는 다시 구형, 막대형태, 타원형으로 늘려나갈 수 있다. 마인드맵은 커다란 백지 혹은 A4 한 가운데에서 시작한다. 줄이 있기보다는 백지가 좋다. 색깔을 쓸 수 있으면 더 좋다. 주제어를 쓰거나 그림을 가운데 그리고 시작한다. 여기서 하나씩 쳐나가기 시작한다. 단어, 그림, 심벌을 쓸 수도 있다. 이 방법은 머리에서 떠오르는 생각을 좀 더 체계적으로, 구조적 집중력을 향상시킬 수 있다. 겹치지 않도록 생각 구조를 정리함으로써 입체적 사고 능력이 향상된다. 많은 내용을 일목요연하게 정리하여 기억력이 향상된다. 마인드맵은 머리에 있는 생각들을 뇌에 따라서 화살표, 혹은 햇빛모양으로 펼쳐나가는 모양으로 해서 360도 방향으로 펼쳐 나간다. 작업이 끝나면 상당히 많은 아이디어를 낼 수 있다.

마인드맵은 한 주제를 여러 주제로 나누고 다시 나누어 가는 과정이다.

4. 체크리스트(Check List)

무엇을 할 것인가를 미리 List로 적어놓고 따라가는 방법이다. 남의 리스트를 따라가는 것은 의미가 있다. 우리는 본인 뇌 회로를 쉽게 바꿀 수 없다. 늘 하는 방식대로만 생각을 한다. 다른 사람이 만들어놓은 리스트를 따라가는 것은 본인 능력을 범위를 넓히는 중요한 방식이다. 성냥을 보자. 요즘은 잘 사용하지 않지만, 새로운 용도나 상품으로 개발해 보자. 용도, 모방, 변경, 확대, 축소, 대용, 재배열, 역전, 결합의 순서대로 생각해 보자.

1. 용도; 성냥 기존 용도는 불을 붙이는 것이다. 성냥을 변화시켜 장식용으로 하자.

2. 모방; 요즘 시계들은 다 방수처리가 되어 있다. 방수성냥을 만드는 것은 어떨까?

3. 변경; 의미, 소리, 서식을 바꾸자. 성냥 끝을 하트 성냥으로 만들어볼 수도 있고 향기가 나는 성냥, 혹은 색깔 있는 성냥 등 여러 가지로 바꾸는 것이 변경이다.

4. 확대; 빈도, 강도, 높이, 길이를 크게 확대한다. 대가 긴 성냥은 케이크에 붙일 때 사용한다.

5. 축소; 크기만 작게 하는 것이 아니다. 양을 더 적게, 낮게, 짧게 아니면 생략할 수 있다. 또는 꺼내기만 하면 불이 켜지는 성냥도 축소 과정이다.

6. 대용; 사람, 물건, 재료, 기법, 동력을 다른 것으로 바꾸는 것이다. 나무성냥 대신 종이성냥도 좋다.

7. 재배열; 순서, 스케줄, 결과와 원인, 어떤 패턴을 다시 바꿀 수 있다. 한쪽으로만 미는 성냥이 아니라 앞뒤 구분이 없는 성냥은 재배열한 경우다.

8. 역전; 앞뒤, 상하, 좌우, 역할 자체를 바꿀 수도 있다. 성냥 역할이 값 싸게 불을 붙이는 것이라고 생각하면 그 역할을 바꿔 보자. 값비싼 성냥을 만들자. 금이 함유되어 불을 켤 때마다 좋은 성분이 나오는 초호화 성냥은 어떨까?

9. 결합; 결합, 합친다. 목적, 주장, 아이디어를 합칠 수 있다. 성냥 기본 용도가 불을 켜는 거라면 한 쪽 끝에 이쑤시개를 만들면 된다.

5. 스캠퍼(SCAMMPER)

'SCAMMPER'는 체크리스트와 유사하지만 일반적으로 많이 쓰이는 기술만을 사용한다.

① Substitution; 대체

휘발유 대신 LPG 사용 자동차, 연탄재를 벽돌로 바꾸기, 플라스틱 대신 종이컵, 쇠 플라스틱 젓가락 대신 나무젓가락을 쓰는 것이 대체방법이다.

② Combination; 조합

나일론은 여러 가지 석유 성분들을 결합해서 만든 물건이다. 테니스 라켓은 고분자와 탄소가루를 섞어서 강도가 좋아졌다. 안마 홀라후프는 홀라후프에 띠를 중간 중간 박아서 안마를 할 수 있게 했다. 스위스칼은 칼, 가위, 톱을 합쳤다. 카메라가 있는 스마트폰, 지우개가 달린 연필, 프린터 팩스 스캐너 기능이 함께 있는 복합기도 조합한 예라고 볼 수 있다.

③ Adapt; 적용

다른 것에 적용, 변환, 각색하는 방법이다. 목동이 철사 줄만을 사용했더니 양이 넘어가는 것을 보고 철사 줄 대신 장미꽃 가시를 철사 줄에 꽂

왔더니 양이 넘어가질 않았다. 이것이 목동이 장미꽃 가시를 철사 줄에 '적용'한 경우다. 입술 모양 립스틱은 입술 모양을 적용한 경우다. 찍찍이 벨크로는 나무씨앗 모양을 접착하는 방식에 적용한 경우다. 원래 용도와는 다른 용도에 적용하는 방법이다.

④ Magnification; 확대, 축소

물건, 방법을 확대, 축소시키거나 소리, 향기를 크게, 작게 한다. 또한 빈도, 대상 크기, 모양, 색깔, 동작, 향기, 맛 등을 확대, 축소를 하여 변화시킨다. 전자 제품들이 이제는 축소된 제품들로 나와 있다. 미니카, 미니 위스키는 정상크기 차, 위스키 병 축소 제품이다.

⑤ Modification; 다른 용도

장애인이 쓰는 휠체어를 다른 용도에 쓴다면? 어른이 쓰는 물건을 아이가, 혹은 아이가 쓰는 물건을 어른이 쓰면? 정상인이 쓰는 물건을 장애인이 쓰면? 전자산업에서 쓰이는 기계를 농업에서 쓰면?

⑥ Elimination; 삭제, 제거, 축소

어떤 부분을 없애면 어떨까? 긴 스커트를 줄여서 미니스커트를 만들었다. 고속도로에서 요금 받는 부분을 없애고 자동하이패스로 만들었다. 커피숍은 꼭 앉을 자리가 있어야 하는가? 배달전문 커피숍 혹은 서서 마시는 커피숍도 아이디어다.

⑦ Rearrangement; 재정렬

모양이나 형식을 재정렬 하는 방식이다. KTX 기차는 두 곳을 가는 객차가 분리되어 있다. 중간에서 칸만 분리하면 된다. 오른손잡이용 대신에 왼손용 타석을 만든 골프연습장, 골프장갑도 오른손, 왼손을 재정렬한 방법이다.

6. 형태분석법

목표 지향형 조합법이고 '행렬기법'이라 불린다. 신규 스마트폰이나 서비스 개발사례를 보자. 먼저 과제 변수, 예를 들면 기능과 대안을 2~3개 선정을 한다. 각 변수에 대한 대안들을 3~5개를 사용하라. 예를 보자. 스마트폰 기능은 '현대적이다, 예쁘다, 빠르다', 대안으로는 '전화, 문자, 카메라, 녹음기'로 쓸 수 있다. 다른 예시로 신규 자동차라면 모양, 재료 두 가지 변수가 있다. 모양에 해당하는 대안은 '세단형, 유선형, 사각형, 원형', 재료의 대안은 '철, 플라스틱, 티타늄' 등이다. 기능과 대상, 이에 대한 대안을 조합하는 방법이다. 아이디어는 변수 사이의 조합으로 나타난다. 알루미늄 재료와 유선형 자동차 모양이 나온다. 혹은 플라스틱 박스형 차, 종이 성냥갑 모양 자동차가 나올 수 있다. 수많은 아이디어 중에서 좋은 것을 선발하면 된다.

7. 속성 열거법

제품이나 서비스 속성을 명확히 구분, 열거하고 이를 변형, 발전시키는 방법이다. 형태 분석법이 조합에 의한 새로운 아이디어를 낸다면, 속성열거법은 수정을 통해서 새로운 제품을 개선하거나 개발한다. 절차는 과제를 정확하게 진술하고 모든 제품 속성을 나열한다. 각 속성에 대해 변경과 대체 가능성을 토의하고 최종적으로 가능성을 조합한다. 주의사항은 제품 근본속성에 집중을 해야 하고, 7개 정도 속성으로 시작하면 무난하다. 속성열거법을 통한 라면 신제품 개발 경우를 보자. 먼저 모양과 색깔, 맛, 포장 ,크기, 먹는 방법, 영양 등 7개의 속성으로 시작했다. 그 속성에 해당하는 다양한 대안을 쓴다.

1. 모양; 라면 모양을 길게, 가늘게 만들거나 라면 자체를 캐릭터 형태로 만들었다.

2. 색깔; 라면 첨가 색소를 천연색소로 만들자.

3. 맛; 라면 맛을 기존 맛에서 우동, 짜장, 설렁탕 맛 등으로 바꾼다.

4. 모양; 단순 사각박스 포장 대신 둥근 형태, 줄 형태, 배낭 형태로 바꾼다. 상자판매보다는 일회용 개별포장으로 바꾸자.

5. 크기; 현재 1인용 크기를 2인용, 3인용, 6인용으로 바꾼다.

6. 먹는 방법; 물에 끓여먹는 대신 비비거나 튀기는 형태로 바꾼다.

7. 영양; 탄수화물 대신, 클로렐라 식이섬유 등 건강 제품으로 개발한다.

8. APC, OPV

APC(Alternative, Possibilities, Choices)는 다른 대안, 가능성, 선택을 찾는 방식이다. 예를 들자. 차가 도랑에 박혀있고 그 안을 봤더니 운전자가 의자에 기대고 있는 상황이다. 어떤 상황일까? 이 상황을 설명할 수 있는 많은 가능성을 여러 개 찾아보자. 이러한 훈련은 한 가지 면을 보지 않고, 여러 가지 면을 보게 한다.

OPV(Other People's View), 다른 사람 관점에서 생각해 보는 방법이다. 입장을 바꿔놓고 생각해 보자. 자동차 매장에서 자동차 판매원과 구매자가 서로 이야기를 한다. 판매원 입장에서는 "저 구매자가 제일 중요하게 생각하고 있는 것은 무엇일까?"와 같이 그 입장을 바꿔서 생각하면, 고객에게 필요한 정보를 줄 수 있고, 좋은 거래를 이끌어 낼 수 있다. 만약, 구매자가 제일 중요하게 생각하는 것이 안전이라면 차 안전에 대해 이야기를 해 줘야 된다. 만약에 내가 구매자 입장이라면 거꾸로 "판매자가 가장 중요하게 생각하는 점은 무엇일까?" 이것을 생각해 보라. 이 방법은 거래를 할 때 더 쉽고 유리한 거래를 할 수 있다. 다른 사람 입장에서 생각하다 보면 아이디어가 잘 떠오른다. 예를 들어 아이스크림을 디자인 하는 사람이 "내가 아이스크림을 먹는 입장이라면, 어떤 아이스크림이 먹고 싶을까?"라고 생각한다면, 더 좋은 아이디어가 떠오른다.

9. 유추(Synectics); 공통점, 상이점 찾기

공통점, 상이점을 찾고 두 개를 서로 비교하고 생각하는 방법이다. TV와 낙하산 공통점은 무엇일까? 낙하산이나 TV, 혹은 다른 아이디어가 떠오른다. 자전거를 개량하고 싶다면 자전거와 엉뚱한 제3자, 예를 들어 포도주 공통점을 찾는다. 자전거와 포도주 공통점인 '비틀거린다'라는 특성에서 비틀거려도 안전한 자전거를 생각할 수 있다. 또 다른 유추방법은 본인이 나무라면 하고 상상하는 방법이다. 내가 나무라면 지나가는 나비들을 유혹할 것이고 지나가는 사람들에게 그늘을 줄 것이다 등의 아이디어를 낸다.

실전훈련

자전거와 포도주 유추법을 사용하여 새로운 자전거 아이디어를 내자. 먼저 자전거와 포도주 공통점을 3개 쓰고, 여기에서 떠오른 아이디어를 하나씩 쓰자.

답
비틀거리게 한다 – 일부러 비틀거리며 가는 자전거
공기가 중요하다 – 공기압으로 펴지는 자전거
크기가 다 다르다 –바퀴 크기가 전부 다른 자전거

스와치 성공스토리

스위스 대표시계 스와치(SWATCH)는 기존 시계를 변형시켜 성공한 경우다. 400년 역사를 자랑하는 스위스 시계 산업은 1973년 세계 시계시장 43%를 점유하면서 화학제품, 기계류에 이어 스위스 세 번째 수출품목으로 부상했다. 그러나 미국 타이맥스(Timex)와 홍콩, 일본 값싼 디지털 전자시계 등장으로 시장 점유율은 1983년 15%로 급격히 하락하는 위기에 직면하였다. 1,600여 개 시계 제조업체 가운데 1,000개 이상이 도산하며 5만 명 이상 실업자가 발생하는 최악 상황으로 이어졌다. 끝없는 추락은 고급 아날로그시계 생산이라는 기존 방식에 너무 집착하여 일본 기업 추격에 아무런 대책도 내놓지 못했기 때문이라는 평가다. 이런 스위스 시계산업 위기를 새로운 기회로 발판 삼아 탄생한 기업이 바로 스와치(Swatch)다. 먼저 기존 전통 아날로그시계 91개~125개에 이르던 부품을 51개로 대폭 줄였다(SCAMMPER 중 축소 기술). 그리고 저가 시장을 공략하기 위해 조립공정 단순화와 생산비용 절감을 위한 대량 생산 체계를 구축하였다. 일본과 홍콩제 시계가 75달러였던 당시에 스와치 가격은 40달러였다. 마지막으로 새로운 패션시계 개념을 도입했다(SCAMMPER 중 다른 용도 기술). '두 번째 집인 별장은 가지면서 왜 두 번째 시계는 갖지 않는가?'라는 당시 스와치 광고카피는 시계를 패션과 첨단 유행을 반영하는 자기 개성 표현 패션 아이템으로 전환시킨다. 스와치는 '패션상품으로서 시계'에 대한 새로운 콘셉트 정립을 위해 디자인과 색상을 6개월마다 바꾼 신제품을 출시하였다. 매년 200종 이상 새로운 디자인을 출시하면서 3만 5천개 시계를 생산 한 후 각각 주물을 모두 폐기 처분함으로써 철저히 희소성을 유지하였다. 이와 같은 새로운 전략 성공으로 스위스 시계는 전 세계 시장점유율 60%를 회복하게 된다.

발상 방법에는 자유발상과 조직적 발상이 있다. 자유발상은 어떤 Tool을 사용하지 않고 즉석에서 떠오르는 방법으로 브레인 스토밍방법이 대표적이다. 조직적 발상은 정해진 방식을 따라 아이디어를 내는 방식이다. 어느 경우나 많은 아이디어를 내는 것이 주목표이다.

(1) 브레인스토밍; 생각나는 대로 이야기 한다.

(2) 브레인라이팅; 브레인스토밍을 글씨로 각자 써 나간다.

(3) Mind Map; 중심목표를 가운데 두고 여러 가지 가지를 쳐 나간다. 하나에 2-3개 영역을 두어서 확장해나가는 방식이다.

(4) Checklist, ; 조사할 내용을 리스트를 만들어놓고 그곳에 맞게 아이디어를 변형한다.

(5) SCAMMPER; 대체, 조합, 적용, 확대, 변형, 용도변형, 삭제, 재정렬 방식으로 차례대로 새로운 아이디어를 낸다.

(6) 형태분석법; 목표 특성을 두 가지로 분류한 후 각각 조합을 통해서 새로운 아이디어를 낸다.

(7) 속성열거법; 해당 제품 특성을 나열하고 이곳을 변형시키는 방법으로 기존제품을 변형하는 데 유용하다.

(8) APC, OPV; 모든 가능성을 조사하는 방식이다. 다른 사람 입장에서 생각하는 방식으로 소비자-판매자, 교수-학생 등 상대방입장에서 생각하여 폭을 넓힌다.

(9) 유추법; 내가 무엇이라면, 혹은 A B 공통점등 유추법을 통해 다양한 아이디어를 낸다.

코믹 에피소드

죽음을 목전에 둔 아버지가 두 자식 중 한 명에게 상속을 하기로 했다. 각자 말들로 경주를 해서 늦게 들어온 말 주인에게 재산을 상속하기로 했다. 당연히 경주는 무한히 길어질 것 같다. 아버지는 유언을 한 후 졸도한 상황이다. 어떻게 하면 죽기 전에 경기를 끝낼까? 조금은 난센스 문제이다. SCAMMPER의 S(대체)를 사용해 보자. 서로 말을 바꾸어 타자. 자신이 타고 있는 말이 상대방 말이니까 빨리 달려서 들어올 것이고, 결과적으로 경기는 금방 끝날 수 있다. 문제 핵심은 사람이 먼저 들어오는 것이지 말이 꼭 그 사람 말일 필요는 없다는 것이다.

1. 발상이 잘되는 세 곳으로 3B는 Bedroom, Bathroom, Balcony다.

2. 브레인스토밍은 조직적 발상법이다.

3. Check List와 SCAMMPER는 근본적으로 다른 발상법이다.

답

1. X; Balcony 대신 Bath

2. X; 자유발상법임.

3. X; SCAMMPER는 Checklist 한 방법이다.

③

심화 브레인스토밍

1. 창의적 발상 도구; 메모를 할 것

SNS 시대에 살고 있지만 아직도 수첩을 고집하는 사람들이 많다. 바로 쓰면서 기억하는 기능이 있기 때문이다. 우리 기억은 그리 오래가지 않는다. 순간순간 떠오르는 기억은 금세 사라진다. 단기기억은 해마에서 잠시 저장된다. 장기기억으로 넘어가려면 반복되거나 강한 자극이 있거나 아니면 주위 분위기나 주위 물건을 같이 기억함으로써 튼튼해져야 한다. 메모를 해야 하는 이유다. 컴퓨터에도 중앙전산장치에 해당하는 부분은 책상 위 작업대와 같다. 이 용량이 크면 여러 가지 일을 동시에 할 수는 있지만 컴퓨터를 끄고 나면 저장되지 않는다. 일부러 저장버튼을 눌러야 한다. 기억도 마찬가지다. 무언가 남기지 않거나 아주 강하게 기억하지 않으면 사라진다. 무언가 남기는 것이 메모다.

다음 문제를 하나 풀어보자. 칠판에 문제를 쓴다. 15+7을 6으로 나누고 나머지에 7을 곱하면 얼마인가? 간단한 문제다. 숫자가 나오는 대로 따라

가면서 계산을 했더니 28이 된다. 다음 문제다. 처음 제시했던 숫자 2개는 무엇이었는지 기억하는가? 만약 칠판에 쓰면서 문제를 냈다면 당연히 처음 숫자는 지워졌을 것이고 기억을 하지 못한다. 왜냐면 이미 15, 7의 숫자는 계산이 끝난 순간에는 필요 없는 숫자가 되었기 때문이다. 답 28만 조금 더 오래 기억될 뿐 답이 나오는 순간, 처음 숫자는 기억에서 사라졌다.

우리 기억도 마찬가지다. 7초 정도만 기억에 남고 특별한 조치가 없는 한 단기기억은 사라진다. 그래서 메모가 필요하다. 가능하면 종이에 필기도구로 메모하는 것이 종이에도 남고 기억에도 오래 남는다. 펜으로 그림을 그려서 메모를 한다면 더욱 좋다. 왜냐면 기억은 입체상황으로 기억될 때 오래 가기 때문이다. 펜으로, 즉 손을 움직이면서 기억 강도가 높아진다. 메모지와 펜 구식방법이 키보드로 스마트폰에 타이핑하는 것보다 효과적인 기억법이다. 메모지는 또한 우리가 작업하는 책상을 넓혀준다. 더불어 더 많은 기억을 저장할 수 있게 해준다. 종이는 무한정 작업 기억을 남긴다. 따라서 종이와 펜을 이용한 두뇌 훈련(브레인라이팅)이 효율적인 방법이다.

2. 브레인스토밍; 규칙과 원리

브레인스토밍 4대 규칙은 질보다 양, 비판금지, 자유분방, 결합가능이다. 이 방법을 한마디로 설명하면 5명이 10분 내에 50개 아이디어를 내라는 것과 같은 이야기다. 4대 규칙을 따라야만 10분 내 50개 아이디어가 나온다. 심화 브레인스토밍은 브레인스토밍 장점을 살려서 한 단계 발전시킨 방법이다. 3단계로 구성되어 있다. 1) 사고 재료를 만드는 작업 2) 다량 아이디어를 얻기 3) 꺼내서 붙이기다. 정리하면 종이를 꺼내서 아이디어를 게시하기에 가장 편리한 방법으로 '포스트잇'을 사용해서 브레인스토밍을 하자는 이야기이다. 브레인스토밍에서 중요한 단계는 아이디어를 포스트 업, 즉 붙이는 단계다. 순서는 다음과 같다.

1. 3~7명 정도가 각자 포스트잇과 펜을 준비한다.
2. 참여자는 책상에 둘러앉거나 둘레에 선다.
3. 진행자가 주제를 알리고 책상이나 벽에 게시한다.
4. 약 3분 동안 시작과 동시에 브레인스토밍의 4대 규칙을 지키며 아이디어를 게시한다.
5. 30~60개 게시된 아이디어를 모두 읽어 본다.
6. 주제별로 이름을 붙이고 분류한다.
7. 궁금한 점을 서로 묻고 답한 후 주제에 대한 해결안을 토론한다.

3. 심화 브레인스토밍 예시 문제

문제: 어떤 회사에서 각계각의 거물들을 초빙했다. 회사 새로운 사업설명회를 개최한 자리다. 설명회가 끝나고 점심식사 시간이 되었다. 60명이 참석한 회의였다. 식사는 두 사람씩 앉도록 된 테이블 30개를 횡으로 배치하고 각 테이블에 최고급 도시락 식사를 준비했다. 강의실 형태의 배치가 된 셈이다. 점심이 끝나고 참석자들이 나가면서 '도시락이 시원치 않다'며 불만을 표출하였다. 무언가 잘못되었다. 무엇이 잘못되었고 다음에는 어떤 식으로 행사를 진행해야 하는지를 알아야 했다. 심화 브레인스토밍 방법을 써보자.

문제해결 방법: 지금부터 브레인스토밍 방법으로 3분간 50개 떠오르는 생각을 적어보자. 그 결과 다양한 생각들이 떠올랐다. 그중에서 VIP라는 단어가 자주 떠올랐다면, 이 단어가 포함된 아이디어를 모아보자. 그랬더니 'VIP 대접이 안 되었다. VIP 반찬이 아니다. VIP 치고는 너무 허술하다. VIP 명패가 없다. 식사 안내표가 없다 등이 나왔다.

회의에 대한 목적이 무엇인가에 대한 의문이 들었고 이들이 원하는 것은 좋은 식사, 지식습득이 아니라 다른 VIP들과의 교류라는 것을 알게 되었다. 식사자체 보다는 누구와 앉을 것인가가 더 중요한 것이 아닐까? VIP 테이블 이라면 교류의 중요성이 더 클 텐데 그에 대한 배려가 있었을까? 타인과 교류를 배려해 좌석을 배치했다면, 도시락은 문제가 되지 않았을 가능성이 크다. 좌석 배치는 별도 비용 발생 없이 컨퍼런스 효과를 극대화할 수 있는 가능성 있는 아이디어이다.

이 문제에서 도시락 경우처럼 어떠한 문제에 대한 생각 재료를 만들어야 한다. 즉 목표를 찾고 이에 대한 생각을 모으는 것이 브레인스토밍 첫 단계이다. 창의적 발상 시작은 생각 재료를 모으는 과정이다. 다량 아이디어를 목록화 즉, 게시 포스팅 하는 작업이 1단계이다.

포스트잇 특징은 아래와 같이 브레인스토밍에 중요하다.
1. 평면에 쉽게 붙일 수 있다.
2. 붙어진 자리에 그대로 붙어있다.
3. 쉽고 빠르게 떼어낼 수 있다.
4. 여러 번 다시 붙일 수 있다.
5. 관련정보를 하나씩 적기에 좋은 크기다.
즉 포스트잇 한 장을 하나의 기억단위로 활용하면 발상 시간과 효율을 최대화 할 수 있다.

창의적 발상에서 포스트잇이 필요한 이유는 꺼내서 게시한 이후, 처리할 작업이 정확히 무엇인지 모르기 때문이다. 기억 단위인 포스트잇을 이리저리 움직이면서 토론할 필요가 있다. 논리적 사고는 종이 왼쪽 위부터 적어나가기 시작하는 것이 논리적 사고이다. 그에 반해서 창의적 사고는 종이에 왼쪽 위가 아닌 종이의 중앙부터 적기 시작한다.

생각이 어디로 뻗어나갈지 모르기 때문에 방사 형태가 일반적이다. 단, 쉽고 단기기억에서 아이디어가 지워지기 때문에 아이디어를 다시 떠올리는 것은 거의 불가능하다. 지워지면 안 되는 아이디어를 인지하고 발전시키는 것이 창의적 발상 과정이다. 따라서 메모 혹은 그림형태 혹은 완성되지 않은 형태로 적어놓는 것이 중요하다. 창의적 발상을 하고 싶으면 한 장의 포스트잇에 아이디어를 끄적거리는 것부터 시작하라. 20분 후에 벽을 꽉 채울 정도 발상을 하라.

브레인스토밍은 집단지성이 활용될 때 보다 강력한 힘을 발휘한다. 서로 다른 사람 생각을 섞어 여러 개의 다른 의미로 전환하는 작업을 반복하기 때문이다. 4~6명 정도가 꺼내기 단계부터 서로의 관점을 혼합한 후 편집하면 더 다양하고 풍부한 가능성을 발견할 수 있다. 즉 포스팅 단계에서 벽에 붙어있는 내용을 보면서 자기 것도 포스팅을 하면 앞의 것과 믹싱의 효과가 있다. 무조건 개인 아이디어를 먼저 쓰고 그것을 분류하는 것보다는 붙어있는 것을 보고 그 아이디어를 섞어 포스팅을 한다면, 이미 믹싱과 분류의 작업 그리고 새로운 것의 창조 작업이 동시에 진행된다고 볼 수 있다.

5. 포스팅 하여 나온 아이디어 분류하기

　분류 가이드라인은 직관적으로 느껴지는 대로 각각 포스트잇을 나누고 그룹화하기다. 팀원들과 왜 그렇게 묶어야 하는지 의견이나 추측을 토론한다. 다른 의견이 더 타당하다고 판단되면 즉각 수정한다. 예를 들어 도시락 문제를 참여자, 사회자, 공급자 눈으로 각각 구분할 수 있다. 각 그룹별로 해결방안을 제시할 수 있을 것이다. 주의사항은 여러 개 동일한 아이디어가 붙은 것은 하나로 하지 않는 것이다. 공통 포스트잇이 많다는 것은 그만큼 중요하다는 의미다. 또 새로운 아이디어를 낸다고 해서 가장 중요한 기본적인 것을 등한시하면 안 된다. 예를 들어 VIP 문제에서 '음식 맛이 없다'라는 포스트잇이 가장 많이 나왔다면 그것은 가장 중요한 문제로 생각될 수 있다. 이것이 가장 기본적인 내용일텐데 단지 '창의적이지' 않다는 이유로 이것을 등한시하지 말라는 뜻이다. 직관적으로 나눈 그룹 이름을 바로 결정한다. 그룹 이름을 짓는데 너무 많은 시간을 소비하지 않도록 한다. 한 그룹에 3분 총 6~10분 정도면 충분하다.

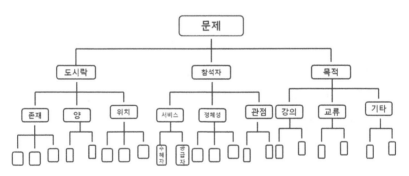

포스팅하여 나온 아이디어를 분류하고 세부사항에 대안을 낸다.

이렇게 아이디어 분류를 통해서 전체적인 나무를 살핀다면 구조화과정은 숲을 보는 과정이다. 즉 전체 숲을 보기 위해 나온 아이디어를 나무 형태로 분류하였다고 볼 수 있다. 종합적인 관점에서 숲을 보면서 내용을 조망해서 발전적인 발상이나 개선안에 접근할 수 있다. '음식 먹기가 불편하다'는 '도시락 위치', '도시락', '밥', '국물' 위치로 분류할 수 있다. 따라서 '음식 먹기가 불편하다'는 이야기는 도시락을 내려놓으면서 위치를 조정하기가 불편하다는 뜻이다. 이의 대안으로 처음 도시락을 내려놓을 때 제대로 놓을 수 있도록 조치하는 것이 해결안이 될 수 있다. 아이디어를 분류하는 원칙은 피라미드 형태로 하고, 추상적인 것이 위에, 구체적인 것이 아래, 그리고 한 단계에서는 3~7개 정도로 분류를 한다.

창의력 도전문제

신입생들과 과MT를 가려한다. 하지만 어쩐 일인지 제일 많이 갔던 2학년 여학생들의 참여율이 가장 저조하다. 포스트잇 브레인스토밍으로 대안을 만들어 보자.

1. 포스팅 단계 2. sorting 단계 3. architect의 단계를 거쳐서 구조화된 3단 피라미드를 만들고 중요한 5개를 골라 대안을 만들어 보라.

답

먼저 2학년 학생들이 안 간 이유와 관련되는 사항을 모두 붙이는 단계가 있다. (1) 예를 들면 작년 MT 상황을 보니 일정이 힘들었다. 혹은 바로 시험이 겹쳐있다. 3학년 여학생들과의 알력이 있다 등의 포스팅 단계가 된다. (2) 분류단계: 여학생/남학생 배정, 선배, 후배, 시험 일정, 진행 프로그램 내용 등으로 나온 문제를 모두 정리한다. (3) 창조단계: 이 중에서 가장 중요한 것을 중심으로 해당 대안을 내놓다. 예를 들면 2학년을 포함한 비율이 균등하고 남녀가 동등토록 할 것 등등이다.

복습퀴즈

1. 아이디어 4단계는 목표설정, (   ), 선정, 실용화이다
2. 타깃을 발견하는 방식 중에는 자연관찰이 있다. 새 날개가 착륙 시에 넓게 펴지는 것을 보고 비행기 (   )가 개발되었다.
3. 벨크로 아이디어가 떠오르고 금방 실용화되는 결정적 사건은 사용할 수 있는 재질이 헝겊 대신 (   )이 개발되었기 때문이다.
4. OPV 방법을 잘 설명하는 사자성어는 (   )이다.
5. 심화 브레인스토밍의 3단계는 포스팅(꺼내기), (   ), 창조(새로운 아이디어 내기)다.

답

1. 발상확산; 아이디어 발상 핵심은 많은 아이디어다. 수많은 아이디어가 나오도록 해야 한다.
2. 보조날개; 보조날개는 이착륙 시 양력을 높이고 안정성을 높인다.
3. 플라스틱; 실용화에 시간이 걸리는 이유는 아이디어를 뒷받침할 기술이 따라 수 있는가다.
4. 역지사지; 다른 사람 입장에서 생각해 본다.
5. 분류(나누기); 단순히 내놓기만 하는 방식이 아니라 어떤 형태로 문제를 분류할 것인지 알면 해답이 쉽게 나온다.

요약

1. 어떤 발상이 실용화되기 까지는 4단계를 거쳐야 한다. 아이디어 4단계는 (1)목표 설정; (2)발상 확산 (3)아이디어 선정 (4)아이디어 변경 및 강화다.

2. 발상 방법에는 자유발상과 조직적 발상이 있다
   자유발상은 어떤 Tool을 사용하지 않고 즉석에서 떠오르는 방법으로 브레인스토밍, 브레인 라이팅 방법이 대표적이다. 조직적 발상은 정해진 방식을 따라 아이디어를 내는 방식으로 8가지 방법이 있다. (1) Mind Map, (2) Check List, (3)SCAMMPER (4) 형태분석법 (5) 속성열거법 (6) APC (7) OPV (8) 유추법이다.

3. 심화브레인스토밍을 3단계로 구분하면 아이디어를 꺼내는 단계, 나온 아이디어 정리하는 단계, 나온 아이디어의 해결방안을 만드는 단계다.

1. 전철에서 아이디어 제품 하나를 고르고 아이디어 4단계를 상상하자.

2. 내가 가진 물건 중에서 SCAMMPER를 적용해 보자.

3. 오늘 뉴스 중에서 그 일이 일어날 만하게 한 원인을 3개만 상상해 보자.

심층 워크시트

1. 최근 사건이나 관찰에서 떠오른 아이디어를 하나 적어라.

2. 1번 아이디어를 아이디어 4단계로 진행하여 1줄씩 써라.

3. 당신이 가장 좋아하는 두뇌휴식 방법은? 그 이유는?

4. 1번 아이디어를 SCAMMPER로 확산시켜라.

chapter 6

아이디어 발상 Tool(2)

"오른쪽을 생각할 때 왼쪽도 생각하고 오름과 낮음의 수도 생각하자.
의욕만 있으면 이런 노력만으로도 얼마든지 많은 생각을 찾을 수 있다."

닥터 수스(1904년-1991년) 작가

:

파리 루브르 박물관에 제일 많이 붐비는 곳이 있다. 레오나르도 다 빈치의 '모나리자'다. 보일 듯 말 듯한 미소는 보는 이로 하여금 편 안함과 아늑함을 동시에 준다. 밀라노 산타마리아 델레그라치에 교 회 식당 벽면에 '최후의 만찬' 벽화가 있다. 그리스도 중심으로 균 형을 이룬 12명 제자들은 사건 설명을 위해 의도적으로 배치되었 다. 다빈치는 이런 대작의 화가이외도 조각가, 토목기사, 공학자로 도 유명하다. 28살부터 33살까지 연구 결과를 담은 노트에는 회화, 건축, 기계학, 인체 해부에 관한 내용이 담겨 있으며 지구물리학, 식물학, 수리학, 기상학에 관한 연구들도 기록되어 있어 그의 방대 한 관심을 알려준다. 그는 근대의 전형적 인간이다. 이런 그의 창의 력은 어디에서 나오는 것일까? 그는 태어난 천재일까 아니면 노력 형 천재일까?

❶

조합기법

1. 조합기법 정의

　다빈치는 천재 이전에 엄청난 노력가다. 그가 그림, 건축물을 짓기 위해 남긴 메모는 11만장에 이르고 그 중 1만3천점이 남아있다. 그의 천재성은 메모에서 나온다. 특히 모나리자 그림 메모를 보면 그가 어떤 노력을 했나 알 수 있다. 예를 들어 코를 관찰하고 남긴 메모 내용은 이렇다. "코에는 일직선으로 내려온 것, 매부리 같은 것, 평범한 것, 각진 것 등 앞에서 보면 10종류, 옆에서 보면 11종류가 있는데…". 그는 모나리자나 '최후의 만찬'을 그릴 때도 다양한 코, 눈, 이마를 특성별로 다양한 경우 수를 '조합'했다. 즉 한 번에 그린 것이 아니고 마치 컴퓨터 프

레오나르도 다빈치의 모나리자는 다양한 그림의 조합이다. 그의 연습 메모는 같은 부위를 여러 방법으로 묘사했다 ©Musée du Louvre

로그램 하듯이 수많은 조합 중에서 최고 미소를 고른 것이 지금 '모나리자'다. 다빈치는 본인 스스로 창의성 Tool을 사용하고 있었다. 창의성 원칙, 즉 많은 아이디어를 발상하고 여기서 최고 아이디어를 고른다는 원칙을 그림, 조각, 건축물에도 적용한 것이다. 여러 인자를 결합하는 조합법을 포함한 창의성 발상 Tool은 다양한 아이디어를 만들어내는 최고 방법이다.

2. 조합 발상 실전

조합기법을 하려면 ① 도전 과제를 구체적으로 글로 표현하고 ② 도전 과제의 여러 가지 중요한 변수를 10개 미만 쓰고 ③ 변수의 다양한 대안을 많이 쓴 후 ④ 각각의 방법을 조합한다.

1) 예1; 한정식 식당 수익모델

한정식 식당이 청탁금지법 시행으로 손님이 떨어졌다. 식당 주인이 새로운 수익모델을 만들려 한다. 다빈치 기법을 써보자. 다빈치기법은 한정식당 사업을 확장하자는 것이 목적이고, 목적은 한정식당 주인이 새로운 수익모델을 내는 것이다. 변수는 요리공급 방법, 손님 종류, 요리 종류, 판매 제품이다. 네 가지의 변수에 각각 다섯 개 대안을 만든다. 요리공급 방법은 풀서비스, 셀프서비스, 고정식, 이동식, 복합식이 될 수 있다. 손님 종류는 회사원, 공무원, 사업가, 주부, 어린이가 될 수 있다. 요리 종류는 한식, 양식, 중식, 이태리, 일식이 된다. 판매상품은 관련 상품, 액세서리, 할인 서적, 식품, 담배 등이 될 수 있다.

한정식당의 새로운 수익모델 아이디어			
	요리공급방법	손님종류	요리종류	판매상품
1	풀–서비스	회사원	한식	관련 상품
2	셀프서비스	공무원	양식	액세서리
3	고정식	사업가	중식	할인서적
4	이동식	주부	이태리	식품
5	복합식	어린이	일식	담배

다빈치 조합 방법; (예시) 한정식당 사업 확장

한정식당 주인이 식당업을 하는 보통 방법은 풀 서비스-회사원-한식-식품이 될 수 있다. 만약 셀프서비스-사업가-한식-관련 정보-액세서리-할인 서적을 고른다면 어떠한 아이디어가 될 수 있을까? 이 조합으로 만든 아이디어는 한식을 먹으러 온 손님(사업가 혹은 일반인)에게 한식관련 정보, 예를 들면 전통음식 제조법(서적), 음식세밀화, 한식 관련 동양화 등을 전시, 판매하는 방식이다. 즉 식사 손님들이 식사를 기다리는 동안 볼 수 있도록 테이블 혹은 방 주변 벽에 서적이나 그림을 전시, 판매하는 비즈니스 모델이다. 한정식당 주인은 요리 이외에 손님들의 다양한 욕구를 만족시켜서 추가수입을 올릴 수 있다. 이 과정에서 나올 수 있는 조합 아이디어 수는 총 3,125개다. 그중에 10%만 사용해도 312개다. 성공적으로 조합하려면 매개 변수가 구체적이어야 한다. 그림을 하나로 보지 않는 다빈치처럼 어떠한 과제를 요소별로 나누는 것이 제일 중요하다.

심리학자 볼프강 쾰러 실험을 보자. 원숭이가 손에 닿지 않는 곳에 바나나를 놔둔다. 당연히 원숭이는 바나나를 먹지 못한다. 그때 별도로 그 원숭이에게 상자를 가지고 놀게 해준다. 그 상황에서 바나나를 손에 닿지 않는 곳에 놔두면 원숭이는 상자를 놓고 올라가서 바나나를 먹게 된다. 즉 원숭이한테 두 가지 변수 즉, 상자와 바나나 관계를 조합해서 상자를 놓고 올라가서 바나나를 먹을 수 있는 조합된 아이디어가 나오게 된다.

2) 예 2; 비상시 홍보방법

경주 지진 시 많은 사람이 지진경보를 듣거나 받지 못했다. 홍수나 지진 위험상황을 사람에게 경보하는 아이디어가 필요하다. 이 경우 매개 변수를 어떻게 찾는가? 구체적이어야 한다. 예를 들자면 사람을 어떻게 찾을 것이냐, 주의를 어떻게 끌 것이냐, 메시지를 어떻게 전할 것이냐, 당사자가 원하는 반응이 무엇이냐. 예로서 북한이 당장 포격을 할 징후가 보인다. 국가에서는 해당 지역 주민들에게 어떻게 상황을 알릴 것인가? 사람 찾기 가능한 5~6개 방안을 보자. 사람이 가정, 학교, 병원, 요양원, 사업장, 대중교통, 개인차량, 공원에 있는 경우다.

주의를 끌 수 있는 방안은 메신저, 사이렌, 대중 매체, 신호등, 이메일, 전등이 있다. 메시지를 전달할 수 있는 방법은 전화, 광고, 개인, 신문, 무선호출기, 이메일, 라디오, TV, 웹사이트 등이 있다. 원하는 반응은 보호소로 가기, 도움 요청하기, 대피하기, 다른 사람을 도와주기, 정보 전달하고 다른 사람에게 알리기 등이 있다. 이 중에서 모든 사람, 전화벨, 전화로 전달, 보호소 찾기, 정보를 원하는 조합으로 해보자. 이렇게 조합을 해보면 미리 전화회사와 협의해서 도시의 모든 전화를 울리게 하는 아이디어다. 그리고 미리 녹음된 내용으로 특정 위급상황을 공지하고 할 일을 지시한다. 더불어 이러한 방법을 미리 광고나 캠페인으로 홍보한다.

새로운 다이어트용 운동제품을 선전하고자 한다. 다빈치방법 변수가 무엇일까? 그 중 소비층 대안을 5개만 써보자.

답

(1) 변수; 사람 주의를 끄는 방식, 제품 제시하기, 제품 주제, 소비층

(2) 소비층 대안; 고령층, 장년층, 청년, 여성, 청소년, 유아

3) 예 3; 핵심단어 조합하기

창의적 사고란 새로운 것에만 집중되는 건 아니다. 기존 지식요인들을 재해석하고 재발견하고 재조합하는 능력을 이야기한다. 예를 들어 기존에 있던 방법 중 신속 서비스를 하면서, 기존 비행기와 기존 야간스키의 방법을 조합해 보자. 야간은 쉬는 비행기를 이용해서 화물을 옮길 수 있는 아이디어가 나온다. 이런 아이디어가 나온 곳은 예일대학교이고, 그 아이디어로부터 'Fedex'라는 항공운수 전문회사가 설립되었다. 따라서 기존 방법 중에서도 핵심단어를 조합하는 것이 중요하다. 현재 출판사들이 어려운 상황이다. 출판사 새로운 수익모델을 만들어 보자. 출판사 사업은 책을 제작하는 것만이 아니라, 책에 들어갈 콘텐츠, 즉 지식과 정보를 만드는 일이라고 변경할 수 있다. 매개변수를 설정한다. 제품, 시장, 기술, 기능, 서비스가 될 수 있다.

야간스키, 휴일 두 개 단어를 조합한 아이디어는 야간 화물비행기 수송의 Fedex다 ⓒRadeki Akradecki

이러한 변수는 이미 기존에 많이 쓰이고 있는 것이자 핵심단어다. 기존 아이디어, 기존 변수를 활용해야 한다. 이 대안들을 조합해 책에 들어갈 새로운 콘텐츠를 찾는 출판사 수익 모델을 찾아보자. 제품, 시장, 기술, 기능, 서비스를 핵심단어로 조합을 했다. 제품은 하드커버, 소프트커버, USB, 시디롬, 오디오북, e북으로 하자. 시장은 도서관, 서점, 대학, 산업체, 군대, 인터넷, 외국이다. 기술은 인쇄, 전자, 오디오, 모듈, 비디오, 인터넷, 인트라넷으로 한다. 기능은 정보, 오락, 교육, 훈련, 자원, 전문가로 한다. 서비스는 북클럽, 뉴스레터, 세미나, 웹사이트 정보서비스다. 이중에서 e북-대학-산업체-인쇄-인터넷-정보 차원-정보서비스를 조합해보자. 출판사 경영서적 목록에 모든 경영정보를 담자. 이걸 컴퓨터나 인터넷으로 판매하는 비즈니스를 시작할 수 있다. 사람들이 책을 다 보게 하지않고, 이 책에는 무슨 정보가 있다는 경영정보를 다 모은 후에 그것을 컴퓨터나 인터넷으로 판매하는 방법이다. 새로운 수익모델이다. 특정 매개변수를 구하기보다 기존 사업 아이디어에 자주 사용되는 매개 변수를 확인해 보자. 커뮤니케이션, 사람, 응집력, 디자인, 움직임, 위치, 재료, 기능, 장애물, 정보, 기능, 비용, 기술, 가격, 스태프 등이 자주 쓰이는 키워드다.

이 매개변수와 목적, 두 개를 조합해서 아이디어를 낼 수가 있다. 디자인, 혜택, 이미지를 선택해 보자. 그리고 대안들을 써보자. 디자인의 대안으로는 '날카로운, 서툰, 눈길을 사로잡는, 촌스러운, 평범한'이 된다. 혜택의 대안으로는 '재산, 명예, 특이한 가치, 돈, 인정'이 될 수 있다. 이미지 대안으로는 '따뜻한, 차가운, 믿을 수 있는, 무서운, 충성스런'이 될 수 있다. 3개의 대안에서 조합을 만들어 보자. '눈길을 사로잡는, 돈, 믿을 수 있는'을 선택한다면, 믿을 수 있는(예를 들면 국가 재단에서), 눈길을 사로잡는, 돈, 즉 말이 달리는 돈, 경마 복권 아이디어를 통해 '국가재단에서 경마 회사를 설립'하는 아이디어가 나온다.

디자인	혜택	이미지
날카로운	재산	따뜻한
서툰	명예	차가운
눈길을 사로잡는	특이한 가치	믿을 수 있는
촌스러운	돈	무서운
평범한	인정	충성스런

4) 예 4; 두 물건을 조합

표에서 컴퓨터, 스탠드, USB 등으로 10개를 쓰고, 반대쪽에 다른 10개를 쓴 다음에 두 개를 조합한다. 예를 들어 컴퓨터와 모니터를 조합한다면, 컴퓨터와 모니터가 하나인 일체형PC를 생각할 수 있다. 안경과 오징어를 조합한다면 딱딱한 플라스틱 안경이 아니라 얼굴 형태에 따라 유연해지는 안경을 생각할 수도 있다. 볼펜과 풍선이 결합된다면 풍선에 작은 글씨를 써 놓고 선물을 보내면 열었을 때 자동으로 커져서 메시지를 전달하는 방법도 생각할 수 있다. 이 방법은 엉뚱한 소재의 무작위 조합에서 아이디어를 내는 것으로 발전할 수 있다.

컴퓨터	비행기	화면	모니터
스탠드	지팡이	영화	선박
USB	날개	성경	오징어
지갑	보리밥	안경	풍선
볼펜	이어폰	여행책	모자

관심이 가는 두 종류의 제품 선택을 한다. 가정 물건과 자동차 목록을 보자. 엉뚱한 두 가지 종류의 제품이면 좋다. 침실에 관련된 가정 물건, 침실, 침대, 잠자는 곳, 창문 가리개 등이다. 자동차 목록은 자동차, 승객운반, 움직임, 히터가 있다. 이 중에서 창문 가리개와 움직임을 조합한다면, 광센서를 갖춘 자동 창문 가리개가 햇빛 강도에 따라 자동으로 올라가거나 내려오는 아이디어를 낼 수 있다. 안정감을 느낀다와 자동잠금장치를 조합한다면, 안정감을 느끼는 베드에서 모든 것을 컨트롤할 수 있는 마스터 장비장치 즉, (마스터 조명장치 등 만들면 어떨까?) 호텔에서 침대에 붙어 있는 마스터 컨트롤 스위치 아이디어가 나오게 된다.

5) 예 5; 문제 단어 조합하기

부서인원 간 갈등을 해결하려면 갈등의 동사형과 명사형을 여러 개 써놓고 조합할 수 있다. 갈등의 동사형 '감소시킨다, 깔보다, 축소시킨다, 경시하다, 희석한다, 격하한다, 무시한다'를 쓴다.

명사형으로는 '갈등, 불화, 싸움, 논쟁, 마찰, 분쟁, 부조화'다. 이 두 개 항 중, 희석과 불화를 조합하면 갈등을 희석하기 위해 부서 단합대회를 개최할 수 있다. 격화와 불화를 조합해 분쟁이 되는 일, 그 원인의 비중을 감소시키면 갈등은 자연스럽게 줄어든다.

명사와 형용사 혹은 동사를 조합하는 경우도 있다. 항공사 신제품이나 서비스를 개발할 때 얘기다. 명사의 경우로 '음료수 잔, 일등석, 화물, 티켓, 식판, 머리 위, 칸'을 사용한다. 형용사와 동사는 '뛰다, 새롭게 하다, 먹다, 승선하다, 연결하다, 말하다'다. '식판'과 '먹다'를 조합하여 유기물로 만들어서 먹을 수 있는 식판, 예를 들어 콩으로 만든 건강 식판은 어떨까?

6) 예 6; 무작위 단어 기법

차를 개선할 아이디어를 내보자.

1. 사전을 열고 무작위로 단어를 고른다. 코, 아폴로 13, 비누, 주사위, 전기콘센트라 하자.

2. 각각 특징을 나열한다. 코는 '털이 있다, 모양이 서로 다르다'가 특징 이다.

3. 강제로 연결한다. '콧구멍은 두 개다'와 차를 연결하면, 두 개의 전원 을 가진 차, 배터리와 휘발유로 갈 수 있는 하이브리드 차 아이디어 가 나온다.

4. 고른 단어의 본질을 생각해 보자. 코 본질은 냄새. 차 고장을 냄새로 알 수 있는 센서를 장착하는 아이디어는 어떤가? 아폴로 13의 안전 귀환과 차를 조합하면 차의 엔진을 가정용 비상전력으로 사용하는 아이디어를 낼 수 있다. 즉 가정에서 전기가 나갔을 때 차 시동을 켜 서 집 불을 밝힐 수 있는 장치 아이디어다.

5. 두 개만이 아닌 5개 조합을 하면 더 다양한 아이디어가 나온다.

실전훈련

다음 중 무작위 3개 조합단어로, 통닭집 마케팅 아이디어를 내보라.
벤치, 봉투, 빗자루, 라디오, 계산원, 토스트 장비, 석양, 신발, 계란, 잔가지, 칼, 고리, 문, 창문, 지붕, 바이올린, 우표, 풍뎅이, 컴퓨터

답
우표, 칼, 문을 선택할 경우 우표처럼 쉽게 붙일 수 있는 라벨을 만든다. 이 라벨에는 칼 (괴한)을 신고하는 전화번호(그 지역에서 자주 쓰는 전화번호)를 적어서 급할 경우 금방 볼 수 있도록 한다. 물론 통닭집 전화번호도 같이 인쇄한다.

1. 조합 기법 정의

목표 관여 인자를 조합하는 방식이다. 도전과제를 구체적으로 정하고 도전과제의
여러 가지 중요 변수를 적는다. 이 변수의 대안을 5개 정도 쓰고 변수와 대안을 서
로 조합하여 다양한 아이디어를 내는 방법이다.

2. 조합 발상의 실전 예제

(1) 한정식당 수익모델; 한정식당의 새로운 수익모델을 찾는 방법이다. 예로서 식
    사 장소에 한정식 관련 서적이나 그림을 전시, 판매하는 방식

(2) 비상시 홍보방법; 비상 상황을 홍보하기 위한 대안을 홍보수단, 사람 등의 변
    수와 대안으로 조합

(3) 핵심단어 조합하기; 중요한 핵심단어를 조합하는 방식

(4) 두 물건을 조합; 관련되는 물건을 조합하면 현장감이 넘쳐서 생생한 아이디어
    창출

(5) 무작위 단어 기법; 전혀 관련이 없는 단어를 조합하는 방식. 가장 자유스런 방법

간단 OX퀴즈

1. 다빈치 '모나리자'는 사전 작업 없이 한 번에 그린 작품이다.
2. 조합 방식은 목표 변수와 그 변수 대안을 무작위로 조합하는 방식이다.
3. 목표와 관련 없는 단어를 조합하는 것은 효과가 없다

답

1. X; 그는 얼굴의 각 특징 여러 개를 조합하여 많은 메모와 습작을 남겼다.
2. O; 이런 조합방식은 수많은 아이디어를 내게 만든다.
3. X; 무작위 단어조합은 목표와 상관 없는 단어 조합으로 새로운 아이디어를 낼 수 있다.

②

여섯 모자 기법

1. 여섯 모자 기법 원리

여섯 색깔 모자 기법(six thinking hats)은 창의적 사고 대가인 에드워드 드 노보가 개발한 방식으로 단순명료하게, 효과적으로 사고하기 위한 방식이다. 이 방법은 그 효과성 때문에 지멘스, IBM, 쉘 같은 다국적 기업에서 많이 사용 하고 있다. 이 방법으로 회의 시간이 1/4로 줄었다. 대부분 해결해야 할 문제는 상당히 복잡하다. 여러 문제가 얽혀있어서 이를 분리해서 생각하는 것이 중요하고, 다른 관점에서 볼 줄 알아야 보다 나은 해결책이 나온다. 여섯 가지 각각 모자는 한 문제를 여러 관점에서 바라본다. 참석자나 팀원들이 한 순간에 한 관점에 집중함으로써 불필요한 충돌이 일어나는 것을 막는다. 의견이나 아이디어를 자유롭게 이야기하되, 집중되도록 한다. 6명이 둥근 테이블에 모여 6가지 모자를 쓰고 색에 맞는 생각으로 그 문제를 본다. 5가지 색에 맞는 의견을 이야기하고 1명이 의견을 수렴한다. 물론 돌아가면서 할 수 있고 3~4명도 할 수 있다.

1) 효과와 장점

1. 효율성; 모든 참석자들이 같은 문제를 해결하기 위해 최대의 집중력 발휘한다.

2. 시간 절약; 논쟁시간을 줄이고 빠르고, 충분한 검토가 가능하다. 유연한 사고를 통해 시간절약이 가능하다.

3. 자존심 문제 해결; 각각의 모자를 썼을 때 그 모자에 적합한 생각을 입증하여 자존심을 세울 수 있다. 즉 회의 중에 지나치게 자신을 내세우거나, 상대방을 공격하는 행위를 막을 수 있다. 부정적인 생각을 주장하는 사람이 긍정적인 모자를 쓰게 될 경우 긍정적 주장을 해야 하기 때문에 개인적인 공격성을 막을 수 있다.

4. 한 번에 한 가지씩 해결; 문제의 강약과 대안을 해결할 수 있다.

5. 충돌방지; 상대방과 의견이 다를 경우 서로 다투지 않는다. 이슈를 다양한 관점에서 논의할 수 있다.

2) 회의 진행 요령

1. 모자는 사회자만 바꿀 수 있다.

2. 모자 바꾸기를 강요, 요청할 수 없다. 건의는 가능하다.

3. 사회자 답변요청을 거부할 수 없다.

4. 대답은 짧을수록 좋다.(1인 1분 내외)

5. 사회자는 각자 생각할 수 있는 시간을 주어야 한다.

3) 주제 범위 및 주의사항

주제선정; 공통관심 주제를 선정해야 한다. 너무 추상적이거나 넓으면 곤란하다. 예, 아니오가 아닌 여러 개 방법이 나오는 주제를 선택해야 한다.

'학점이 취업에 도움이 되는가', '사형 제도를 폐지해야 하나'는 모두 예, 아니오 주제다. 오히려 '학점과 취업을 동시에 이룰 수 있는 방법', '사형 제도를 어떻게 대체해야 할까'가 적당하다.

주의사항: 각각 모자 색깔은 역할 분담일 뿐이지, 사람 유형을 분류하는 방법이 아니다. 회의를 진행하면서 구성원들 모두 그때 상황에 맞게 모자를 바꾸어 쓴다. 빨간 모자는 빨간색이 해야 하는 '자신의 감정만을 이야기'해야 한다. 다른 면을 이야기하면 안 된다. 본인 모자 색깔에 맞는 발언을 해야 한다. 사회자가 각자 모자를 선정하고, 구성원들은 모자 색깔에 맞는 대로 이야기해야 한다. 색은 임시로 주어진 것뿐이지 그 사람의 성격, 사고방식과는 전혀 상관이 없다. 한 사람이 한 가지 색깔로 한 가지 사고만 해서는 안 된다. 돌아가면서 모자를 바꿔 쓰고 다른 생각을 하는 것이 이 방법의 핵심이다.

4) 색깔별 6가지 관점

(1) 하얀 모자: 정보(information)

중립적이고 객관적인 사실, 숫자들을 제공한다. 흰색은 객관적 정보다. 서로 일치되지 않는 두 가지 정보가 나왔다고 해서 논쟁을 할 필요는 없다. 반드시 둘 중 하나를 선택해야 할 때 논쟁을 시작하면 된다. 하얀 모자는 모든 차원 정보를 찾아내고 정리한다. 가지고 있는 정보, 필요 정보, 정보를 얻는 법이 흰 모자 일이다.

(2) 붉은색: 감정(feeling)

예감, 직감 감정, 느낌, 노여움, 기쁨을 이야기한다. 빨간 모자는 비이성적인 감정을 표현한다. 다른 회의에서는 개인감정을 쉽게 이야기할 수 없다. "이 사람이 그 일에 적합한 사람이라는 느낌이 듭니다.", "이 일은 위험부담이 있다고 느껴집니다.", "그 아이디어는 가능성이 많다는 느낌이 듭니다."라고 느낌을, 개인감정을 이야기한다.

(3) 검정: 부정적 생각(caution)

신중, 주의, 경고, 잠재된 위험, 결점을 이야기한다. 즉 어떤 사안이 우리의 자유, 정책, 전략, 윤리관, 가치관에 어떻게 어긋나고 모순되는지를 밝힌다. 비판적 사고는 마음속 자연스런 생각이다. 부정 메커니즘은 우리가 실수를 하지 않게 도와준다. 이렇게 행동하면 무슨 나쁜 일이 생길까, 무엇이 잘못 될 수 있을까, 잠재적인 문제점들은 무엇인가 등을 알게 하는 검정 모자다.

(4) 노란색: 긍정적(benefit)

이점, 이득, 가치 등 긍정적이고 희망적인 관점이다. 노란 모자는 긍정적인 가치를 찾아내는데 감정적이 아닌 논리에 근거해야 한다. 또한 노란 모자 발언은 건전한 판단에 근거해야 하지, 희망사항을 이야기 하면 안 된다. 앞에서 빨간 모자는 잘될 것 같다는 '감정'을 이야기하지만, 노란모자는 그래서는 안 된다. 노란 모자를 쓴 사람은 제안의 긍정적 가치, 어떤 상황에서 가치가 있는지, 가치는 어떻게 구체화 될 수 있으며, 또 다른 유용 가치는 없는가를 말해야 한다.

(5) 초록: 창조적(creativity)

초록모자는 창조적 아이디어, 전혀 새로운 관점 대안을 이야기한다. 다른 아이디어들과 다른 방식들을 제안한다. 확실한 대안, 전혀 새로운 아이디어, 기존의 아이디어 수정, 개선도 가능하다. 이 모자를 쓴 사람은 창조적인 노력을 해야 한다. 전혀 새로운 방법, 새로운 대안, 개선방안은 무엇인지가 초록색 모자가 할 일이다.

회의 방향을 설정, 회의 목적과 결과물을 정한다. 회의가 진행되는 중에는 실수를 바로잡고, 모자를 바꿔 쓰자고 제안하기도 한다. 회의 주재자, 의장 혹은 리더로서 문제를 정의하고 사고를 조직화해야 한다. 왜 회의를 하는가, 무엇을 할 것 인가, 문제가 무엇인가, 성취하고자 하는 것, 어디까지 회의를 진행 할 것인가, 문제배경은 무엇인가, 어떤 순서로 모자를 쓸 것인가를 정하고 관리한다. 파란모자는 회의 끝에 결론, 성취한 것, 해결방안, 다음에 할 일을 알려주어야 한다.

5) 실전예시 1

책상 제조업체 책상 개선 아이디어에 대한 여섯 모자 기법 사례.

흰 모자 발언: 강의형 책상은 나무와 철로 이루어져있다. 철은 검은 페인트, 다리는 4개, 받침판이 기울어져 있다. 어깨 받침대가 있고 등받이가 구부러져 있다. 철과 나무가 리벳접합이 되어 있다. 다리 끝은 고무마감 되어 있다. 의자 밑에는 짐을 놓는 철망이 있다.

검정모자: 앞으로 힘을 가하면 균형이 깨진다. 한쪽으로만 진입하게 되어 있다. 크기가 정해져 불편하다. 어깨 받침대가 오른쪽에만 있다.

초록모자: 접이형으로 만들자. 어깨받침이 왼쪽에도 필요하다. 받침판이 기울어지지 않게 하자. 왼손잡이용이 필요하다.

노랑모자: 접이형 의자는 시장 반응이 좋을 것이다.(긍정적인 면을 이야기)

붉은 모자: 소비자가 접이형에 불만이 있을 것 같다. 왠지 싸구려 티가 난다.

파란모자: 이 모든 내용을 종합하여 접이형 의자에 대한 아이디어를 정리한다. 추가로 2차 회의를 할 수도 있고, 1차 회의로 다음처럼 결론을 내릴

수 있다. 접이형의자 시장은 크지 않다. 단가는 비슷하다. 고객들이 이런 제품까지 만든다면 만족감이 늘 것이다. 결론은 진행하자.

6모자 기법으로 강의의자 개선아이디어를 내거나 결정할 수 있다.

6모자 기법을 이용하여 웨딩웹사이트를 어떻게 만들까를 생각해 보자.

답
(청색); 이 문제를 어떻게 진행할까? 먼저 브레인스토밍 방식으로 진행해 보자.
(흰색); 결혼 당사자들이 결혼준비를 한다. 엄마가 보통 참여한다. 플래너는 많은 커플을 동시에 관리한다. 공급자는 각자 서비스만을 제공한다.
(녹색); 커플들이 모든 행사의 진행 정도를 알게 할 수 있다. 커플들이 서비스를 고르게 할 수 있다. 즉 음식, 꽃, 사진사 등을 고르게 할 수 있다. 좌석배치 방법도 알려줄 수 있다. 하객들이 서명한 후 선물을 주문배달하게 할 수 있다.
(노랑); 하객예약제도와 자리배치방법은 사이가 안 좋은 사람들을 일부러 떨어뜨릴 수 있다. 일정을 커플들에게 알려줘서 잊어버리는 일이 없도록 할 수 있다.
(적색); 엄마들은 진행상황을 알고 싶어 할 것이다. 하지만 엄마 참견은 딸은 싫어할 거다.
(검정); 좌석예약제는 실행에 3개월이나 걸리고 성공확률도 적다. 커플들이 알고 있었던 꽃집을 놔두고 웹사이트가 제공하는 꽃집을 사용하지 않을 것이고 커플들을 불편하게 만들 것이다.

발명 이야기 ; 아프리카 밤을 밝히는 축구공

아프리카 아이들은 저녁이 되면 전기가 없어서 책을 못 본다. 하버드 두 여학생은 이 점이 늘 마음에 아팠다. 이들을 도울 방법이 없을까? 그들은 고민하였다. 아이디어를 얻기 위해 전기, 아프리카 환경, 이 두 개 단어를 조합했다. 환경에는 여러 가지가 있었다. 물 부족, 기후, 자연, 아이들의 활동, 축구를 좋아한다가 변수에 들어갔다. 축구와 전기를 조합하자 기막힌 아이디어가 떠올랐다. 움직이는 에너지는 전기에너지로 바뀔 수 있다. 아이디어가 떠 오른 두 대학생은 자금을 모으기로 했다. 인터넷 공개모금 사이트에 이 아이디어 완성에 7,800만원이 필요하다고 올렸다. 모인 돈은 9억 원. 두 여학생은 축구공이 움직이면 발전되는 센서를 공안에 집어넣었다. 이렇게 만든 공을 30분차면 3시간 책을 볼 수 있는 에너지가 충전된다. 이 두 대학생들 아이디어는 오바마 대통령을 감동시켰다. 그들은 백악관에 초청되었다. 아이디어 하나로 아프리카의 밤을 밝혀서 아이들이 독서를 할 수 있게 만든 것이다. 우리 조상들은 형설지공(螢雪之功)이라 해서 반딧불로 불을 밝혀서 책을 읽었다. 이제는 축구공이 반딧불의 역할을 했다. 아이디어는 마음만 있으면 언제라도 만들 수 있다.

1. 6모자 기법 원리;

(1) 방법; 6명이 둥근 테이블에 모여 6가지 모자를 쓴다. 그 색에 맞게 문제를 본다.

(2) 장점; 효율성, 시간 절약, 자존심 문제 해결, 한 번에 하나씩 해결, 충돌방지

(3) 6가지 색; 흰색(객관적 사실), 붉은 색(느낌), 검정(부정적 의견),노란색(긍정적), 초록(대안), 청색(회의진행; 종합)

2. 6모자 실전기술

(예시 1); 접이용 책상에 대한 아이디어 결정

코믹 에피소드

필자가 직접 겪었던 일이다. 2000년 봄 출근 버스 안. 도로 전신주와 잘 보이는 벽에 흰 도화지가 붙어있다. 검은색 큰 글씨는 눈에 잘 띄었다. '선영아 사랑해-' 직접 손으로 쓴 것 같은 글씨체는 필자뿐만 아니라 출근버스에 있던 다른 사람도 고개를 돌려볼 정도로 눈에 띄었다. 로미오와 줄리엣 영화 한 장면 같은 사랑 고백이었다. 현대 젊은이답지 않게 사랑고백을 대대적으로 하는구나. 궁금해졌다. 어떤 청년일까? 선영이라는 여인은 누구일까? 학교 강의실에서도 학생들은 모두 궁금해 했다. 어떤 여학생은 '선영이는 좋겠다. 나도 그런 남자 있었으면 좋겠다'라고 이야기했다. 이틀 후 그 실체를 알 수 있었다. '마이클럽'이라는 Online 사이트에서 기획한 티저광고였다. 즉 궁금증을 유발하고 후에 내용을 알리는 숨겨진 예고편이다. 이 회사는 '선영아, 나였어, 마이클럽'이라는 광고를 후속으로 내놓아서 회사 존재를 단숨에 알리는데 성공했다. 만일 전통적으로 '마이클럽'이라고 홍보했으면 아마 그 효과는 미미했을 것이다. 'OO아, 사랑해' 이런 벽보가 자기 집 앞 전신주에 붙어있기를 바라는 여인들 속마음을 헤아린 참신성이 돋보인다. 허를 찌르는 창의성이다.

1. 6모자 기법은 6사람이 모여야만 가능하다.
2. 6모자 장점은 서로 의견충돌이 나도 감정이 상할지 않을 수 있다.
3. 청색 모자는 아이디어의 긍정적인 면을 본다.

1. X; 한 사람이 모자의 색에 따라 역할이 달라지므로 6명이 아니어도 된다.
2. O; 내가 부정적인 의견을 내는 것은 '내가 검정 모자를 썼기 때문이지, 네 의견에 반대
   하기 때문은 아니다'라고 하면 감정이 상하지 않을 수 있다.
3. X; 청색 모자는 중립으로 사회를 보면서 아이디어 전개를 주재하고 정리, 종합한다.

역발상 기법

1. 역발상기술 정의

2차 세계대전 '발지' 전투에서 미군 부대는 수적으로 우세한 독일군에게 사면이 포위되었다.

독일 사령관은 항복을 종용했으나, 미군 장교는 부대원들을 향해 다음과 같이 독려한다. "우리는 이제까지 전투 중 가장 좋은 기회를 맞이하였다. 지금까지는 서로의 총격전에서 아군을 향해 잘못 쏘는 경우가 많았지만, 이제는 우리가 쏘는 모든 방향은 오로지 적군이다. 하지만 적군 탄환들은 우리를 넘어서 자기편을 쏠 수도 있다. 자신이 맡은 표적만 공격하면 우리가 이길 수 있다." 이 말 속에는 위험을 뚫고 나가는 진정한 예지와 용기가 밑바닥에 깔려있다. 불리한 극한상황에서 긍정적인 점은 반드시 있게 마련이다. 결사적으로 항전한 미군부대원은 이 전투에서 승리했다. 절대적 열세 상황에서 한계상황을 뚫고 나간 역발상이 두드러진다. 최악 상황에서 벗어나는 방법은 위험에서 기회를 포착하는 본능적 예감이다. 위험상황을 뚫고 나가기 위해서 때로는 반대 역발상이 힘을 발휘한다.

역발상기법은 문제 반대편을 생각하는 기술이다. 성공하는 방법을 생각해 내는 것은 어렵다. 반면 실패하는 방법을 생각하는 것은 쉽다. 사람들은 성공하는 방법에 많이 익숙해져 있지만, 실패하는 사례를 듣게 되면 성공하는 기법을 확실히 알게 된다.

병원에서는 환자의 만족도를 높이는 방법을 고민한다. 많은 간호사 의사들이 모여서 환자 만족도를 높이는 방법을 조사해 봤지만, 그동안 많이 한 관계로 더 이상 아이디어가 잘 나오지 않았다. 역전 발상으로 해결해 보자. 방법은 환자를 불편하게 하는 방법을 제시하는 것이다. 예로는 두 환자가 중복되게 약속잡기, 대기실 의자 치우기, 개인 병에 대한 정보를 공공장소에서 이야기하기, 병원 문을 일찍 열지 않아서 주차장에서 기다리게 하기 등이다. 역발상을 통해 나온 새로운 아이디어는 '일찍 온 환자가 기다릴 수 있는 장소를 마련하기 혹은 대기실을 10분 일찍 열기'다.

예전 온천은 물이 나오는 곳에만 있었다. 하지만 물이 나오는 곳은 대개 교통이 불편하고 사람들이 잘 가지 않기 때문에 사람들이 쉽게 접근하기가 힘들었다. 여기에 착안해서 역발상을 했다. 꼭 온천이 물이 나오는 곳에 있어야만 하는가? 반대로 교통이 편리한 곳에 온천물을 옮겨서 온천을 여는 것이다. 교통도 좋고 인구가 많은 곳에 온천을 만든 것이다. 지금 대부분 온천들은 이러한 방식으로 영업을 하고 있다. 이 방법은 온천물을 나른다는 역발상으로 성공했다. 다른 예를 보자. 비, 눈이 오면 누구나 쓰는 우산에도 역발상 아이디어가 숨어 있다. '뒤집힌 우산'은 일본 히로시 카지모토라는 디자이너 작품으로 2014년도에 출시된 상품이다. 일반적인 우산과 달리 우산 안팎이 바뀐 특이한 모양 우산이다. 살이 밖으로 나와 있으면서 접었을 때 안쪽 면이 밖으로 나오도록 고안했다. 이렇게 하면

불편하지 않을까라는 우려와 달리 강한 비바람이 불었을 때 뒤집힐 확률이 낮다. 비를 맞은 후 접으면 물이 우산 겉면으로 나와 옷이 젖는 불편함도 줄었다. 또한 세우기 힘들어 꽂아야 했던 기존 우산보다 우산살들을 지지대로 삼아 똑바로 세워놓을 수 있어 보관, 건조하기 편하다. 뒤집어 생각하는 역발상이 특이한 생각을 만든다.

뒤집혀진 듯한 역발상 디자인 우산이 오히려 장점이 많다.

물 컵에 물이 반이 있다. 이것은 정답이다. '이 정답이 틀리다'라고 주장하려면 어떻게 주장할 수 있을까?

답; '물 컵에 공기가 반이 차있다'라고 얘기하면 된다.

2. 역발상 기술의 실전기술

1) 제약을 일부러 만든다.

스스로 해답 범위를 제한하는 것, 즉 제약 발상법이다. 자유롭게 발상을 해야 하는데 오히려 조건을 거는 방법이다. 어떤 일에 일부러 제약을 두거나 원래 있던 제약을 없애서 독특한 발상을 이끌어내는 방법이다. 예를 보자. 전철 안에서는 무엇을 파는 것은 불법이다. 불법 장사라 서둘러 이야기를 하고 급히 지나간다. 만약 합법화된다면 어떤 아이디어가 나올 수 있을까? 먼저 상인들은 서두르지 않고 손님들에게 차근차근 설명을 할 시간을 갖는다. 왜 시중가격보다 싼 지를 체계적으로 설명할 수 있다. 인터넷 화면으로 실시간 가격을 비교해볼 수도 있다. 한 사람이 설명, 판매하는 것이 아니고 여러 명이 동시에 보여주고 답하는 것이 가능하다. 이런 생각 지도 않던 점을 현재의 '불법' 판매에 적용할 수 있다. 실시간 가격비교 를 간단히 해서 값이 싸다는 것, 그 이유가 직판을 하기 때문이라는 점을 강조할 수 있다. 또 지금 잡상인처럼 한 명이 다니는 것이 아니고 연합해 서 동시에 같은 상품을 판다면 짧은 시간이라는 제약을 넘어서 판매할 수 있다. 지금 무허가 상태에서는 물건을 서둘러 몰래 팔려한다. 좋은 상품이 라도 오히려 질이 나쁘게 보일 수 있다. 제약 발상을 하면 합법적인 판매 이니 당당해질 것이다. 이렇게 당당하게 이야기할 수 있을 것이다. '지금 사라는 이야기가 아니다. 가격을 지금 당장 스마트폰으로 비교해 봐라, 5 분 후에 다시 올 것이다. 싸고 좋으면 사라'고 당당히 권하면 승객들은 오 히려 더 사고 싶은 생각이 들 수 있다.

두 번째 예를 보자. '24시간 걸리는 일을 4시간에 끝내라' 하는 제약을 걸 어둔다면 일을 하는 방법이 달라질 수 있다. 빨리하기 위한 아이디어가 강 제로 나올 것이다. 4시간 내에 끝내려면 우선순위를 정할 수 있다. 주위 동 료나 비서의 도움을 받을 수 있다. 모든 부품이나 참고서류를 미리 준비해 야 한다. 필요 없는 전화나 수다도 하지 말아야 한다. 4시간에 끝내면 그에 상응하는 '보답'이 있어야 한다. 이런 내용을 지금 근무여건, 즉 8시간 근무 체제에 적용할 수 있다. 일 순서를 미리 정하고 인턴 도우미, 참고문헌, 부품 미리준비, 근무시간 내 커피금지, 수다금지 방안이 나온다. 일찍 끝내면 퇴 근해도 된다는 보상제도도 적용하면 일이 훨씬 빨리 처리될 것이다.

세 번째 예를 보자. 문자를 그림으로만 보내야 한다는 제약을 걸면 무슨 일이 생길까? 사람들은 그림에 의미를 포함하는 방법을 고안할 것이다.

간단한 손동작으로 어떤 단어를 표현하는 수화처럼 간단한 그림 속에 뜻이 포함되게 하는 새로운 소통방식이 개발될 것이다. 모든 글을 이미지화하는 기술이 필요하다. 화장실이 남녀모양(픽토그램)인 것처럼 돼야 한다. 이런 아이디어는 문자가 아닌 다른 소통수단을 만들 수 있다. 즉 만국 공통어로도 될 수 있다. 모든 전신, 첨단기기가 중단된 상황에서도 통할 수 있는 모스부호처럼 만국 공통어가 나올 수 있다.

네 번째 예를 보자. 1조원 돈이 있는데 이걸 4시간 만에 써야 한다는 제약을 걸면 어떤 아이디어가 떠오를까? 1조원이란 돈이 만 원권으로 있다면 사과상자로도 몇 트럭 정도로 상당히 많은 양일 것이다. 이 돈을 짧은 시간에 쓰려면 어떤 상황이 되어야 할까? 먼저 쓸 수 있는 곳이 집중되어야 한다. 쇼핑몰이 가장 적당하다. 그리고 빠른 시간에 결제가 되어야 한다. 지금처럼 옷을 고르고 줄을 서서 결제를 기다리는 방식으로는 쓸 수 없다. 옷에 붙어있는 태그를 소비자 스마트폰으로 읽으면 결제가 되고 옷을 들고 나가도 알람이 울리지 않아야 한다. 또 소비자가 주차하고 걸어오고 구매하고 다시 주차장으로 들고 가는 시간을 줄이는 아이디어가 필요하다. 맥도널드 드라이브 인(Drive-in) 서비스처럼 드라이브하면서 옷을 고르는 방법도 한 아이디어다. 옷을 입어보고 어떻게 보일까를 점원 한 사람이 평가해 주는 것보다는 여러 사람이 보게 한다면 이것도 시간이 절약될 것이다. 즉 짧은 시간에 많은 소비자가 구매를 할 수 있는 아이디어가 1조원을 하루에 쓰게 하는 역발상에서 나올 수 있다.

2) 쓸모없다고 모두 버리지 말라.

쓸모없는 것은 정말로 쓸모가 없을까? '쓸모가 없는 것은 전혀 도움이 안 되는 것이다'라고 생각하지만 세상에 쓸모없는 것들은 전혀 없다. 왜 쓸모없는 것이 생길까? 그 이유는 바로 목적이 있기 때문이다. 목적이 명확하게 정해지면 그 목적과 일치하지 않는 것은 '쓸모없는 것'이 된다. 회사에서는 이익추구를 최고 목적으로 생각한다. 따라서 이익을 창출하지 않는 것들은 전부 쓸모없다고 간주한다. 팔리지 않는 상품, 일하지 않는 사원, 무료 서비스, 이것들은 이익을 올린다는 목적 앞에서는 모두 쓸모가 없어진다. 그렇다면 이 쓸모없는 것들을 미련 없이 버려야 할까?

개미 집단을 살펴보자. 개미들은 일하는 방식에 따라 세 가지로 나뉜다. 필사적으로 일하는 개미, 나름대로 일하는 개미, 전혀 일하지 않는 개미로 비율은 2:6:2다. 그럼 전체 이십 퍼센트에 해당하는 일개미만 남겨놓고 나머지를 모두 없애면 일하는 개미로만 구성된 집단이 될 수 있을까? 그렇지 않다. 일하는 개미만 모아놓은 집단에서는 또다시 그 안에서 필사적으로 일하는 개미, 전혀 일하지 않는 개미가 또 생긴다. 역발상적 사고에서는 쓸모없는 것도 필요한 존재다. 효율을 생각하는 논리적 사고에서는 쓸모없는 것이 버려진다. 역발상 사고에서 쓸모없는 것은 오히려 환영해야 한다.

개미 중에는 놀고먹는 놈들이 늘 있지만 쓸모없는 놈들은 아니다.
©Jeff Turner

'세렌디피티(Serendipity)'란 '우연한 행운'이다. 우연히 일어난 일이나 우연히 본 것을 다른 것과 연결하여 새로운 가치를 찾는 능력이다. 당장 필요하지 않은 것이나 쓸모없는 것을 버리지 않고 새로운 것으로 만드는 능력이다. 3M 포스트잇을 보자. 즉 잘 붙지 않는, 쓸모없는 접착제를 지금 포스트잇으로 대박을 터트린 경우처럼 쓸모없는 것이 '아주 쓸모 있는 것'으로 바뀌었다. 페니실린을 발견한 플레밍도 쓰레기통에 버려둔 '쓸모없는' 실험배지에서 최의 항생제를 건졌다. 일본 홋카이도 삿포로 시는 겨울에 사람들이 몰려든다. 역발상 덕분이다. 삿포로 시 중심에는 커다란 공원이 있는데 한 겨울에 시내에 쌓인 눈을 모아 거기에 쌓아놓았다. 일단 넓은 장소에 모아놓고 눈이 녹을 때까지 기다리자는 생각이었다. 중고등학생들이 그 버려진 눈으로 조각상 6개를 제작했다. 이 일로 유명한 '삿포로 눈 축제'가 시작되었다. 그 전까지 겨울에 홋카이도로 여행을 가는 사

삿포로 눈 축제 아이디어는 '세상에 쓸모없는 것은 없다'라는 생각에서 태어났다. ©SteFou!

람은 거의 없었다. 그런데 새로운 아이디어인 눈 조각상은 성가신 존재였던 눈, 버리는 눈을 관광의 중심이라는 가치로 바꾼 것이다. 지금은 눈 조각상을 만들 눈이 부족하여 각지에서 트럭으로 수송할 정도다.

흑진주는 거무스름한 색의 진주로 그 동안은 별로 수요가 없었다. '진주는 흰색'이라는 인상이 워낙 뿌리 깊어서 아무도 주목하지 않았기 때문이다. 하지만 진주 왕 '살바드로 아셀'은 다르게 생각했다. 아셀은 뉴욕 보석상과 접촉해서 터무니없는 가격을 붙인 흑진주를 쇼 윈도우에 장식하게 했다. 패션 잡지에 전면광고를 내서 다이아몬드와 루비를 곁들인 브로치와 함께 흑진주를 진열했다. 그 결과 뉴욕 유명 인사들이 앞다투어서 진주를 사들이게 되었다. 아무리 흔해빠진 물건이라도 장소를 바꾸고 판매방식을 전환하면 새로운 가치가 생긴다는 것을 보여준 역발상 사례다.

어느 유명 가구점 이야기다. 그 가구점은 입구에 새빨간 소파를 전시해놓았다. 그 소파는 한 번도 팔린 적이 없다. 특별히 비싼 것도 아닌데 왜

팔리지도 않는 소파를 입구에 두었을까? 차라리 잘 팔리는 소파를 바깥에 내놓는 것이 훨씬 논리적인 사고가 아닐까? 사실 그 가게도 이 새빨간 소파가 잘 팔리지 않는다는 걸 충분히 알고 있었다. 그런데 입구에 놔 둔 이유가 있었다. 거리를 걷는 사람들은 가게 앞에서 '아주 새빨간 소파'를 주목하게 된다. 그리고 자기도 모르는 사이에 가게 안으로 들어간다. 그리고 '이러한 소파가 있는 방에서 살 수 있으면 좋겠다. 하지만 잘 생각해 보니 새빨간 소파가 자기 방에는 지나치게 화려하다'라는 생각이 든다. 그런 이유로 새빨간 소파는 포기하지만 소파를 사고 싶다는 욕구는 사라지지 않는다. 다행히 가게 안에는 차분한 색조 소파를 적당한 가격에 판매하고 있다. 그래서 가게를 찾은 사람은 현실적인 판단을 통해 무난한 갈색 소파를 사들인다. 요컨대 새빨간 소파는 상품으로는 전혀 팔리지 않는 비인기 상품이지만 가게를 특징짓는 요소로서 역할을 멋지게 한 것이다.

필요 없는 사람은 정말로 필요 없을까? 우수한 인재만으로 소수정예를 만들면 잘 될 것 같지만 현실적으로는 그렇지 않다. 능력 있는 사람만 남기고 나머지는 배제하면 전체 균형이 나빠져서 오히려 좋지 않은 결과가 온다. 소수 인원에서 뭔가 문제가 생겼을 때는 잘 대처하기 힘들지만 인원에 여유가 있으면 언제든 극복할 수 있다. 또 일하지 않는 사람이 '무드 메이커'로서 윤활유가 되는 경우도 있고 이런 사람이 없어지면 조직원 사이가 서먹서먹해져 재미없는 집단이 되고 만다. 또 인원수가 많으면 그만큼 매사를 보는 시점이 달라진다. 100명 사람이 있으면 99명이 깨닫지 못한 일을 100번째 사람이 깨달을 수 있다. 사람은 저마다 역할이 있다. 어떤 조직에도 여유가 있어야 된다. 자동차 핸들은 약간의 움직임, 즉 조금 돌린다고 바퀴가 금방 돌아가지 않는다. 안전상 이유이기도 하지만 이렇게 조직에도 약간 여유가 필요하다.

3) 전체를 뒤집어라.

일본에 '돈키호테'라는 쇼핑센터가 있다. 처음 시작은 아주 미미했다. 만물상처럼 자질구레한 물건들이 많이 있던 가게였는데, 그 기업이 도심형 할인 쇼핑센터로 성장하였다. 돈키호테는 자질구레한 물건들로 뒤섞인 심야 정글과 같았다. 심지어 같은 돈키호테 체인점이라 해도 서로 다른 상품들로 뒤섞여 있다. 상점은 보기 쉽고, 고르기 쉽고, 사기 쉬워야 한다는 기존 전제를 뒤집었다. 손님들이 정글과 같은 만물상에서 마치 보물을 찾는 기분으로 쇼핑을 하는 역발상으로 성공한 경우다.

'대한통운'이라는 회사는 70년대 유일한 화물운송 서비스 회사였다. 이때는 누구에게 보낼 소포는 우체국으로 가서 붙여야만 됐다. 하지만 지금은 어떤가? 전화 한 통이면 택배 오토바이가 와서 상대방에게 금방 전달이 된다. 당시도 오토바이가 없었던 것도 아니었는데 왜 오토바이 택배를 생각 못했을까? 아마 당시 오토바이 사업 아이디어를 냈으면 모두 미친 짓이라고 했을 것이다. 이런 사례는 포장이사 서비스에서도 볼 수 있다. 불과 20년 전만 해도 이사는 모두 식구들이나 친구들이 도와주어야 가능했다. 즉 짐을 싸고 차를 불러서 이사하고 다시 정리하는 것이 이사였다. 하지만 지금은 전화 한 통이면 이삿짐센터에서 처음부터 끝까지 한다. 주인은 새로운 집으로 몸만 가기만 하면 모든 것이 그대로 옮겨와 있다. 아마 당시에 이삿짐센터 사업을 하자고 했으면 누구나 다 '노(No)'라고 했을 것이다. 왜 당시는 안 된다고 했을까? 대단한 이유가 아니고 단지 '전혀 새로운 것'이기 때문이다. 역발상은 누구나 '노'라고 한 것에서 시작하는 것이다.

조연이 주연보다 나을 수 있다고 생각하는 것도 역발상의 한 방법이다. 즉 배보다 배꼽이 크게 되는 경우도 있다는 것을 알아야 한다. 음식점은 요리를 잘하는 음식점만이 성공하는 것으로 알고 있다. 즉, 음식을 잘 만들고, 사람들을 잘 대접하고, 좋은 환경을 만드는 것만이 음식업계에선 '성공' 비법이라고 생각한다. 하지만 조연이 오히려 주연을 앞설 수도 있다. 어떤 기업은 각 음식 맛 차이를 컴퓨터로 데이터베이스화 해서 조미료 도매상으로 성공했다. 즉, 다양한 식품 수프로 맛을 개발하여 성공한 업체다. 비록 일반 소비자 눈에는 띄지 않는 조연이지만, 식당 맛을 이끄는 주역으로서 충분한 역할을 한다. 물론 이 회사도 최고 맛을 내기 위해 끊임없는 고민과 개발을 하는 것은 똑같다.

4) 기존 관념과 반대로 하라

지금은 백화점 지하에 많은 식품매장이 '푸드 코트'라는 이름으로 들어와 있다. 이러한 푸드 코트가 들어온 것은 얼마 전 일이고, 그 전까지 백화점은 사치스럽고 고급스러운 정통레스토랑이 주로 모여 있었던 곳이다. 백화점 주 고객이 남성에서 여성으로 바뀌면서 식당에 대한 생각도 바꾸게 되었다. 값싸고 다양한 음식의 '푸드 코트'를 만든 것이다. 다른 한가지 역발상은 조리실 공개다. 푸드 코트에 유리로 된 조리실을 설치, 조리하는 모습을 직접 보여주는 파격적인 발상 전환을 하게 되었다. 지금까지 모든 식당에서는 요리실을 보이지 않는 것이 기존 생각이었다. 하지만, 이제 좀 잘나가는 레스토랑에서는 요리하는 모습을 직접 볼 수 있도록 유리로 바꾸거나, 아예 CCTV로 중계를 하는 곳도 있다. 이 효과는 대단하다. 백화점 푸드 코트는 이런 두 가지 역발상, 즉 정통고급 레스토랑 반대 개념과 조리실 공개라는 역발상으로 성공한 경우다.

베개 회사는 인구 감소로 침대 수요가 줄면서 시장 감소 위기가 시작되었다. 이 베개 회사는 마켓 축소에 대항하기 위해서 무료 쾌면상담을 시작하고 쾌면베개를 발명했다. 사람에 따라서 사이즈가 딱 들어맞는 주문형 베개를 만들기 시작하였다. 이러한 컨설팅 판매를 통해서 단순하게 베개를 파는 것보다 높은 고수익을 올릴 수 있었다. 다른 예로 농촌을 보자. 지금 농촌은 커다란 위기를 맞고 있다. 하지만 새로운 농업으로 부가가치를 이끌어내서 위기를 기회로 바꾼 기술이 있다. 정부 보조금으로 유지되는 벼농사보다는, 매실 밤 등 황금작물을 중심으로 현금수입을 올리기 시작했다. 유기농 농사를 통해서 매출을 늘린다. 기존 전통적인 상품과 시장에서 벗어나는 역발상이 중요한 이유다.

창의력 도전문제

청바지 회사에서 새로운 제품을 만들려 한다. 두 단어조합 방식과 6모자 기법을 통합하여 아이디어를 내보자.
1. 청바지와 망치를 사용하여 새로운 제품 아이디어를 내보자.
2. 6모자 기법을 이용하여 만든 아이디어를 판정하거나 발전된 아이디어를 내보자.

답
1. 청바지와 망치 특성을 조합한다. 이 방법으로 망치, 톱 등을 집어넣을 수 있는 벨트 아이디어를 냈다. 그 과정을 보자.
2. 6모자 기법
하얀 모자; 청바지는 편하다. 면으로 만들었다. 장도리는 못을 뽑는다.
노란 모자; 같이 판매 할 수 있다면 좋은 아이템이 될 것이다.
검정 모자; 어떻게 같이 파는가, 누가 같이 살 것인가 등 부정적 질문을 한다.
초록 모자; 청바지는 공사장 작업자들이 많이 이용하고, 그들은 장도리를 잘 사용한다.
빨간 모자; 가끔 공구로 인하여 작업자가 다치기도 한다.
노란 모자; 노동인력에게 공급한다면 가능하다.

초록 모자; 청바지에 공구를 안정하게 부착할 수 있는 디자인을 만들어 보자.

검은 모자; 얼마나 팔수 있는가? 기존에 공구 관리하는 벨트가 이미 있다.

청색 모자; 회의 결론을 낸다. 청바지 수요와 공구사용 작업 인력 규모를 예상할 수 있는 자료를 제시하자. 이런 자료가 들어온 후에 다시 6모자 기법을 통해 청바지 뒤에 공구를 부착하는 사업을 할 것인가를 결정하자.

1. 조합 방법 변수와 그 대안 숫자는 어느 정도가 적당한가?
2. 다빈치 13,000개 메모가 전해주는 내용은 무엇인가?
3. 6모자 방식 가장 큰 장점은 무엇인가?
4. 역발상 중 제약기법이란 무엇인가?
5. 개미 중 일하지 않고 빈둥거리는 개미는 20%나 된다. 이 의미는?

답

1. 변수는 3~5개 정도를 사용하고 대안은 다양할수록 좋으나 10개미만으로 한다.

2. 다빈치는 어떤 작업을 할 때 수많은 종류의 가능성을 조합했다. 즉 한 번에 영감을 받아서 하루만에 작성한 것이 아니고 많은 조합을 통해 다양한 방식 중에서 최선을 택했다.

3. 쓰는 모자에 따라 강제로 사고를 변경해야 한다. 즉 문제의 모든 면을 객관적으로 보는 장점이 있다.

4. 문제해결 조건을 설정하는 방식이다. 예를 들면 상품을 파는데 무한 시간 내에 파는 것이 아니라 정해진 2시간 내에 팔도록 하면 생각지도 않은 아이디어가 나온다.

5. 일하지 않고 빈둥거리는 개미도 전체 목표 일부분이다. 즉 이런 개미들도 다 쓸모가 있고 세상에 쓸모없는 것은 없다는 의미다.

요약

1. 다빈치 조합 기법

다빈치 조합 방법은 목표 관여인자를 조합하는 방식이다. 도전과제를 구체적으로 정하고 중요한 변수와 그 대안을 서로 조합하여 다양한 아이디어를 낸다. 핵심단어 조합하기, 두 물건을 조합, 문제 단어 조합, 무작위 단어 기법이 있다.

2. 6모자 기법

6가지 모자 색에 맞는 생각으로 그 문제를 본다. 효율성, 시간 절약, 자존심 문제 해결, 한 번에 한 가지씩 해결, 충돌 방지 장점이 있다. 흰색(객관적 사실), 붉은 색(느낌), 검정(부정적 의견), 노란색(긍정적), 초록(대안), 청색(회의진행; 종합)에 따라 회의를 진행하여 아이디어를 내고 결정한다.

3. 역발상기법

문제 정답이 아닌 반대편 답을 찾는 방식으로 그 과정에서 완전하게 새로운 아이디어가 떠오른다. 문제를 정확하게 정의하고 어떻게 하면 반대 효과를 볼 수 있는가를 살핀다. 제약조건을 일부러 만들어서 다른 사고를 하도록 하고 쓸모없이 버리는 것에서 아이디어를 찾는다. 우연에서 발견한 행운(세렌디피티)도 같은 맥락이다. 기존 생각을 바닥에서부터 뒤집는 발상은 중요한 실전기술이다. 예를 들면 상점은 정리가 잘 되어서 손님이 원하는 것을 쉽게 찾을 수 있다는 개념을 뒤집은 할인마트도 있다.

실천사항

1. 전철에서 무제한 영업을 할 수 있다면(단, 고정된 것이 아닌 이동식으로만) 어떤 방식의 영업이 나올 수 있을지 매일 전철에서 생각하자.

2. 6모자를 본인 혼자 바꾸어 쓰면서 전철 내 이동식 영업 아이디어를 진행해 보자.

3. 역발상기법을 적용해서 전철 내 영업 방안을 생각해 보자.

1. 최근 사건이나 관찰사항에서 떠오른 아이디어를 1개 적어라.

2. 이 아이디어를 다빈치 조합기법으로 3개 변수, 3개 대안으로 만들어라. 그 중 한 개 조합으로 나온 아이디어를 써라.

3. 이 아이디어에 6모자 기법을 적용하고 싶다. 각 모자 내용을 적용해서 최종 아이디어를 적어라.

4. 최종 아이디어를 제약발상법으로 발전시켜라.

chapter 7

언어와 창의성

"확실한 것만을 찾으면 아무런 아이디어도 얻을 수 없다.
멍청한 것이 있더라도 아이디어는 많을수록 좋다."

에드워드 드 보노(1933-2015) 수평적 사고 창시자

'허'씨 성을 가진 수강생이 있었다. 그는 이 수업을 4학년 2학기에 졸업에 부족한 학점 정도만을 채우려고 신청했다. 마침 웹 강의라 부담이 별로 없는 과목이라 생각했다. 하지만 하나 둘 듣다보니 슬슬 열이 받았다. 이유인 즉 그동안 나름대로 창의성이 있다고 생각했는데 생각보다 아이디어가 나오지 않았다. 수업을 열심히 따라 들었다. 평상시에도 다른 사람들과 잘 어울리지 못하고 유머가 없는, 재미없는 사람인 것 같아서 고민 중이었는데, 유머가 창의성에 도움을 준다는 강의를 듣고 말을 조금씩 '비틀기' 시작했다. 때론 썰렁하기도 했지만 한두 개 히트하고 나니 자신이 붙었다. 그런 방법으로 수업 한 학기 내내 언어 비틀기 연습을 계속해 나갔다. 졸업을 하고 회사에 들어갔다. 제조회사의 현장요원으로 근무하게 되었다. 말을 비틀고 새로운 말이 재미있어서 매일 단어를 바꾸고 신조어를 만드는 '장난'을 했다. 언젠가부터 회사 내의 그의 이름은 'Mr. 허'가 아닌 'Mr. 혀'가 되었다. 이제 점심시간에는 그의 주위에 사람들이 모여 앉는다. 썰렁하지만 그래도 가끔은 재미있는 이야기가 나오는 'Mr. 혀'가 재미있는 거다. 무엇보다 회사의 신제품 상품의 이름을 짓는 데에 그가 중요한 역할을 하기 시작했다. 그가 지은 상품명은 다른 사람과 달리 독특했다. 그는 이런 생활이 즐겁다고 어느 날 나에게 메일을 보냈다. 그리고 한마디 덧붙였다. '말이라고 하면 숙맥이던 제가 이렇게 변할 줄은 저도 몰랐다. 사람은 변할 수 있더군요' 다른 회사에서 제습제로 히트한 '물먹는 하마'라는 이름을 지은 사람도 혀가 잘 돌아가던 사람이었다. Mr. 허는 전혀 창의적이 사람이 아니었다. 하지만 아주 작은 실천부터 시작했다. 그리고 어느 날 창의맨이 되어 있었다. 창의성은 배워서 늘어난다. Mr. 허는 창의성 6개 요소 중 유창성이 급격히 늘어난 경우다. 본인이 부족한 점을 보충하고 잘하는 점을 극대화한 경우다. 유창성을 늘이는 효과적인 방법은 언어 이용법이다. 속담 뒤집기, 여러 가지 의미의 단어 만들기, 스토리텔링 기법으로 창의성을 늘려보자.

①

언어이용 발상법(1)

1. 유머와 창의성은 같다

산토끼의 반대말은? 넌센스 퀴즈다. 말장난은 창의성과 밀접하다. 여러 가지 대답이 가능하다. 판 토끼, 바다 토끼, 강 토끼, 물 토끼, 들 토끼, 집 토끼, 염기 알칼리 토끼, 죽은 토끼가 될 수 있다. '싸다'를 사투리로 '사 다'라 한다. '비싼'의 사투리 표현으로 '비산' 토끼라 할 수 있다. '산'은 '성스럽다(saint)'라 한다면, 성스러움의 반대인 '보통'으로 표현할 수 있 다. 엉뚱하게 생각하는 것이 창의력의 첫걸음이다.

유머와 창의성은 밀접하다. 창의성이 높은 사람들은 유머감각이 높다. 창의성은 확산적 사고능력, 다양한 방면으로 생각할 수 있는 능력이다. 지 능 수준은 유머와는 큰 차이가 없다. 머리가 좋다고 유머 감각이 있는 것 은 아니다. 하지만, 유머가 좋은 사람은 대부분 머리가 좋다. 어떤 정보의 전달, 설득, 흥미, 유용성을 높이는 데 유머가 절대적으로 필요하다. 유머 는 말이 자유롭게 전개되느냐와 밀접하다. 언어훈련을 통해서 뇌를 발달시키고 창의성을 높일 수 있다.

유머와 창의성은 공통점이 많다. 첫 번째는 의외성이다. 유머가 의외성이 있어야 다른 사람이 웃을 수 있다. 두 번째는 독창성이다. 유머는 독창성이 없으면 사람들이 웃지 않는다. 세 번째는 유연성이다. 창의성도 유연성이 있어야 한다. 유머도 이렇게 볼 수 있고 저렇게 생각할 수도 있어야 유머가 된다. 네 번째 순발력이 필요하다. 코미디 유머가 재미있으려면 때와 분위기를 금방 파악할 수 있는 순발력이 있어야 한다. 다섯 번째는 노력이다. 어떤 성공한 감독이 코미디언에게 이야기한다. "넌 참 타고난 코미디언이다. 부모님에게 그런 재질을 물려받은 네가 부럽다." 그 코미디언은 "저희 집에 가보면 그 동안 제가 쓰고 모은, 유머노트상자 수십개를 볼 수 있다."고 말했다. 창의력과 마찬가지로, 유머는 타고난 것이 아니다. 다섯째, 모두 언어라는 중간체가 있다. 언어훈련을 통해서 유머와 창의성이 개발될 수 있다.

창의성 6가지 요소 중 가장 중요한 2가지는 유연성(Flexibility)과 유창성(Fluency)이다. 유창성(Fluency)은 봇물처럼 쏟아져 나오는 많은 아이디어를 뜻한다. 두뇌가 회전하고 생각해 내는 것이 바로 말로 나온다. 말과 두뇌의 표현은 연결되어 있다. 따라서 다양한 말로써 생각을 표현하는 습관을 가지게 되면 두뇌를 많이 훈련시킬 수 있다. 유창성 특징은 많이 생각하는 것이다. 다수의 아이디에서 좋은 것을 고른다는 것이 아이디어 기본이다. 창의맨이 되려면 어떤 대상 A를 여러 가지로 표현, 가공, 변형시키는 훈련이 필요하다.

1) 속담 뒤집기

언어 훈련 7가지는 ① 속담 뒤집기 ② 말 비틀기 ③ 영어 단어 뒤집기

④ 사자성어 훈련 ⑤ 단어 연관짓기 ⑥ 특정 단어 만들기 ⑦ 넌센스 퀴즈다. 속담 뒤집기는 재미있고 강력한 훈련법이다. 속담은 만고 진리다. 옛날부터 전해오는 진리, 결국 고정관념이다. 창의력이 적은 고정관념이다. 속담을 뒤집는 것은 재미있게 고정관념을 깨는 훈련이다. 속담의 한 두 단어만 바꾸어 뜻이 뒤집어진다면 최고다. 예를 들면 '일찍 일어나는 새가 벌레를 잡는다'라는 속담은 부지런함이 소득으로 온다는 뜻이다. 이 속담의 고정관념은 부지런하기만 하면 무언가 소득이 있다는 것이다. 뒤집어 보자. '꼭 부지런하다고 1등은 아니다' 이것보다 좀 더 극적으로 표현해보자. '일찍 일어나는 벌레가 새에게 잡혀 먹는다' 즉 '일찍 일어나는 것은 손해를 볼 수 있다'고 뒤집을 수 있다.

예시 1

'높이 나는 새가 멀리 본다'는 속담을 뒤집어 보자. 이 속담은 시야를 넓이기 위해서는 많은 공부를 하고 높은 곳으로 올라가야 한다는 의미다. 하지만 한 두 단어를 바꾸어 보면 다른 시각으로 속담을 볼 수 있다. '낮게 나는 새가 확실히 본다'고 뒤집을 수 있다.

예시 2

'모난 돌이 정 맞는다'. 두각을 나타내는 사람이 남에게 미움을 받게 된다. 이 속담은 어떻게 뒤집어볼 수 있을까? 모가 나서 좋은 점을 찾아보자. 기괴한 바위에 시선이 간다. 이제 뒤집어 보자. '모난 바위가 관광객을 모은다'

예시 3

'가는 말이 고와야 오는 말이 곱다' → '가는 말이 거칠어야 오는 말이 곱다'
'가지 많은 나무에 바람 잘날 없다' → '가지 많은 나무가 바람을 막는다'
'개똥도 약에 쓰려면 없다' → '개똥으로 약 만들면 징역 간다'

'등잔 밑이 어둡다' → '형광등 위가 어둡다'

'아는 길도 물어가라' → '아는 길도 물어 가면 시간낭비다'

서당 개 삼년이면 풍월을 읊는다. 뒤집어 보자.

답;식당 개 삼년이면 라면을 끓인다. 동두천 개 삼년이면 팝송을 듣는다. 용산 개 삼년이면 펜티엄 조립한다. 서당 개 삼년이면 보신탕감이다. 이 중에서 앞 3개는 원래 의미와 같다. 즉 '무언가 오래하면 전문가 된다'라는 긍정적 의미. 반면 마지막 예는 오래했더니 오히려 나빠진 경우다. 원래 의미와는 다르다.

2) 말 비틀기

말을 비튼다는 것은 두 가지 의미(중의성)를 갖도록 변형시키는 방법이다. 반어법으로 비트는 경우가 많다. 풍자는 유머와 위트 중 위트에 가깝다. 풍자는 비꼬면서 웃음을 주는 반면, 유머는 남이 가지는 결점, 잘못을 웃음으로 감싸는 면이 있다. 단어 의미를 그대로 살리면서 뜻을 뒤집는 것은 극적인 효과를 나게 한다. 의미 설명보다는 단어 한두 개 바꾸어 반대 의미를 가질 때 더 극적이다. '정치인'을 '정말로 치사한 인간들' 혹은 '정치'된 사람들, 또는 '제대로 자리에 누워야 할 사람들'로 해석할 수 있다. 단어를 비틀 때 가능하면 신랄한 풍자보다는 따뜻한 유머로 바꾸어 주는 것이 좋다. 너무 신랄하면 유머의 원래 목적, 즉 사람 사이를 즐겁게 한다는 것에서 벗어난다. 가능하면 원래 글자를 그대로 써라. 다른 글자를 삽입하면 효과가 떨어진다. 정치인을 '정말로 치사한 인간들'이라고 해야지, 정말로 '몹쓸' 치사한 인간, 이렇게 쓰면 효과가 감소한다.

예시

천재: '천하에 재수 없는 인간', '천하에 재미없는 인간'은 말비틀기다. 하지만 '천하에 재능 많은', '천하에 재주 좋은'으로 말하면 말비틀기에 해당되지 않는다.

걸작: 걸레 같은 작품, 걸리적거리는 작품

유부남: 유난히 부스스한 남자, 유난히 부담스러운 남자, 유난히 부끄러운 남자, 유난히 부적절한 남자, 유난히 부유한 남자

키포인트

유머와 창의성은 공통점(의외성, 독창성, 유연성, 순발력, 노력, 언어중간체)이 있다. 따라서 언어훈련을 통해서 유머가, 창의성이 개발될 수 있다. 속담은 옛날부터 전해오는 진리다. 고정관념이다. 벗어나야 한다. 속담은 뒤집는 것은 재미있고 쉽게 고정관념을 깨는 훈련이다. 언어 중의성을 연습하자. 같은 어순을 사용하면서 다른 의미로 바꾸어야 극적이다.

복습퀴즈

1. 지능 수준과 유머는 높은 상관관계가 있다.
2. 유머 특징은 사고 패턴이 일정하다는 것이다.
3. 창의성 6가지 요소 중 가장 중요한 2가지는 유창성과 유연성이다.

답
1. X ; 지능 수준은 유머와는 큰 차이가 없다.
2. X ; 유머의 특징은 사고 패턴의 유연성 다양성 독창성이다.
3. O ; 유창성과 유연성이 가장 중요한 특성이다.

2

언어이용 발상법(2)

1. 영어 단어 뒤집기

영어단어 뒤집기는 고급스러운, 고도의 기술이 요구되는 훈련이다. 이것을 쉽게 할 수 있다면 전문가 수준이다. 영어도 원래의 뜻을 완전히 뒤집으면 더 극적인 효과가 있다. 예를 들어 BMW 고급차를 'Big Money Waste'라고 뒤집었다. '돈을 엄청 쏟아 부은 쓰레기'로 만들었다. 혹은 Bring Mechanic With!(기술자 데려와)라고도 바꿀 수 있다. Mechanic을 Money, Mirror, Mouse, More로 바꾸어도 된다. Bring My Wheelchair(내 휠체어 가져와) 혹은 Wife, Will, Wallet로 바꿀 수 있다.

BUICK(미국의 대표적인 차로 소나타 급)을 'Big Ugly Indestructible Compact Killer'(크고 못생겼고 버리기도 힘든 조그만 한 놈!)라고 비틀었다. Ugly대신 Ultra, Undefined, Ugly, Understood, Unbelievable 로 할 수 있다. DIARY(일기장)는 'Darling I Always Remember You(난 언제나 너를 기억해)'라는 달콤한 문장으로 바꾸었다. 이럴 경우 뒤집는 효과는

없다. Remember라는 단어를 Regret으로 바꾼다면 뒤집기가 된다. 다른 단어, Respect, Reflect, Rewrite 로 쓸 수 있다. DELTA(미 항공사)라는 단어를 Doesn't Even Leave The Airport(비행장을 떠나지도 못해!)로 만든다. Leave를 Love, Like, Loft, Look으로, Airport를 America, Ass, Alike, Abandoned로 바꾸어서 표현할 수도 있다. 또한 Don't Expect Luggage To Arrive(여행 가방이 올 거라 생각지마!)라고도 비틀 수 있는데, Luggage 말고도 Life, Love, Lime, Letter로, Arrive가 아닌 Apart, Abandoned, Alike, Ass 와 같은 단어들로 변형이 가능하다.

예시

FORD(미 자동차): Found On Road Dead(길에서 고장 난 채로 발견), Fix Or Repair Daily(매일 고치는)

FRANCE: Friendship Remains And Never Change Ever(우정은 절대 변하지 않는다.)

IBM: I Bought Macintosh(난 매킨토시를 샀어. IBM과 매킨토시는 삼성과 아이폰처럼 경쟁관계)

ITALY: I Trust And Love You(난 널 믿고 사랑해),

LOVE: Loss Of Valuable Energy(중요한 에너지를 잃는 것)(반어법)

OK: One Kiss(키스 한번)

SOS: Save Our Sausages(원래는 Save Our Ship인데 '소시지를 구해줘'로 비틀었다)

TOYOTA: The One You Ought To Avoid(네가 피해야 할 것)

WIFE: Worries Invited For Ever(영원히 '불러온 걱정거리')

2. 사자성어, 삼행시

사자성어는 속담처럼 고정관념이다. 뒤집는 훈련이 필요하다. 속담은 쉽게 말을 바꿀 수 있지만 사자성어는 그보다 어렵다. 사자성어를 알고 뒤집고 새로이 쓸 수 있어야 한다. 사자성어를 정반대의 뜻이 나오게 뒤집는 것은 영어단어 뒤집기만한 고급유머라고 할 수 있다.

'남녀평등(男女平等)'은 본래 남자와 여자는 서로 동등하다는 의미다. 대신 '남자와 여자의 등이 평평하다'의 넌센스로 만들어 보자. 삼행시, 오행시는 단어를 연습할 수 있는 강력한 방법이다. 에이즈(AIDS; 선천적 면역 결핍증; Acquired Immune Deficiency Syndrome)인데 이것을 앞 글자만 따서 '아(A) 이제(I) 다(D) 살았다(S)' 아니면 '아(A) 이런(I) 더러운(D) 세상(S)'으로 만들었다. 단어 뜻을 뒤집는 고급 연습이다. 삼행시, 사자성어 뒤집기에 도전해 보자.

예시

고진감래(苦盡甘來); 즉 '고생 끝에 낙이 온다'를 뒤집어 보자.
답 : 고생을 진하게 하면 감기가 내방한다. 고진감래의 4글자가 그대로 살아 있으면서 뜻은 완전히 뒤집어졌다. 단순히 말장난을 하는 것이 아니다. 진리의 고사성어를 뒤집는 것이다. 중요한 훈련이다.

실전훈련

사형선고; 死刑宣告; 사정과 형편에 따라 선택하고 고른다.
요조숙녀; 窈窕淑女; 요강에 조용히 앉아서 숙면하는 여자
죽마고우; 竹馬故友; 죽치고 마주앉아 고스톱 치는 친구
삼고초려; 三顧草廬; 쓰리고를 할 때는 초단을 조심하라.
포복절도; 抱腹絕倒; 포복을 잘하면 도둑질을 잘한다.
구사일생; 九死一生; 구차하게 사는 한 평생
편집위원; 編輯委員; 편식과 집착은 위암의 원인(편집일이 고되다는 역설)
군계일학; 群鷄一鶴; 군대에서는 계급이 일단 학력보다 우선이다.

부당해고; **不當解雇**; 부유한 사람이 당연하듯이 해대는 고약한 버릇
과대망상; **誇大妄想**; 과히 대단치 않은 망사의 상체
오리무중; **五里霧中**; 오리가 무 밭에 들어가면 중심을 잃는다.

3. 단어 연관짓기

A와 B의 공통점과 다른 점으로 단어 개념을 확장한다. A와 B가 정반대일 경우 더욱 재미있다. 예를 들면 거지와 부자의 공통점, 상이점은? 유머와 더불어 거지와 부자의 특성을 알 수 있다. 이 발상을 통해 TV와 자전거처럼 관계 없는 두 개의 토픽으로 제3의 아이디어가 나올 수도 있는 Tool이다.

예시

부자와 거지 공통점; 둘 다 무언가를 들고 다닌다. 차이점; 부자; 돈과 지갑을 들고 다닌다. 거지; 깡통을 들고 다닌다.

자식과 구름 공통점; 언젠가는 눈앞에서 떠나버린다.

인생과 항해 공통점; 둘 다 언젠가는 끝나버린다. 종점이 있다.

소주와 사랑 공통점; 한번 빠지면 시간가는 줄 모른다. 깨고 나면 남는 건 병 뿐이다.

정치인과 개 공통점; 미치면 약도 없다.

4. 특정 단어 만들기

이름, 전화번호, 광고카피 만들기다. 카피 만드는 훈련은 대상 특성을 잘 파악해서 묘사할 수 있어야 한다. 기억이 잘 되는 전화번호를 만드는 연습을 해 보도록 하자. 상호의 특징을 살릴 수 있는 기억하기 쉬운 전화

번호는 어떻게 만들 수 있을까? 대리운전의 번호나 짜장면 집은 기억하기 쉬운 전화번호를 붙여야 고객들이 금방 떠올려 전화 할 수 있다. 또한 해당 상호의 특징을 잘 살펴 그 대상에 맞는 광고 카피도 만들어 보도록 하자. 이러한 특징을 토대로 어떤 음식, 제품도 그에 걸맞는 이름, 전화번호, 광고카피를 만들 수 있다.

상호 만들기
업소 사장이라 가정하고 상호를 만들어 보자.
예시(첫 글자를 힌트로 만들어 보자. 답은 다음 장에)

미용실; 까 __ __   뽀 __ __ ,

돼지 고기집; 돈 __ __   돈 __ __ ,

닭집; 미 __ __   파 __ __ ,

중국집; 진 __ __ ,

호프; 추 __ __ __ __ __ ,

주점; 샤 __ __ __ __ ,

칼국수집; 난 __ __ __ , 넌 __ __ __ ,

분식집; 그놈 __ __ __ ,

횟집; 광 __ __ __ ,

피씨방; 엄마 __ __ , __ __ __ ,

보쌈집; 마님 __ __ __ ,

애견; 멍.. 야 __ __ __ __ ,

떡가게; 복 __ __ ,

스키점; 이노 __ __ __ ,

도장집; 나 __ __ ,

애견; 누렁 __ __ , __ __ __ ,

숙박업소; 드 __ __ , __ __ __ ,

252   chapter 7 언어와 창의성

가게 전화번호를 한번 들어서 기억될 수 있다면 그만이다. 더구나 직종과 연관되어 기억된다면 100번 선전보다 낫다. 연습해 보자.

기차역 안내번호; 77 _ _ ,
치킨집; 92 _ _ ,
중고가구; 49 _ _ ,
디스코텍; 33 _ _ ,
부동산집; 49 _ _ ,
빵집; 02 _ _ ,
열쇠집; 13 _ _ ,
심부름센터; 14 _ _ ,
교회; 치과; 부동산; 상품코너; 수입 상품; 꽃집; 기름집; 관광호텔;

5. 넌센스 퀴즈

손은 왜 손이라 하고 발은 발이라 할까? 손과 발은 어떠한 의미로 그렇게 이름을 붙이게 된 것일까? 당연한 사실에 왜 붙이다. 왜 붙이기는 강제로 뜻을 해석해서 엉뚱하고 새로운 발상이 가능케 한다.

예시

발은 왜 발이라 불릴까?

답; 발발거리고 다니려면 필요해서다. 혹은 Bal, 즉 balance가 필요해서다.

넌센스 문제는 실없는 사람으로 보이게도 한다. 실없는 사람이 돼야 한다. 실없는 생각은 두뇌를 회전시키고 창의력을 높인다.

1. 세종대왕 새 직업은?
2. 우리나라에서 가장 오래된 공중화장실은?
3. 푸른 집은 영어로 블루하우스, 하얀 집은 화이트하우스, 그럼 투명한 집은?
4. 정원이 500명인 배에 3명밖에 타지 않았는데 가라앉고 말았다. 이유는?
5. 새우와 고래 싸움은 순식간에 새우 승리로 돌아갔다. 왜 일까?
6. 고스톱 3대 명인은?
7. 중국 유명한 뇌수술 전문의는?
8. 괴로워 못사는 왕은?
9. 뇌물을 아주 좋아하는 왕은?
10. 미련하고 천한 왕은?
11. 중국말로 화장실은?
12. 쥐 4마리를 두 자로 하면?
13. 오뎅을 5글자로 하면?
14. '동문서답'이란?
15. 제일 빨리 자는 가수는?
16. 어부들이 제일 싫어하는 가수?

상호 만들기 답

미용실 –(까끌레 뽀끌레), 돼지고기집–(돈내고 돈먹기), 닭집–(미쳐버린 파닭), 중국집–(진짜루), 호프–(추적60병), 주점–(샤론술통), 칼국수집–(난 칼국수, 넌 수제비), 분식집–(그놈이라면), 횟집–(광어생각), 피시방–(엄마몰래피시방), 보쌈집–(마님 보쌈해), 애견–(멍멍아 야옹해봐), 떡가게–(복떡방), 스키점–(이노므스키), 도장집–(나도파), 애견–(누렁이도챨스로), 숙박업소–(드가장 여관)

전화번호 답

기차역 안내번호–7788(칙칙폭폭), 치킨 집–9292(구이구이), 중고가구–4989(사구팔구), 디스코텍–3355(삼삼오오), 부동산집–4989(사구팔구), 빵집–0295(빵이구어), 열쇠집–1313(열세열세), 심부름 센터–1472(일사천리), 교회–0691(영육구원), 치과–2875(이빨치료), 부동산–8575(팔어치워), 상품코너–1638(일류상품), 수입 상품–5833(오파삼), 꽃집–3535(사모사모), 기름집–5151(오일오일), 관광호텔–1504(한번오십사)

쉬어가는 페이지

발명에 얽힌 이야기; 글의 힘

　길에서 한 걸인이 지나가는 사람들에게 돈을 구걸하고 있다. 옆에는 '나는 장님입니다. 도와주세요'라고 쓰인 팻말이 있다. 간간히 지나가는 사람들이 동전을 던져주지만 매우 적다. 한 여인이 다가와 팻말에 쓰인 문구를 바꾸어 적었다. 이전보다 훨씬 많은 사람들이 걸인에게 동전을 던진다.

　"내 종이판에 뭐라고 썼나요?"
　"뜻은 같지만 다른 말들로 썼어요."
　"고맙소."

　여인이 바꾼 팻말 문구는 "아름다운 날입니다. 하지만 난 그것을 볼 수 없네요."였다. 같은 의미 문장이지만 다른 문구로 많은 사람들 가슴을 울렸다. 언어는 우리 생각과 행동에 직접적인 영향을 미친다. '아 다르고 어 다르다.'

1. 영어 단어 뒤집기; 의미를 뒤집으면서 첫 철자가 같은 단어를 사용한다.

2. 사자성어 뒤집기; 진리에 해당하는 사자성어를 뒤집으면 달리 보인다. 유사한
   글자로 뒤집을 수 있으면 금상첨화다.

3. 단어 연관짓기; 공통점, 차이점을 찾으면 두 사물 특성을 정확히 알 수 있다.

4. 상호, 전화번호 만들기; 특정목적 단어를 고르는 언어능력이 늘어난다.

5. 넌센스 퀴즈; 중의성, 의외성, 돌출성을 키울 수 있다.

코믹 에피소드

'반지의 제왕' 작가가 돈 주고 '반지의 제왕' 영화를 봐야 하는 이유

영국 대학 교수(존 톨킨)은 그의 판타지 소설 '반지의 제왕'이 길고 복잡해서 괴롭고 끔찍한 이야기라고 스스로 혹평하는 괴짜였다. 그는 1968년 자엔츠 영화 감독에게 반지의 제왕 판권을 1,800만원이라는 헐값에 넘긴다. 자기 소설은 크고 복잡한 판타지 소설로 아무리 큰 영화사라도 절대 만들 수 없다고 생각했다. 더구나 할리우드용 소재는 아니라고 스스로 판단해버렸기 때문이다. 하지만 영화감독 피터잭슨은 뉴질랜드 근사한 경치를 배경으로 디지털 기술을 사용하면 소설속 어떤 종족이라도 그려낼 수 있다고 생각하고 도전했다. 피터잭슨 감독은 영화 판권을 가지고 있던 자엔츠에서 100억을 주고 판권을 구입했다. 이후 2년 동안 초대형 3부작으로 영화를 제작해서 1부작만 2,000억 벌어들였다. 자엔츠 감독은 1800만원에 산 '반지의 제왕' 판권을 100억에 팔았지만 자신이 직접 제작에 참여해 상당한 부를 거머쥐었다. 반면 반지의 제왕 작가인 존 톨킨과 그의 후손들은 금덩어리를 눈앞에서 스스로 차버린 셈이 되었다. 부친이 영화 원작자이면서도 자기 돈으로 티켓을 사야 할 정도로 그들은 아무런 돈도 받지 못한 것이다. 본인 스스로 자기 작품을 과소평가한 대가다.

1. 말 비틀기는 단어가 가지는 의미를 비트는 것이므로 대부분 반어법 의미를 가진다.
2. 언어 훈련 시 유머보다는 풍자가 더욱 선호되고 강조된다.
3. 영어단어 뒤집기는 가장 쉬운 말 비틀기 훈련이다.

답

1. O; 반어법처럼 단어 의미를 뒤집는 것을 의미한다.
2. X; 풍자는 비꼬면서 웃음을 준다. 유머는 남이 가지는 결점, 잘못을 웃음으로 감싼다.
3. X; 영어단어 뒤집기는 고급기술이다. 영어 의미와 이것을 쉽게 뒤집는다면 전문가다.

스토리텔링 발상법

1. 스토리텔링 중요성

춤추는 로봇에 대해 들어본 적이 있는가? 실제로 춤을 춘다기보다는 간단한 동작을 할 수 있는 로봇을 부르는 말이다. 하지만 '춤추는'이라는 말을 붙이니 로봇의 딱딱한 이미지가 '사람'처럼 친근감 있게 느껴진다. 로봇에게 스토리텔링 효과를 부여한 경우다. 춤추는 로봇처럼 상대방에게 알리고자 하는 바를 생생한 이야기로 설득력 있게 전달하는 것이 스토리텔링이다. 스토리텔링 마케팅은 작품, 상품을 소개하는 수준을 넘는다. 이에 얽힌 다양한 이야기를 가공, 포장해서 광고, 홍보, 판촉에 적용하는 감성 마케팅 커뮤니케이션이다. 미래의 부를 창조하는 길은 더 이상 상품의 기능에서 나오지 않는다. 꿈과 감성이 지배하는 21세기 소비자는 상상력을 자극하는 스토리가 담긴 제품을 구매한다. 감성 자극 스토리텔링은 부를 창조하는 원동력이다. 스토리텔링은 마케팅 중요기법이다. 스토리텔링 기법과 창의적 기술이 만나면, 스토리 있는 창의 제품이 나오게 된다. 물건이 될 수도 있고, 서비스가 될 수도 있고, 영화나 드라마 같은 이야기가 될 수 있다.

일본 아모리 현에는 합격사과가 있다. 태풍이 쓸고 지나간 절망속의 과수원. 그때 나무에 남아있는 하나의 사과를 보고, 아이디어가 떠올랐다. '시련을 거치고 남아있다'는 시험에 합격한 것과 같다. 사과에 '합격'이라는 글자를 써넣자는 생각을 하게 된다. 봉지에 '합격'이라는 글자를 써놓으면 자라면서 햇볕을 받아서 사과에 합격글자가 써진다는 것을 알았다. 이 합격사과는 비싼 가격에 팔렸다. 단순한 사과를 파는 것보다 스토리가 있는 사과를 팔게 되면 훨씬 더 잘 팔린다. 마케팅에서 스토리텔링이 중요한 이유다.

폭풍에도 떨어지지 않았던 사과에 '합격사과'라는 스토리를 붙여 히트 했다.

중국에서 유명한 화장품은 P&G 회사의 'SK-II 피테라'라는 히트상품이다. 하지만 이 상품도 전에는 그저 그런 상품이었다. 히트 스토리는 이렇다. 일본 술 공장에서 일하는 70세의 노인 근로자의 손이 20세와 똑같다는 관찰이 있었다. 여기에 착안해서 한 중소업체가 피부노화방지 물질을 찾는 연구를 시작했다. 기술적으로는 제품이 완성되었지만 판매는 부진했다. P&G 회사에서 이 기술을 샀다. 이 제품에 개발스토리를 붙였다. 이 상품은 히트상품이 되었다. 같은 제품이라도 스토리가 있는 것이 잘 팔린다는 것을 보여준 사례다.

프랑스 '에비앙' 생수는 비싼 가격으로 팔린다. 거기에는 스토리가 있다. 프랑스 혁명 이후 에비앙이라는 마을에 프랑스 귀족이 요양을 하게 되었다. 산에서 내려온 물에 미네랄 성분이 풍부하다는 주민 이야기를 듣고 프랑스 귀족이 요양 기간동안 그 물을 먹었다. 이 스토리를 배경으로 에비앙 회사가 1898년 정부 허가를 받았다. 프랑스 혁명 당시 귀족이 지하수로 신장결석을 치료했다는 전설 같은 이야기에서 출발했다. 믿거나 말거나 에비앙은 생수를 팔아서 돈을 벌었다. 스토리가 회사를 탄탄하게 만든다.

생수를 먹고 병이 나았다는 스토리를 만든 에비앙 생수 ©Miel Van Opstal

2. 직업 속의 스토리텔링

스토리텔링은 어떤 일이나 직업을 가질 수 있을까? 첫째 스토리를 만드는 상품 개발자다. 상품이 팔리는 것은 지식보다는 상품에 섞여있는 감성 때문에 팔린다. 앞의 예처럼 폭풍에도 떨어지지 않는 사과가 합격사과로 비싸게 팔렸고, SK-II 피테라 이야기는 소비자의 신뢰를 충분히 받을 수 있다. 둘째 현지인 감각에 맞는 스토리의 수출품을 홍보할 수 있다. 화장품을 만들어 중국에 수출하고 싶다면 단순히 효율을 설명하는 것보다 고대로부터 내려온 중국 녹차의 효능 스토리를 실어 보낼 수 있다. 셋째 어려운 과학을 쉽게 전달할 수 있는 과학기자가 될 수 있다. 예를 들어 줄기세포라는 개념은 어렵다. 그렇지만 도마뱀이 꼬리가 끊겼을 때 남은 몸에 있던 줄기세포가 스스로 새로운 꼬리를 만들어 낸다고 하면 누구나 쉽게 이해한다. 다른 스토리로 줄기세포를 알릴 수 있는 것이다. '127시간'이라는 영화에서는 남자 주인공이 등산 중 바위틈에 팔이 끼어서 127시간 동안 고전하다가 결국은 팔을 자르고 살아나게 된다. 만약 줄기세포가 있었더라면 도마뱀처럼 줄기세포가 새로운 팔을 만들 수 있을 것이다. 이렇게 스토리를 곁들여 설명할 수 있다. 넷째, 생물을 재미있게 가르치는 교육자가 될 수 있다. 인간유전자인 인간 게놈은 이해하기 어렵다. DNA가 어떻고 구조가 어떻고 하는 것을 설명하는 것 보다는 영화배우 안젤리나 졸리 이야기를 하는 것이 이해하기 쉽다. 안젤리나 졸리가 왜 암에 걸리지도 않았는데 유방절제수술을 받았는가 하는 이야기를 한다. 인간 게놈 정보에서 암에 걸릴 확률을 예측할 수 있다는 과학을 설명할 수 있다. 다섯째는 극본을 쓰는 주부 작가가 될 수 있다. '아바타'라는 영화는 사람의 뇌를 외부에서 조정해서 그 사람이 실제 움직인다는 공상 소설이다. 영화, 드라마, 소설은 스토리가 생명이다. 이러한 스토리를 가지고 대본, 각본을 만들어서 유명작가가 될 수 있다. 여섯째, 만약 강화도 쑥 판매를 늘려야 하는 강화도 공무원이라면 쑥에 스토리를 만들어 판매하자는 기획을 할 수 있다. 강화도 쑥이 왜 유명한가를 강화도 쑥이 나오는 호랑이 이야기, 쑥에 관련된 다른 사람들의 이야기를 스토리로 만들어서 '강화도 쑥 농원'을 만든다면 많은 사람들이 그곳에 몰릴 것이다.

3. 스토리텔러의 6가지 요소

과학적 지식에 스토리를 입히면 공상과학 소설이 될 수 있다. 쥐라기 공원, 아바타 등은 과학적 지식과 상상력, 즉 스토리가 들어가서 성공한 경우다. 이런 영화 한 편의 상업적 수익은 대단해서 쥐라기 공원은 현대 자동차 1년 수출액을 대체할 수 있었다. 또, 아바타는 조 단위의 판매액을 기록했다.

'마법 천자문'이라는 만화가 있다. 이 만화는 '한자(漢字)'라는 따분한 글자에 모험과 이야기를 엮어서 히트한 책이다. 쥐라기 공원도 마찬가지 이야기이다. 베르나르 베르베르의 '개미'도 과학에 스토리텔링이 접목된 히트상품이다. 과학은 어려워서 전달이 잘 안 된다. 과학적 사실, 진실, 공식, 발견을 바로 대중이나 사람들에게 전달하면 사람들은 모두 하품을 하거나 잘 받아들이지 못한다. 과학자, 과학기자나 특허관련 기업 관계자라면 몰라도 일반 대중들은 관심을 갖지 못한다. 이것을 극복할 수 있는 유일한 방법이 이야기다. 이야기에는 힘이 있다. 과학적 사실, 진실이 인간의 1차원적인 인지를 자극한다면 이야기는 다차원적이면서 인간 공감을 전인적으로 끌어들인다. 황금빛 망토와 같은 것이다. 즉, 지식은 1차원적이고 창의적 스토리는 다차원적이다. 이야기는 다차원적이고 오감을 자극하고 상상하게 한다. 설득이나 일반적인 호소는 밀어붙이기식 전략보다는 '믿을 만하다'라는 공감을 받아야 한다. 창의성은 이런 스토리텔링의 기본이다.

강단 연사는 스토리텔러가 되어야 하고 다음 6가지 중 최소 한 가지는 만들 수 있어야 한다. 첫째, '나는 누구인가'를 보여주어야 한다. 내가 과학자 인가를 보여주는 것은 쉽다. 그러나 과학자에 얽힌 이야기를 사람들에게 관심 있게 보여주는 것은 쉽지 않다. 둘째, '나는 왜 여기 있는가'를 보여주어야 한다. 이 강의 목적이 무엇인가를 1차원적으로 설명하면 재미가 없다. 그것에 스토리를 입히면 사람들이 훨씬 더 재미있어 한다. 셋째, '나의 비전은 무엇인가'를 보여주어야 한다. 이 스토리에 담고 있는 것이 무엇인가를 이야기로 보여줄 수 있어야 한다. 넷째, '감동적인 교훈'을 담은 이야기를 해야 한다. 설교를 담는 게 아니고, 스토리를 통해서 이야기의 교훈을 담아야 한다. 다섯째, '실천할 수 있는 가치'를 담은 이야기가 필요하다. 무엇을 실천하라기보다는 그 이야기를 통해서 다른 사람이 실천하고 싶어지는 그런 이야기가 필요하다. 여섯째, '당신의 마음을 읽고 있다'라고 느끼게 해주는 이야기가 필요하다. 강의나 토론에서 상대방의 마음을 알 수 있다. 네가 무슨 생각을 하는지 알고 있다고 공감을 할 수 있는 이야기를 해주어야 한다.

스토리텔링이란 말하는 사람과 이야기를 듣는 사람이 상호 교감을 하는 과정이다. 일반적인 전달이 아니고, 청자와 화자의 이야기에 참여하는 이벤트다. 말하는 사람과 듣고 상상력을 발휘하는 청자 간의 상호과정을 '스토리텔링'이라고 이야기한다. 스토리텔링은 이야기, 청자, 화자가 존재하고 청자가 화자의 이야기에 참여하는 이벤트다.

실전훈련

청중과 강의를 시작할 때 일방통행 형태 강의보다는 교감이 있는 강의가 필요하다. 만약 철원 지방의 농민을 대상으로 '안보 교육'을 한다고 하면 처음 시작을 어떻게 하는 게 좋을까?

답
연사가 철원 지방 농민과 관련 있음을 보이는 것도 한 방법이다. 예를 들면 철원에서 군대를 복무 했다던가 집에서 먹는 쌀이 철원 쌀이라던가, 하다못해 친구가 철원에 부동산 투자를 하려는데 여러분은 무슨 제안을 해주겠냐 등 교감이 필요하다.

스토리텔링은 조직된 현대사회에서 효과적인 커뮤니케이션 방법이다. 아날로그 시대에는 많은 이야기가 들어가 있지만 디지털 시대에는 많은 이야기가 없다. 즉, 감각적 속성을 지닌 영상시대에는 오락적 요소가 강해진다. 하지만 놀이란 바로 우리가 참여해 만드는 이야기이다.

초보 작가들이 어떤 이야기를 할 것인가 고민하는 동안, 노련한 작가들은 어떻게 이야기할 것인가를 고민한다. 모든 독자는 작가가 자신을 울려주고 웃겨주고 흥분시켜주길 갈망한다.

스토리의 중심은 예전과 같다. 다만 그 방식이 여러 개다. 많은 초보 작가들은 본인들이 완전히 새롭고 독창적인 스토리를 만들 거라고 믿고 있다. 그들은 인류가 감정에 있어서 수천 년 간 변하지 않았다는 사실을 잊고 있다. 독자가 무엇을 알고 무엇을 몰라야 하는지에 관심을 가져야 이야기 하는 사람, 즉 작가나 화자는 정확하게 그것을 표현할 수 있다. 독자는 작품을 읽는다는 간접체험 속에서 감동과 흥분을 느끼기 때문이다.

4. 이야기 5요소

영화, 드라마, 연극에는 5가지 요소가 필요하다.

(1) 열정; 왜 그 이야기를 했을까? 왜 그 문제에 신경을 쓸까?

(2) 영웅; 주인공으로 청중을 이끌어 자신의 관점으로 이야기를 볼 수 있게 해 주는 영웅이 필요하다.

(3) 악당; 영웅이 반드시 맞서 싸워야 하는 악당, 혹은 난제가 있다.

(4) 깨달음; 영웅을 성장하게 만드는 깨달음의 순간, 이야기 속에서 주인공은 무엇을 배웠을까? 이야기가 빛을 발하게 하는 것은 무엇일까?

(5) 변화; 이 모든 과정을 거친 후 뒤따르는 영웅과 세상은 어떻게 변했을까? 이야기 속에서 어떠한 변화가 있는가?

5. 청중과 상호작용

스토리텔링에서 가장 중요한 것은 청중과 상호작용이다. 스토리텔링 요소가 책이라면 책 주인공과 독자 사이 상호교감이 스토리텔링이 된다. 공연예술 3요소는 스토리, 스토리텔러, 청중 상호작용이다. 스토리텔링 핵심은 상호작용이다. 만약 과학적 사실 전달이 목적인 강연이라면 명확하고 확실한 사실전달과 스토리텔링 흥미, 두 마리 토끼를 모두 잡아야 한다.

6. 광고 속 스토리텔링과 창의성

단순, 호감, 놀라움, 독창성이 있고 상대방의 관심도 끌어야 하는 것은 무엇일까? 답은 유머와 광고다. 광고와 유머는 둘 다 창의성이 필수다. 광고의 발상으로부터 완성 과정을 보면, 아이디어를 내는 것과 유사하다. 광고개발 회의에서 누군가 아이디어를 던지면 그것을 변형, 발전시키고 어떤 최종안을 채택할 것인지 판단한다. 이후 그 광고를 구체적으로 표현하는 작업이 진행된다. 즉 광고의 스토리텔링도 일반 제품의 아이디어처럼 우뇌, 좌뇌의 실용화가 필요하다.

광고는 추상적보다 구체적, 언어적보다 시각적이어야 한다. 판매촉진 목적을 독특하고 자신 있게 제안하여야 한다. 강한 장점을, 충격적인 사진으로, 단순하고 설득력 있는 메시지로 구성되어야 한다.

광고 속 스토리텔링 방법의 하나는 '4S' 방법 적용이다. 즉, ① Suppose (If ~~ 라면) ② Simplicity(Key 주제 간의 무작위 결합) ③ Strecth(얼마나 ~~하면) ④ Similarity(~와 같다)이다.

①인체방향제(디오더런트)광고를 생각해보자. 만약 디오더런트가 없으

면 옆구리 냄새가 심할 것이다. 냄새가 심한 것을 강조하자. 옆구리에 긴 사람이 찡그리는 장면을 생각하자. 직접 사람을 잡아끼는 레슬링을 생각할 수도 있다. 레슬링 도중 옆구리에 긴 상대가 돌연 기절해버린다. 또는 옆구리에 낀 신문의 얼굴이 찡그러지는 광고는 어떨까?

②광고하려는 시계와 책을 무작위로 조합해보자. 책속에 시계가 들어가버리면 어떨까. 시계가 얇다는 광고를 하거나 아니면 책속에 들어가도 소리가 들린다거나 책속에 들어가도 시계가 보이는 광고를 할 수 있다.

③미니 게임기가 재미있다는 광고를 하려한다. 얼마나 재미있으면 ~가 될까. 예를 들면 게임기를 하도 오랫동안 잡고 있어서 손톱이 길어진다면, 혹은 너무 오랫동안 해서 소년이 할아버지가 됐다는 광고는 어떨까.

④마약금지 광고를 하고 싶다. 마약은 총처럼 위험하다고 강조하려 한다. 권총을 어떻게 배치하면 좋을까. 머리? 가슴? 기왕이면 마약과 관련된 곳을 겨냥하면 좋겠다. 권총을 코에 집어넣자. 마치 코로 코카인 가루를 흡입하는 모양을 흉내 내면 더 극적일 것이다.

7. 연관성 훈련

연관성 훈련은 몇 개의 서로 다른 사건, 설정을 통해서 연관을 짓는 훈련이다. 단어 속성을 연결시키기보다는 확장해서 스토리를 만드는 훈련이다. 단순 비교보다는 상상으로 발전된 내용이 연관성 만들기이다. 특히 Time, Place, Object(T, P, O)를 연결해서 스토리를 만드는 방법이 자주 쓰인다. T; 연극공연시간, P; 지하, O; 가면, 세 개 조합을 가지고 어떤 스토리를 만들 수 있을까? 예측할 수 없는 서로 다른 것을 조합하는 것이 핵심이다. 만들어 보자.

'연극 공연' 두 남녀 주인공은 연인 사이이다. 하지만 연극 도중 배우 한 사람이 죽게 되는 사건을 만난다. 여자는 무서워서 '지하'실로 도망가는데 거기에서 우연히 만난 '가면'의 남자가 그 여자를 사랑한다. 가면의 남자는 배우 남자를 질투해서 그를 죽이려고 한다. 영화, '오페라의 유령 (Phantom of Opera)' 줄거리다.

답

1. 의외성, 독창성, 유연성, 순발력, 노력필요

2. 고정관념; 속담은 대대로 내려온 만고의 진리이기 때문이다.

3. 귀족이 에비앙 지역에 와서 물을 마시고 병이 나았다.

4. 영웅, 악당

5. 청중과의 교감

 요약

유머와 창의성은 공통점이 많다. 의외성, 독창성, 유연성, 순발력, 노력, 언어 중간
체다. 언어훈련의 핵심은 고정관념을 깨고 중의성에서 다른 시각을 제공한다. 속
담 뒤집기는 재미있고 쉽게 고정관념을 깨는 훈련이다. 영어 단어 뒤집기, 사자성
어 훈련도 역전의 발상이 필요하다. 스토리텔링 방법은 창의성의 꽃이다. 경영, 창
작 심지어는 가정용 기계의 설명서나 어려운 수학공식도 스토리를 곁들여서 설명
하면 귀에 쏙쏙 들어온다. 스토리에는 기승전결의 전개방식과 영웅과 악당이 포함
되어 있는 구조로 사람들의 관심을 끌게 된다.

 심층 워크시트

1. 최근 사건이나 관찰에서 아이디어를 하나 떠 올려라.

2. 이 아이디어와 가장 근접한 속담을 하나 찾아서 이를 뒤집어라.

3. 이 아이디어가 상용화되었을 때 판매회사이름과 전화번호를 만들어라.

4. 이 상품을 광고하고 싶다. 광고 스토리를 만들어라.

chapter 8

트리즈 발상기술(1)

"영감이 오는 것을 기다리고 있을 수는 없다.
곤봉을 가지고 쫓아다니는 수밖에 없다."

잭 런던(1876년-1916년) 작가

피자 배달 상자는 어떻게 만들어야 할까? 뜨거운 피자를 배달하기 위해서 종이상자 바닥이 두껍고 튼튼해야 한다. 튼튼하고 두꺼운 바닥을 만들려면 부피가 커지고 무거워지고 상자 가격도 비싸지고 배송도 불편해진다. 이 문제를 어떻게 풀어야 할까?

해결방안을 즉석 사고와 체계적 사고로 나누어 보자. 즉석 사고는 브레인스토밍이나 브레인라이팅 같이 이런저런 생각을 해보는 것이다. 상자 밑에 무얼 집어넣을까? 상자에 공기를 넣어볼까 하는 식이다. 체계적 사고는 '트리즈(Triz)'라는 방식이다. 이 방식은 '발명 규칙'을 따른다. 모순, 해결해야 할 문제는 무엇인가, 실제 사용할 수 있는 것은? 하는 방식으로 논리적인 접근을 해서 해당 문제를 분석, 해결하는 것이다.

트리즈를 사용해서 피자 판 문제를 해결해 보자. 두 가지 모순이 발견된다. 상자 밑에 두꺼운 포장지를 사용한다면 강도는 강해지지만 부피는 증가한다. 최적 해결법은 강도는 강해지고 동시에 부피는 작아지는 것이다. 이 경우 '40가지 트리즈 기술'을 사용하면 아이디어를 낼 수 있다. 즉 14번째 방법인 '곡선을 이용해 보라'란 힌트다. 피자박스 아래 곡선을 줘서 물결처럼 접혀진 종이를 바닥에 붙이면 바닥 두께는 증가한다. 뜨거운 피자 온도가 바닥까지 전해지지 않아서 피자상자를 옮기는데 문제가 없게 된다. 곡선 형태로 만들었기 때문에 중간에 많은 빈 공간이 있다. 부피는 커지겠지만 무게는 늘어나지 않는다. 뜨거운 피자를 옮기는 상자의 바닥이 두꺼워져서 손으로 잡아도 되고 무거워지지도 않아 모든 문제가 해결됐다.

1

트리즈 기술

1. 트리즈 40가지 기술

　'트리즈(Triz)'는 러시아어로 'Tips' 즉, '문제해결 방식'이다. 인간 두뇌는 좌뇌 우뇌로 구분되어 있다. 트리즈는 좌뇌 훈련에 의한 발명 기술이다. 우뇌는 세상에 없는 것들, 갑자기 떠오르는 아이디어를 낸다. 반면 트리즈 발명 방식은 이런 직관보다는 발명 규칙을 찾는다. 창의성에는 알고리즘, 즉 일정한 공식, 패턴이 존재한다.

　트리즈 기술은 두 가지 방법이 있다. 첫째 방법은 무엇이 모순인가를 발견하고 이를 논리적으로 해결하는 방식이다. 치아를 희게 하는 미백제품을 보자. 8시간 정도 붙여야 하는데 미관상 안 좋다. 모순이 생긴다. 부착과 미관의 모순이다. 물리적 힘과 미관 감정 충돌이다. 트리즈는 이런 모순을 수백 가지로 분류해서 표를 만들었다. 표에서 제시하는 힌트는 '투명, 장기'다. 즉 투명하게 만들고 천천히 약이 나오게 하는 방법이다. P&G(프락터 앤 갬블) 회사는 치아 미백제를 서서히 방출하는 비닐 테이프

형태로 이 문제를 해결했다. 이 방식은 체계적이다. 하지만 모순을 정확하게 묘사하지 못하면 대안을 찾지 못한다. 대안이라고 해도 답이 금방 나오는 것이 아니고 그 방향으로 생각해봐라 하는 정도다. 매번 방대한 표를 들여다봐야 하는 어려움도 있다. 둘째 방법은 '40가지 기술'을 적용해 보는 것이다. 소련 특허 15만 개를 분류해 보니 공통적으로 사용된 기술이 40가지다. 대부분 발명기술이 이 40가지 속에 있다. 치아 미백제의 경우 '연한 필름 사용'이라는 기술을 적용해 보았을 때 필름형태 미백제를 금방 연상하게 된다. 두 가지 방법 중 40가지 기술이 실제 현장에 적용하기 쉽다. 해결할 문제를 알고 40개 기술을 차례로 적용해 보면 어디에선가 문제를 해결하는 방안이 떠오른다. 트리즈는 문제해결형이다. 하지만 아이디어를 내는 데도 유용하게 쓰인다. 이공계, 비이공계 모두에게 유용한 팁이 된다. 40가지 기술을 살펴보자.

1) 분할(Segmentation)

대상을 나누는 방법이다. 분할해서 독립시키거나, 조립 형태로 만든다. 큰 바위를 한꺼번에 깨기 쉽지 않다. 해결책은 분할, 즉 조금씩 나누어 깨나가는 방법이다. 큰 바위 중간 중간을 바둑판처럼 나누고 다이너마이트를 집어넣어 연속적으로 깨나간다. 큰 트럭의 경우 운전석과 트레일러석이 따로 있다. 큰 덩치 화물트럭은 화물을 일일이 싣고 내리기가 불편하니 화물을 컨테이너로 따로 분리한 것이다. 즉, 컨테이너 단위로 여러 개 쌓기 위하여 올렸다 내렸다 할 수 있도록 공간을 분할한 것이다. 조립식 가구를 보자. 하나씩 두 개씩

운전석과 트레일러를 분할한 트럭
©Philmarin

더해서 올려놓는 방법이다. 중화요리 집
에서 하는 고민, 즉 두 개 요리를 모두 맛
보고 싶은 욕심을 해결하기 위해 만든 메
뉴가 '짬짜면'이다. 이 짬짜면 그릇은 짬
뽕과 짜장을 함께 먹을 수 있는 구조다.

두 개 요리를 모두 맛보도록 분할
한 짬짜면 용기 ©Pabo76

분할 기술은 물건 외에도 쓰인다. 'SWOT 분석'법이 있다. 어떤 프
로젝트나 계획을 4가지 측면에서 분할하는 방법이다. SWOT는 강점
(Strength), 약점(Weakness), 기회(Opportunity), 위험(Threat)이 무엇인
가를 분리해서 분석하는 방법이다. 이 방법은 어떤 문제나 프로젝트를 평
가할 때 한꺼번에 보는 것이 아니고, 강점, 약점, 기회, 위협으로 분류, 분
석하는 방법이다. 더 정확하게 판단, 결정할 수 있다. 소설도 분할해서 나
누어 쓸 수 있다. 과학 논문은 서론, 본론, 결론으로 나누어 써야만 읽는
사람이 확실히 이해가 된다. 분할의 또 다른 예는 핵가족이다. 큰 덩치를
작은 덩치로 나누는 예다.

2) 회수, 제거(Extraction)

방해되는 것이나 필요한 것을 각각 떼
놓는 방법이다. 에어컨은 실내기는 방안
에 있고 냉각기는 바깥에 있다. 문제, 방
해가 되는 것을 분리하는 방법이다. 화장
실은 남녀그림으로 간단히 표시한다. '픽
토그램(Pictogram)'이다. 군더더기는 빼
고, 필요한 부분만 분리, 강조한다. 전화

불필요한 부분을 제거한 픽토그램

박스는 수화기로, 음식점은 포크와 나이프로 상징한다.

스타벅스, CU마켓은 프랜차이즈이다. 프랜차이즈는 필요한 부분만 남기고 불필요한 것을 제거하는 '핵심 추출'의 방법이다. 프랜차이즈는 장점이 있다. 직접 마케팅을 할 필요 없이 본부에서 일괄적으로 마케팅을 해준다. 창업비용이 적다. 기술, 행정적인 내용을 본부가 모두 다 처리해 준다. 음식 프랜차이즈라면 음식기술이 필요 없다. 교육, 음식 재료를 모두 제공하기 때문이다.

3) 국소적 품질(Local quality)

지우개가 달린 연필을 보자. 아랫부분은 글씨를 쓰기, 윗부분은 지우기로 각기 다른 기능을 수행한다. 뜨거운 음식, 찬 음식을 나눈 칸막이 도시락, 노래방이 따로 붙어있는 기차 등은 한 물건에서 각각 다른 기능을 수행한다. 지역 특색에 맞추는 방식도 있다. 회사에서는 직원 격려 목적으로 지역소속 야구단 경기티켓을 나누어준다. 그 지역 특성을 살리는 국소적 품질 방법이다. 강의를 할 때에도 청중이 어떠한 타입, 어떠한 계층인지를 파악하고, 거기에 맞는 유머를 선택해야한다. 청중을 파악하지 못하고

스위스 칼은 각각의 도구가 독자적 기능을 한다. ©Jonas Bergsten

엉뚱한 유머를 택해서 곤란한 경우를 종종 볼 수 있다. 현지에 맞는 국소적 품질이 필요하다. 스위스아미 칼은 하나 속에 칼, 오프너, 가위의 기능을 갖고 있는 국소적 품질 예다.

4) 비대칭(Asymmetry)

대칭을 비대칭으로 만드는 방법이다. 대칭은 늘 보는 방법이다. 일종의 고정관념이다. 자동차 라이트는 좌우가 같다고 생각한다. 하지만 두 개 라이트가 서로 비추는 방향이 다르다. 하나는 바닥을 다른 하나는 전방을 비추어 운전자는 바닥과 전방을 동시에 볼 수 있다. 대부분 옷이 대칭이다. 좌우가 비대칭인 의상, 색이 다른 패션, 어깨선이 한 쪽만 내려온 여성 의상은 눈에 띄는 독특한 효과가 있다. 비대칭 다른 예는 인센티브 제도다. 균등 분배가 아닌, 성과에 따라 불균등, 비대칭으로 분배하는 방법이다.

고정관념인 대칭을 깬 비대칭의상은 독특해서 눈에 띈다.

실전훈련

다음은 (1) 분할, (2) 추출, (3) 국소품질, (4) 비대칭 중 어떠한 기술인가?

1. 컴퓨터, 2. 서서하는 회의, 3. 영화 예고편, 4. 음식점 놀이방,
5. 정오의 음악회, 6. 한쪽이 내려온 삼겹살 구이판, 7. 스톤워시 청바지,
8. 소방 호스 분사구, 9. 그룹 계열사, 10. 블라인드형 커튼,
11. 발전기를 지하에 분리, 12. 내시경, 13. 청중에 맞춘 강의,
14. 현지토양에 맞는 비료, 15. 7병짜리 맥주팩, 16. 조수석 있는 오토바이

답

1. 컴퓨터; 컴퓨터는 모듈로 되어 있다. 분할 방법이다. 컴퓨터는 통째가 아니고 기억부분, 입력부분, 저장부분 등 각각 패널로 구분이 된다.

2. 서서하는 회의; 서서하는 회의는 불필요한 부분, 즉 의자를 제거한 경우다. 빨리 효과적으로 회의를 할 수 있다.

3. 영화 예고편; 영화에서 재미있는 부분만 보여주어서 마케팅에 사용하는 추출방법이다.

4. 음식점 놀이방; 음식점에 따로 마련한 '아이들 놀이방'은 국소품질이다. 레스토랑에서 식사기능과 달리 아이들의 방을 노는 공간으로 만들었다.

5. 정오의 음악회; 국소품질, 비대칭이다. 시간을 국소적으로 쓴다는 면에서 국소품질에 해당된다. 늘 하던 식이 아닌 비대칭의 방법이기도 하다.

6. 한쪽이 내려온 삼겹살 구이판; 비대칭 방법이다. 구이판은 평평해야만 된다고 생각한다. 비대칭 방법으로 독특하게 기름을 한쪽으로 모으는 기능이 추가되었다.

7. 스톤워시 청바지; 닳아 보이는 청바지는 바지를 미세구조로 분해, 해체한 분할이다.

8. 소방 호스 분사구; 물이 일직선으로 나가지 않고, 넓게 퍼져나간다. 물의 파괴력을 줄이기 위해 물줄기를 미세방울로 분해하는 '분할'이다.

9. 그룹 계열사; 큰 그룹을 소규모 이익 단위로 바꿀 때, 경영과 통제가 쉬워진다. 쪼개기는 미세구조로 분해, 해체하는 분할이다.

10. 블라인드형 커튼; 빛을 차단하기도 하지만 나누거나 쪼개기로 그 정도를 변화시키는 분할이다.

11. 지하실 발전기; 풍력발전기 소음을 줄이기 위해서 회전날개와 발전기부분을 분리한다. 필요부분은 남기고, 불필요 부분은 제거하는 '추출'이다.

12. 내시경; 내시경 광섬유는 비추는 부분과 광원이 분리되어 있다. 진찰에 필요한 빛을 '추출'하거나 빛, 작업 부분을 '분할'한 경우다.

13. 청중 맞춤 강의; 강사가 아닌 청중이 원하는 강의는 국소성질이다. 청중 각각의 고유 성질을 고려한다.

14. 현지토양에 맞는 비료; 토양성분을 분석해서 현지 토양에 맞는 비료를 사용하는 방법은 그 지역 국소성질을 이용하는 경우다.

15. 7병 맥주 팩. ; 보통 맥주 팩은 6병짜리다. 맥주 팩을 7개로 '비대칭' 포장하면 눈에 띈다. 실제 50% 매출이 증가했다.

16. 조수석 오토바이; 1인용 오토바이가 아닌 조수석 오토바이는 비대칭이다.

1. 냄비 부피가 커서 상자에 잘 안 들어간다. 분할기술을 적용하면 어떤 아이디어가 나오겠는가? (힌트) 손잡이, 몸통

2. 인공위성 발사체가 너무 크고 무겁다. 만약 분할기술을 적용한다면 어떤 아이디어가 나오겠는가? (힌트) 중간에 버리다

3. 선이 붙어있는 키보드에 회수, 제거기술을 적용하면 무슨 제품이 나올까?

4. 줄넘기 줄이 길고 간수가 힘들 때 회수, 제거기술을 적용하면 무슨 제품이 나올까?

5. 인터넷 랜선에 회수, 제거기술을 적용하면 무슨 제품이 나올까?

6. 긴 양말에 회수, 제거기술을 적용하면 무슨 제품이 나올까? (힌트) 발목

7. 선풍기 날개에 회수, 제거기술을 적용하면 무슨 제품이 나올까?

8. 열쇠에 회수, 제거기술을 적용하면 무슨 제품이 나올까? (힌트) 번호

9. 옷에서 회수, 제거기술을 적용하면 무슨 제품이 나올까?

10. 이어폰 줄에 회수, 제거기술을 적용하면 무슨 제품이 나올까?

11. 침대 아래 공간을 쓰고 싶을 때 국소 품질을 적용하면 무슨 아이디어가 나올까? (힌트) 서랍

12. 한 곳에서 여러 음식을 맛보고 싶을 때 국소 품질을 적용하면 무슨 아이디어가 나올까? (힌트) 백화점

13. 펜을 여러 굵기로 쓰고 싶을 때 비대칭을 적용하면 무슨 아이디어가 나올까? (힌트) 형광

14. 기타의 보디부분을 새로운 모습으로 바꾸고 싶을 때 비대칭을 적용하면 무슨 아이디어가 나올까? (힌트) 전기

15. 주사바늘이 잘 들어가게 하고 싶을 때 비대칭을 적용하면 무슨 아이디어가 나올까? (힌트) 대각선

1. 손잡이와 몸통이 분리되는 냄비

2. 중간중간 인공발사체를 사용 후에 그때그때 버리는 방법

3. 키 없는 키보드, 화면상 키보드

4. 줄 없는 줄넘기

5. 무선 인터넷

6. 발목양말

7. 날개 없는 선풍기

8. 번호 도어락

9. 비키니 수영복

10. 블루투스 이어폰

11. 밑에 수납이 가능한 침대

12. 푸드 코트

13. 양끝이 굵기가 다른 형광펜

14. 전기기타 보디부분

15. 주사바늘 끝이 대각선이 되도록 만들어서 잘 들어가게 한다.

 키포인트

1. 트리즈란 문제를 푸는 발명 기술이다. 기본이론은 창의성을 위한 알고리즘이 존재한다는 것이다. 소련 특허 15만 개를 분류한 결과 공통적으로 사용된 기술 40개를 뽑아냈다.

2. 트리즈 발명기술 40개

(1) 분할; 대상을 분할한다. 큰 바위를 조금씩 깨기, 조립식 가구, 중국집의 짬짜면, SWOT 분석이 해당된다.

(2) 회수제거; 방해, 필요한 것을 각각 떼어 놓는다. 에어컨 냉각기, 프랜차이즈가 그 예다.

(3) 국소적 품질; 각 부분이 각각 다른 기능을 수행하는 것이다. 지우개 달린 연필은 다른 두 가지 기능이 하나에 있다.

(4) 비대칭; 대칭을 비대칭처럼 고정관념을 바꾼다. 기울어진 구이판, 인센티브 제도가 비대칭 예다.

2. 트리즈 40 기술(2)

5) 병합(Merge)

시간, 공간을 병합할 수 있다. 오디오 세트는 스피커 기능, 음악 재생 기능을 한 세트로 모아둔 경우다. 분할이라고도 할 수 있지만 각각 작은 기능을 병합했다고도 할 수 있다. 전자기판 집적 회로는 회로를 모아둔 경우다. 애견 카페는 여러 종의 개들을 모은 곳이다.

직접 회로는 많은 회로를 모아둔 병합방식이다.
©T137

6) 범용성(Universality)

용도가 여러 개인 경우다. 치약 포함된 칫솔, 침대용 소파가 해당된다. 유조선 운반시간이 걸리므로 아예 정유기능을 같이 가지고 있는 정유 유조선 등이 범용성 예다.

침대, 소파로 범용성 기능이 있다.

7) 포개기(nesting)

하나를 다른 하나에 포개 넣기다. 차 라디오 안
테나는 밀어 넣으면 포개진다. 여러 개가 포개지
는 컵, 대형 마트 쇼핑 카트는 모두 포개기다.

포개기 기술은 공간을 절
약한다.

8) 평형추(Counter weight)

하나 무게를 다른 물체와 연관시켜 상쇄시키는 기술이다. 건설 기중기

는 철근구조물로 한쪽에 물건을 달고 다
른 쪽에 추를 놔서 무게 밸런스를 맞춘다.
거대한 저울 원리다. 비행기가 뜨는 이유
는 날개에서 생기는 뜨는 힘과 비행기 무
게가 상쇄된다. 수증익선은 공기를 아래
로 불어내면서 프로펠러로 앞으로 나간
다. 공기를 밑으로 불어주는 힘과 무게가
서로 상쇄된다.

기중기는 좌우가 균형을 이루는 평
형추 방법이다.

실전훈련

다음은 5) 병합(Merge), 6) 범용성(Universality), 7) 포개기(Nesting), 8) 평형
추(Counter weight) 중 어떤 기술을 사용한 것일까?

1. 잠수함, 2. 끼워 팔기, 3. 절삭 시 냉각유 동시 뿌리기, 4. 떡 모음 세트,
5. 디지털 복합기, 6. 비행기 착륙장치, 7. 스푼세트, 8. 엘리베이터,
9. 네트워크, 10. 같은 건물 내 패스트푸드 체인점, 11. 노새,
12. 재벌 딸과 국회의원 아들 결혼, 13. 원스톱 쇼핑, 14. 대형 보자기

1. 잠수함; 탱크에 물이 차면 가라앉고, 공기를 채우면 또는 잠수함은 평형추 방법이다.

2. 끼워 팔기; 재고품을 인기 있는 상품과 결합, 판매하는 방법으로 일종의 평형추 방법이다.

3. 절삭 시 냉각유 동시 뿌리기; 절삭 열을 식히기 위해 냉각유를 뿌리는 방법의 병합이다.

4. 떡 모음 세트; 각기 다른 떡을 모아 한 세트로 만드는 병합이다.

5. 디지털 복합기; 프린터, 스캐너, 팩스가 하나로 모여 있는 병합이다.

6. 소양강 다목적 댐; 홍수조절과 발전을 동시에 할 수 있는 범용성이다.

7. 비행기 바퀴; 착륙 시 바퀴가 안으로 포개지는 포개기다.

8. 스푼 세트; 큰 것에 작은 것이 들어가는 형태로 포개기다.

9. 엘리베이터; 사람이 탄 무게만큼 평형추가 반대편에서 작용하는 평형추다.

10. 네트워크; 주위 컴퓨터를 서로 연결, 병합시킨 경우다.

11. 같은 건물 내 패스트푸드 체인점; 서로 다른 브랜드 식당이 직원, 음료, 조리기구, 위치 등을 공동사용하면서 시너지 효과를 보는 병합이다.

12. 노새; 노새는 암말과 수탕나귀 사이에 생긴 잡종으로 병합이다. 힘이 세고 병에 강하지만, 정자생산 능력이 없어서 대가 이어지지 않는 것이 특성이다.

13. 재벌 딸과 국회의원 아들 결혼; 재벌 금전, 국회의원 권력의 정략적인 결혼, 병합이다.

14. 원스톱 쇼핑; 대형 마트는 내부에 쇼핑센터, 자동차 정비, 식당, 사진현상, 약방이 한꺼번에 있는 범용성이다.

15. 배낭여행가 대형 보자기; 오지 여행가 한비야는 대형 보자기를 유용하게 썼다. 추울 때는 머플러, 비가 올 때는 우비, 급한 일을 볼 때는 가리개로 썼다. 배낭여행 시 대형 보자기는 범용성이다.

16. 윈도우; 컴퓨터 윈도우는 폴더 내에 또 다른 폴더가 계속 있다. 겹치기다.

17. 테러집단에 심어놓은 첩보요원; 한 조직 내에 또 다른 조직이 있는 겹치기다.

1. 냉장고에서 얼음을 따로 만들기가 불편하다. 병합을 적용하면 무슨 아이디어가 나올까?

2. 삽과 곡괭이가 같이 필요하다. 병합을 적용하면 무슨 아이디어가 나올까?

3. 팝콘을 사는 사람은 대부분 음료수를 같이 산다. 병합을 적용하면 무슨 아이디어가 나올까?

4. 아파트주민이 상가에 자주 갈 때 병합을 적용하면 무슨 아이디어가 나올까?

5. 당구치고 술 마시고 음악 듣는 것을 동시에 하고 싶을 때 범용성을 적용하면 무슨 아이디어가 나올까?

6. 오븐과 가스레인지가 부엌에서 자주 쓰일 때 범용성을 적용하면 무슨 아이디어가 나올까?

7. 카메라 삼각대를 옮기기 쉽지 않을 때 포개기를 적용하면 무슨 아이디어가 나올까?

8. 종이컵 사용 후에 버리면 부피가 커질 때 포개기를 적용하면 무슨 아이디어가 나올까? (힌트) 회수기

9. 도시락에 그릇이 여러 개 필요할 때 포개기를 적용하면 무슨 아이디어가 나올까?

10. 휴지를 여러 장 가지고 다니기가 쉽지 않을 때 포개기를 적용하면 무슨 아이디어가 나올까?

11. 그릇을 여러 개 가지고 다니기 어려울 때 포개기를 적용하면 무슨 아이디어가 나올까?

12. 흐르는 물로 회전력을 얻을 때 평형추를 적용하면 무슨 아이디어가 나올까? (힌트) 물레

13. 장난감을 던져도 일어나게 하고 싶을 때 평형추를 적용하면 무슨 아이디어가 나올까?

14. 하늘로 날고 싶을 때 평형추를 적용하면 무슨 아이디어가 나올까? (힌트) 열, 낙하

15. 서로 마주보고 놀고 싶을 때 평형추를 적용하면 무슨 아이디어가 나올까? (힌트) 놀이터

9) 사전예방조치(Preliminary anti-action)

미리 역작용을 대비하는 방법이다. 페인트가 떨어질 곳을 미리 테이프로 발라 보호해 놓기, 엉덩이 주사를 놓을 때 엉덩이 먼저 때리기가 있다. 주사할 때 따끔할 것을 미리 매를 때려서 다가올 통증에 대해 사전예방을 하는 것이다. 조기 은퇴를 제안하는 건 은퇴준비를 미리 하라는 사전예방조치다. 직원 해외탐방은 직원들이 넓은 시각을 갖게 하는 사전예방조치다. 발표 시간 전 회의실에 미리 도착하는 것은 혹시 늦어서 생길지도 모르는 사고를 방지하기 위한 사전예방조치다. 성범죄자의 전자발찌는 사건이 생기는 것을 미리 방지하기 위한 방법이다. 강의록은 강의를 잘 하기위한 일종의 사전예방조치다. 모듈방식의 자동차 설계는 자동차를 한 번에 설계하지 않는다. 엔진, 핸들, 바퀴부분 따로 설계하면 전체에서 생기는 문제를 없애고, 각 부분 최대 효율을 만들기 위한 사전예방조치다.

주사를 놓을 때 엉덩이를 때리는 것은 아픔을 살짝 미리 겪게 하는 사전예방조치다.

10) 사전준비조치(Prior action)

변화를 미리 겪게 한다. 벽지에 풀을 미리 칠해놓으면 현장에서 붙이기

만 하면 된다. 물론 그 사이에 풀이 마르지 않게 해야 한다. 우표는 미리 풀을 발라 말려 놓아서 침, 물을 바르면 바로 붙는다. 커터 칼은 쉽게 잘라내기 위해 미리 금을 그어 놓았다.

커터칼은 절단선을 만들어서 변화를 미리 겪게 했다.

11) 사전보호조치(Before cushioning)

문제가 생길 가능성이 있을 때 미리 조치를 한다. 도서관 도난방지 자석칩은 미리 도난방지를 하는 방법이다. 백화점 값비싼 옷, 상품에 자석을 미리 넣어둔다. 보험은 아직 발생하지 않은 미래 사고를 대비하기 위해 만

들었다. 스키가 벗겨지면 멀리 도망가지 않도록 스키에 갈고리 장치를 해놓았다. 고급차 바퀴 속에는 금속타이어가 있다. 만약 바퀴가 찢어져도 금속타이어로 임시 주행이 가능하다. 타이어 휠도 유사 기능이 있다. 허리케인 대피 표시는 사고가 나기 전에 미리 보호를 하는 조치다.

펑크가 나도 금속바퀴로 임시 주행할 수 있다.

12) 높이 유지(Equipotential)

높이 유지는 어떤 물체를 들어 올리거나 낮추지 않는 방법이다. 자동차가 수리 공장에 들어가면 깊게 패인 웅덩이 위에 선다. 웅덩이 안에서 차의 아래편을 쉽게 접근해서 수리한다. 일부러 무거운 자동차를 들 필요가

없다. 트레일러 차량은 트럭 전체를 들지 않고 실린더 하나로 트레일러만 들 수 있다. 눈높이 맞추기는 물건만이 아니다. 타국에서 그 나라 말로 인사하면 친근감을 준다. 배와 타는 곳을 연결하는 부교는 높이 유지 방법이다. 자기부상철도는 높이가 일정하게 유지된다.

트레일러는 실린더만으로도 높이를 맞출 수 있다.

실전훈련

다음은 9) 사전예방조치(Preliminary anti-action), 10) 사전준비조처(Prior action), 11) 사전보호조치(Before cushioning), 12) 높이 유지(Equipotential) 중 어느 방법에 해당될까?

1. 면역주사, 2. 미리 줄을 내 놓은 봉투, 3. 배 멀미약, 4. 높은 유모차,
5. 엔진 예열, 6. 콘크리트 철근, 7. 시장조사, 8. 자동차 에어백,
9. 소화기 비치, 10. 정전기 방지대

답

1. 면역주사; 병이 생기기 전 미리 주사 함으로써, 병에 걸린 것처럼 미리 준비하는 사전 예방이다.

2. 미리 줄을 내 놓은 봉투; 미리 풀칠을 해 놓은 봉투, 미리 절여놓은 배추, 요약된 미팅 용건 배포하기, 예비 낙하산은 미리 보호조치를 해 놓은 경우다.

3. 배 멀미약; 멀미를 대비한 사전보호조치다. 정전 시 응급전환 장치도 같다.

4. 높은 유모차; 부모 아이 눈높이를 맞추는 높이 유지다. 파나마 운하는 물을 도크에 오르내려서 배 높이를 운하 높이에 맞추는 높이유지다.

5. 엔진 예열; 추워서 오일이 고체상태가 되는 것을 대비해서 미리 엔진을 예열하는 사전 예방조치다.

6. 콘크리트 철근; 철근과 콘크리트를 더 강하게 결합하기 위한 사전 예방조치다.

7. 시장조사; 시장 고객층을 미리 알기위한 사전준비조치다.

8. 자동차 에어백; 부상을 미리 보호하는 사전 보호 장치다.

9. 소화기 비치; 불이 날 경우를 대비해 사전에 준비한 비상수단으로 사전보호조치다.

10. 정전기 방지대; 폭발이 발생치 않게 하는 사전 예방조치다.

1. 페니실린 주사쇼크를 피하려면 무슨 아이디어가 나올까? (힌트) 눈

2. 신약이 사람에게 부작용을 예방하려면 무슨 아이디어가 나올까?(힌트) 동물

3. 야간 도로에서 차량인명사고를 예방하려면 아이디어가 나올까? (힌트) 가로등

4. 핸드폰이 떨어지면 깨짐을 방지하는 아이디어는? (힌트) 보호

5. 소화기 레버가 잘못 눌리지 않도록 하는 아이디어는? (힌트) 핀

6. 운동 시 부상을 대비하려면 무슨 아이디어가 나올까? (힌트) 펴주기

7. 단추가 떨어졌을 때를 대비하면 무슨 아이디어가 나올까? (힌트) 옷 속

8. 과자봉지를 뜯기 쉽게 하려면 무슨 아이디어가 나올까?

9. 실험 시 눈에 위험물질이 들어감을 방지하려면 무슨 아이디어가 나올까?

10. 급할 때 돈이 있어야하면 무슨 아이디어가 나올까?

11. 선풍기로 인한 감기를 방지하는 아이디어는? (힌트) 시간

12. 키보드에 먼지가 끼는 것을 방지하려면?

13. 합선에 의한 화재를 방지하려면?

14. 선박이 뒤집힐 경우를 대비한 아이디어는?

15. 카메라가 수평을 유지하는 아이디어는? (힌트) 삼각

16. 아이들은 어른과 지식 차이가 있다. 해결책은? (힌트) 전용

17. 같은 학년이어도 수준 차이가 있다. 해결책은? (힌트) 눈높이

18. 장애인 휠체어는 버스 이용이 어렵다. 해결책은? (힌트) 낮은

1. 페니실린 주사액을 눈에 미리 점적 2. 동물대상 실험 3. 야간 도로 가로등 4. 핸드폰 보호커버 4. 소화기 안전핀 6. 스트레칭 7. 옷 속 여분 단추 8. 과자봉지 절취선 9. 보호안경 10. 비상금 11. 선풍기 타이머 12. 키보드 덮개 13. 누전 차단기 14. 구명 재킷, 구명보트 15. 삼각대 16. 어린이 전용전시관 17. 눈높이 교육, 우열반 18. 저상버스

발명에 얽힌 이야기; 물이 부족하면 기울어지는 화분.

화분은 무조건 서있어야만 하는가? 한국과학기술대 연구팀이 세계 최고 권위 디자인 공모전에서 대상과 최고상을 받았다. '롤리-폴리 화분'은 물을 주는 시기를 화분기울기로 알려준다. 이 화분은 오뚝이처럼 생겼다. 화분 내에는 물탱크가 기울어져 있다. 물이 꽉 차면 화분이 바로 서도록 밸런스를 맞춰놓았다. 물탱크 물이 줄어들면 물탱크가 비워지면서 화분이 기울어진다. 비대칭 원리를 적용한 예다.

물이 증발하면 무게중심이 옮겨져 기울어지는 화분; 비대칭 원리

병합; 오디오 세트처럼 소리발생 스피커, 음악 재생 앰프가 한 세트다.

범용성; 치약 포함된 칫솔처럼 칫솔도 되고 치약도 보관하여 사용한다.

포개기; 차 라디오 안테나는 포개서 집어넣을 수 있다.

평형추; 건설 기중기처럼 무게로 평형 유지한다.

사전예방조치; 페인트에 노출되는 곳을 미리 테이프로 덮어 놓는 방법이다.

사전준비조치; 미리 풀을 칠한 벽지처럼 변화를 미리 겪게 하는 방법이다.

사전보호조치; 도서관 도난방지 자석처럼 문제가 생길 경우를 미리 대비한다.

높이 유지; 차 수리용 낮은 공간, 눈높이 교육처럼 높이를 같이 한다.

코믹 에피소드

1964년, 쿠웨이트 항구에서 2천 톤짜리 배(알 쿠웨이트 호)가 6,000마리 양과 함께 침몰하였다. 바다 아래서 부패하면서 나오는 유독물질로 항구가 초토화가 될 위기에 처해졌다. 아이디어를 공모했다. 공기를 주입하자고 했다. 탁구공을 2,700만개 만들었다. 부력으로 배를 띄우려는 아이디어였다(트리즈 기술 중 공업기술). 이 작전은 성공하여 배가 떠올랐다. 비용은 5억밖에 안 들었다. 기쁜 마음에 특허 신청을 했지만 이미 15년 전 발표된 적이 있다며 거절되었다. 15년 전 월트디즈니사 만화에서 도널드 덕이 가라앉은 배를 띄우는 데 탁구공을 사용하였기 때문이다. 백만장자 꿈은 사라졌다.

1. 끼워 팔기는 일종의 평형추 방법이라고 볼 수 있다.
2. 사전준비조치는 미리 역작용을 대비하는 것이다.
3. 라디오에 안테나를 포개면서 올라가거나 내려가게 하는 것은 포개기 기술이다.

답

1. O; 재고품을 인기 있는 상품들과 결합하여 판매하는 방법이다. 신제품과 잔고의 평형을 맞추는 방법이다.
2. X; 사전준비조치는 변화를 미리 겪게 하는 것이다. 미리 역작용을 대비하는 것은 사전예방조치이다.
3. O; 포개기는 하나를 다른 하나에 넣는 것이다.

3. 트리즈 40 기술(3)

13) 반전(Inversion)

반전 즉 반대조치를 취한다. 드라이버로 나사를 조이는 방법은 드라이버를 돌려 나사를 조인다. 거꾸로 부품을 회전시키면 어떨까? 러닝머신은 사람이 가는 방향과 반대방향으로 벨트를 돌리는 방법이다. 운동효과는 똑같다. 상품가격이 싸야 잘 팔릴 것이라 생각하는 것은 고정관념이다. 반전시키면 고가 마케팅이 된다. 비싸게 값을 올려도 잘 팔리는 경우가 있다. 소설은 뒷부분에 극적으로 반전이 있으면 더 재미있다. 시간이

러닝머신은 벨트를 반대방향으로 돌리는 아이디어.

거꾸로 가는 시계는 반전의 한 예이다. 수직으로 높은 여성의 힐 대신 앞부분이 수평으로 넓은 여성 하이힐 신발은 반전 일종이다.

14) 타원체(Spheroid)

마우스는 둥근 볼을 사용해서 잘 움직이게 한다. ©Explain That Stuff

타원체, 곡선을 이용한다. 볼펜 끝부분은 날카로운 침이 아닌 롤러가 들어가 있다. 컴퓨터 마우스도 동그란 마우스 볼 때문에 잘 움직인다. 가구의 구형 바퀴가 유연하게 움직인다. 어느 방향으로도 갈수 있고 고정할 수 있는 이유는 타원체 혹은 곡선이기 때문이다.

15) 유연성(Flexibility)

내시경은 유연한 튜브로 잘 휘어지며 들어간다. ©Benutzer. Kalumet

움직일 수 있고 위치를 바꿀 수 있도록 유연성을 준다. 자동차 핸들은 운전자 키나 높이에 따라 앞뒤로 조정이 가능하다. 내시경은 식도를 들어가면서 쉽게 통과하게 유연성을 준 구조다. 높이 조정 가능 의자는 위치, 역할이 바뀔 수 있게 등 부분에 유연성을 주었다.

16) 과부족 조치(Partial or excessive action)

같은 양의 물을 여러 개 컵에 똑같이 공급하려면 컵에 충분히 넘치도록 따르면 된다. 페인트를 과도하게 뿌린 후에 옆으로 퍼져나간 부분을 제거하는 방법도 과부족 조치다. 많은 경찰력을 동원해 시위자들의 수보다 많은 인원으로 초기 제압하면서 폭동을 막는 전략도 과부족 조치다.

다음은 (13) 역발상, (14) 곡선화, (15) 유연성, (16) 과부족 조치 중 어디에 해당될까?

1. 회사 내 반대 전담팀, 2. 우회적 표현하기, 3. 주름빨대, 4. 브레인스토밍, 5. 흔들의자, 6. 카메라 필름, 7. 내진설계, 8. 툴바, 9. 교통정체 알림 전광판

답

1. 회사 내 반대 전담팀; 어떤 아이디어이든 그 뒷면을 보겠다는 생각이다. 문제를 뒤집어 보는 이 방법은 역발상이다.

2. 우회 표현하기; 직설적 표현보다 우회 표현하는 곡선화 방법이다.

3. 주름빨대; 유연성으로 어디에서나 빨 수 있는 곡선 방법이다.

4. 브레인스토밍; 많은 아이디어에서 최적을 고르는 과부족 조치다.

5. 흔들의자; 거대 물체를 쉽게 흔들기 위한 타원체다.

6. 카메라 필름; 둘둘 말아서 통에 넣을 수 있는 타원체다.

7. 내진설계; 지진 충격을 흡수하는 설계로서, 핵심은 유연성이다.

8. 툴바; 컴퓨터 툴바는 끊임없이 변화하며 사용자 요구에 맞추어 움직이는 유연성이다.

9. 교통정체 알림 표지판; 교통상태를 계속 반영해서 최신정보를 알려주는 유연성이다.

1. 지퍼는 여성 옷 디자인에 걸림돌일 때가 있다. 반전을 적용하면? (힌트) 뒤
2. 안경은 때로는 패션이다. 반전을 적용하면? (힌트) 알
3. 안경을 귀에 걸려고 한다. 타원체 적용하면? (힌트) 고리
4. 페인트를 연속 칠하려 한다. 타원체 적용하면 ? (힌트) 롤러
5. 음료수 캔을 잘 따려고 한다. 타원체 적용하면?
6. 구두를 잘 신으려고 한다. 타원체 적용하면?
7. 이리저리 튀는 운동을 만들려고 한다. 타원체 적용하면?
8. 보트가 이동이 간편했으면 좋겠다. 유연성 적용하면? (힌트) 고체가 아닌

9. 조명장치가 쉽게 조정이 되었으면 좋겠다. 유연성 적용하면? (힌트) 방향
10. 확실히 수정(fertilization)이 되었으면 좋겠다. 과부족 조치 적용하면?
    (힌트) 정자
11. 용량을 정해놓으면 오히려 답답해서 쓰기 힘들다. 과부족을 적용하면?
    (힌트) 무제한
12. 비타민 C는 수용성이다. 과부족 조치 적용시 최대로 많이 먹는 방법은?
    (힌트) 수용성

답

1. 옷 뒤의 지퍼 2. 알 없는 안경 3. 안경귀걸이 4. 페인트롤러 5. 음료수 캔 6. 구두주걱
7. 타원형 럭비공 8. 고무보트 9. 스탠드 10. 정자를 과도하게 많이 공급하면 수정효율이
높아짐 11. 무제한 데이터공급 마케팅 12. 수용성비타민은 적량이상 먹으면 필요한 만큼
만 섭취된다.

17) 다른 차원 (Another dimension)

2차원, 3차원으로 방향을 전환한다. 덤프트럭의 경우, 단순히 일차원 좌

우로 움직이는 것이 아니라 위로 들어올
려 2차원으로 움직이게 한다. 여러 장의
시디(CD) 플레이어 저장박스는 높이를 차
곡차곡 쌓으면서 차원을 높여준다. 3D영
화는 화면에서 입체감을 주어 공간감을
극대화 시킨 발명품이다.

3S 영화는 평면 화면에서 입체로 전개
한 아이디어다.
©NASA Goddard Space Flight Center

18) 기계적 진동(Mechanical vibration)

물체를 진동시키는 방법이다. 몸 안에 결석이 생기면 초음파를 이용해
파괴한다. 의자가 움직이는 극장에서는 영화를 생동감 있게 감상할 수 있

다. 사금 채취 시 그릇, 채에 모래를 놓고 흔들어서 불순물을 흘려보낸다. 마사지 의자는 기계적 진동을 이용한다. 지진파에 동물이 미리 도망가는 현상도 기계적 진동에 해당된다.

움직이는 극장은 기계적 진동을 적용한 아이디어다 ©ThrillfxRide

19) 주기적 조치(Periodic action)

연속적 행동을 주기적 행동으로 바꾼다. 연속 사이렌보다는 앵~앵~하는 사이클 형태 사이렌이 확실히 전달된다. 수업을 계속하는 것보다 중간중간 휴식시간이 있어야 한다. 여름방학, 겨울방학도 주기적 조치에 해당한다. 연설 도중 말을 일부러 멈추는 연사들이 있다. 이는 주기적 조치로 청중을 집중하게 하는 효과가 있다.

사이렌은 주기적으로 싸이클식 음향을 내보내 효과를 극대화한다.
©David R. Tribble

20) 유용 조치 연속(Continuity of useful action)

중단 없이 계속 작동하게 한다. 프린터는 한 종이 인쇄가 끝나고 용지를 공급하지 않는다. 대신 인쇄를 하며 다른 용지가 같이 물려 들어간다. 연속 방법이다. 24시간 상점도 중단 없이 계속 일하는 방식이다. 하이브리드 차는 전기와 연료를 번갈아가면서 연속적으로 엔진을 돌린다.

24시 편의점은 필요한 영업 행위를 연속적으로 하는 아이디어다.
©Pectus Solentis

다음 아이디어는 (17) 다른 차원 (18) 기계적 진동 (19) 주기적 조치 (20) 유용 조치 연속 중 어디에 해당하는가?

1. 천장형 에어컨, 2. 3D영화, 3. 초음파 안경세척기, 4. 아스팔트 굴착기,
5. 계곡 안식년제, 6. 레미콘 트럭, 7. 아이맥스, 8. 금문교 다리 올라가기 관광,
9. 세탁기 진동, 10. 전화기 진동, 11. 안식년, 12. 낮잠,
13. 운전하며 오디오 듣기

1. 벽에 세워두는 형태가 아닌 천장형 에어컨은 3차원이다.
2. 3D영화는 3차원이다.
3. 초음파 안경세척기는 초음파 기계적 진동으로 안경 때를 제거한다.
4. 아스팔트 굴착기는 기계적인 진동으로 쉽게 땅을 팔 수 있는 방법이다.
5. 계곡 안식년제는 주기적으로 출입금지 시켜 계곡의 회복을 돕는 방법이다.
6. 레미콘 트럭은 계속 달리면서 섞는 연속조치.
7. 아이맥스 영화관은 큰 스크린. 입체적 극장에서 영화를 보는 '다른 차원' 방법이다.
8. 샌프란시스코 금문교 높은 아치를 걷게 한다. 샌프란시스코 전경과 아찔함을 동시에
　 느끼는 인기 관광코스로 다른 차원이다.
9. 세탁기는 옷 속 먼지를 빨리 제거하기 위해 기계적 진동을 준다.
10. 스마트폰은 주위가 시끄럽거나 정숙을 요할 때 기계적 진동으로 전화를 알린다.
11. 안식년은 직원에게 창의성을 위해 머리를 주기적으로 쉬게 하는 방법이다.
12. 잠깐 낮잠은 민첩성, 효율성을 높이는 주기적 조치.
13. 운전하며 오디오 듣기는 허비하는 시간 없이 유용한 일들을 계속하는 방법이다.

1. 인쇄에 '다른 차원' 방법을 적용하면 무슨 아이디어가 나올까? (힌트) 프린터
2. 버스 공간을 넓히기 위해 다른 차원을 적용하면 무슨 아이디어가 나올까?

3. 주차장이 꽉 차있다. 다른 차원을 적용하면 무슨 아이디어가 나올까?

4. 유리 때는 물속에서 진동시키면 없어진다. 기계진동 적용하면?

5. 허리안마를 하고 싶을 때 기계진동을 적용하면?

6. 바다의 깊이를 알고 싶을 때 기계진동을 적용하면? (힌트) 초음파

7. 내 차례인지 알고 싶을 때 기계진동을 적용하면?

8. 만국 공통 구조신호를 보내고 싶을 때 주기조치를 적용하면? (힌트) 길고 짧고

9. 차가 많아서 운행대수를 줄이고 싶을 때 주기조치를 적용하면?

10. 공장이 24시간 돌아가야 할 때 조치 연속을 적용하면?

11. 스키장이 여름에도 돈 벌어야 할 때 조치 연속을 적용하면?

12. 상점이 계속 물건을 팔아야 할 때 조치 연속 적용하면?

답

1. 3D프린터 2. 이층버스 3. 주차타워 4. 렌즈 초음파 세척기 5. 안마의자 6. 초음파 바다 심도 측정 7. 커피숍 진동벨 8. 모르스 부호 9. 차량 10부제 10. 공장 주야간반 11. 스키 장을 잔디썰매타기 시설로 12. 24시 편의점

창의력 도전문제

현재 국내 정유 산업은 다음과 같이 진행된다. 북극 먼 바다에서 원유를 채취하여 유조선에 싣고 한국으로 돌아온다. 유조선은 울산, 여수에 도착하고 이를 정유해서 휘발유를 만든다. 만든 휘발유를 다시 다른 나라로 수출한다. 좀 더 효율적인 정유 산업이 될 수 있는 개선방안을 생각해 보자. (힌트; 트리즈 40기술 중 '통합 혹은 범용성'을 적용하라)

답

원유 채취선에 정유시설을 같이 만든다. 현지에서 원유를 싣고 동시에 직접 정유를 하면 서 이동한다. 만든 휘발유를 필요한 나라에 직접 공급하는 방식으로 바꾼다. 실제 국내 조 선 산업은 원유채취–정유선을 만들었다.

1. 트리즈는 두뇌 중 (   )를 사용하는 훈련이다.

    (1) 좌뇌 (2) 우뇌 (3) 좌우 모두

2. 러닝머신은 한자리에서 뛰기 위해 반대방향으로 벨트를 돌리는 (   ) 예다.

    (1) 반전(역발상) (2) 범용성 (3) 포개기 (4) 평형추

3. 유용한 연속조치가 아닌 것은?

    (1) 24시간 편의점 (2) 프린터종이 인쇄방법

    (3) 차량 10부제 (4) 여름철 스키장

4. 안식년은 직원이 휴식을 통해 창의성을 키우기 위한 방법으로 5~7년에
   한번 씩 주어지는 (   )기술에 해당한다.

    (1) 다른 차원 (2) 기계적 진동 (3) 주기적 조치 (4) 유용한 조치의 연속

답

1. 좌뇌; 트리즈는 우뇌 직관보다는 좌뇌로 발명 규칙을 찾는 것이다.

2. 반전; 반대조치를 취한다.

3. 차량10부제는 주기적 조치다.

4. 주기적으로 머리를 쉬게 하는 조치다.

요약

트리즈는 좌뇌의 분석, 판단에 의한 문제 해결방식이다. 이과, 문과 상관없이 아이디어 창출에 적용할 수 있다. 40가지 기술로 모든 발명아이디어는 요약될 수 있다.

1. 분할; 큰 덩치를 작게 나눈다. 짬짜면

2. 회수, 제거; 방해되는 것, 필요한 것을 분리한다. 분리형 에어컨

3. 국소적 품질; 물건 각 부분이 다른 기능을 수행한다. 지우개연필

4. 비대칭; 대칭이던 것을 비대칭으로 바꾼다. 기울어진 고기 구이판

5. 병합; 기능, 시간, 공간을 한 곳으로 모은다. 오디오세트

6. 범용성; 여러 용도로 쓰일 수 있다. 침대용 소파

7. 포개기; 하나를 다른 하나에 겹쳐 넣는다. 마트쇼핑카트

8. 평형추; 다른 것으로 평형을 이루게 한다. 건설 기중기

9. 사전예방조치; 미리 역작용을 대비한다. 주사 시 엉덩이 때리기

10. 사전준비조치; 변화를 미리 겪게 한다. 침 바르는 우표

11. 사전보호조치; 생길 문제를 미리 대비한다. 도서관 도난방지 자석

12. 높이 유지; 눈높이를 맞춘다. 부교

13. 반전; 반대 조치를 취한다. 고가마케팅

14. 타원체; 직선 대신 곡선이다. 볼펜 알

15. 유연성; 구부릴 수 있다. 내시경

16. 과부족 조치; 충분히 많이 사용한다. 넘치게 붓는 물

17. 다른 차원; 2차원, 3차원 다른 차원으로 변환한다. 3D프린터

18. 기계적 진동; 물체를 진동 시킨다. 결석파괴 초음파

19. 주기적 조치; 연속적 행동을 주기적으로 바꿔준다. 앰뷸런스 사이렌

20. 유용한 조치 연속; 중단 없이 계속 작동시킨다. 프린터 종이공급

실천사항

1. 부엌에 있는 조리기구 중에서 트리즈 기술이 사용된 것을 찾아보자.

2. 학교 가방에 들어있는 물건 중에서 트리즈 기술을 사용하여 새로운 아이디어를 내보자.

3. 버스, 전철 안에서 트리즈 기술을 적용하면 어떤 것을 개선할 수 있을까?

심층 워크시트

1. 최근 사건이나 관찰에서 아이디어를 한 개 만들어라.

2. 이 아이디어에 분할 기술을 적용해서 새로운 아이디어를 만들어라.

3. 이 아이디어에 회수, 제거 기술을 적용해서 새로운 아이디어를 만들어라.

4. 이 아이디어에 기계적 진동을 적용해서 새로운 아이디어를 만들어라.

chapter 9

트리즈 발상기술 (2)

"창의력이란 새로운 것을 생각하는 것이고 혁신이란 새로운 것을 행하는 것이다."

테오도르 레빗트(1925-2006) 하버드 경제학 교수

．
．
．

국내 축산 산업은 대규모가 주종을 이룬다. 큰 막사에 수백, 수천마리의 닭들을 사육한다. 좁은 철망 속에 밀집되어 사육되는 양계산업의 경우 사육환경 조절은 큰 문제다. 특히 병아리들은 환경에 취약하다. 수만 마리 병아리들이 한 여름에 올라가는 기온으로 죽었다는 보도가 심심치 않다. 막사를 밀폐하고 에어컨을 사용하기에는 비용이 너무 든다. 가장 보편적인 방법은 대형 환풍기로 공기를 순환시키는 방식이다. 온도가 많이 올라갈 때는 이동형 냉방기로 찬 공기를 만들어 환풍기를 통해 찬 공기를 보낸다. 대형축사의 경우 공기흐름이 중요하다. 아무리 찬 공기를 구석에서 보내도 제대로 전달이 안 되면 소용이 없다. 공기가 제대로 퍼지고 있는 지 쉽게 알 수 있는 방법이 없을까? 여러 가지 아이디어가 나올 수 있다. 예를 들면 청솔가지를 태워서 연기를 많이 만들어서 축사에 들여보내는 것이다. 이 방법이 좋을까? 아니면 축사 곳곳에 유량측정기를 달고 이를 컴퓨터에 연결해서 확인하는 것은 어떨까? 이 아이디어는 좋은가 나쁜가? 판단기준도 모르고 선정하려니 더욱 고민스럽다. 이런 문제를 해결하는 방법은 무엇일까?

① 이상목표(IFR) 정하기

1. 축사 내의 공기흐름 알아내기

이런 상황에서 가장 좋은 아이디어를 내는 방법, 혹은 평가하는 방법은 어떤 형태아이디어가 최고인가를 미리 정하는 것이다. 즉 이상목표(Ideal Final Result; IFR)를 먼저 만드는 것이다.

이상목표는 유용함을 최대로, 해로움을 최소화 하는 아이디어다. 이상목표가 확실해야 한다. 이상목표가 정해지면 제출된 아이디어 변형과 수정을 통해 최종 해결법을 찾는다. 이상목표 사용법은 두 가지다.

양계장 공기 흐름파악 아이디어의 이상목표는 저렴한 비용, 높은 가시성, 안전한 측정이다.

첫째, IFR을 설정하고 변형, 수정, 개선하는 방법이다. 만약 축사문제 IFR을 '무해하고 한눈에 공기흐름을 볼 수 있는 방법'이라 하자. 떠올린 아이디어들이 IFR에 맞는지 확인하고 수정하면 된다. 연기 피우기가 아이디어라 하자. 연기 사용은 기류 흐름은 볼 수 있지만 불투명하기 때문에 멀리 안보이고 냄새, 불안감 발생시킬 수 있다. 양초로 측정하는 방법은 어떨까? 화재 위험성이 따르고 좁은 구역 측정만이 가능하다. 초 길이가 짧고 다량 구매할 경우 비용 부담 있다. 비눗방울을 불고 촬영기록을 남기는 방법은 어떨까? 저렴한 비용과 높은 가시성, 안전한 측정으로 IFR에 가깝다. 이처럼 IFR을 설정 후, 그 목표에 따라 다양한 문제해결 방법을 개선해 나가면 이상적인 해결 방법을 찾을 수 있다.

둘째, 트리즈 40기술을 적용해 보는 것이다. IFR을 염두에 두고 트리즈 40기술을 적용해 보자. 예를 들어 '공압 및 수압'을 생각해 보자. 기체이면서, 액체인 비눗방울을 사용할 수 있다. 문제를 해결하는 과정은 다르지만, 두 가지 방법 모두 이상적인 목표를 염두에 두면 좋은 아이디어를 만들 수 있다.

2. IFR 만들기

(예 1) 도축장 폐기물 없애기

도축장 폐기물 때문에 파리가 많아져서 이를 해결하고 싶다. IFR은 무엇일까? 도축폐기물이 스스로 소멸되거나 이로운 것으로 변화한다면 최고 아이디어, 즉 IFR이다. 외부에서 계속 힘을 가하지 않고 자기 스스로 변하는 것이 최상이다. 열로 도축 폐기물을 분해시키거나 소각시키는 방법은 IFR에 가까울까? 부피 감소의 장점이 있지만 에너지가 소요되는 단점이 있다. 따라서 이 두 개 모순을 해결해야 한다. 아이디어가 금방 떠오르지 않는다면 트리즈 40기술을 개별적으로 적용해 보자. '전화위복', '셀프서비스', '폐기 또는 복구' 방법을 적용해 보자. 도축폐기물을 구더기가 먹어 치우게 하면 어떨까? 구더기 스스로 알아서 폐기물을 먹고, 개체 수가 늘어난다. 늘어난 구더기는 어류양식 먹이로 공급될 수 있다. 스스로 이로움을 창출하는 방법이다. IFR에 딱 맞는 방법이다.

(예 2) 아이스크림 포장재 만들기

아이스크림을 어디에 담아서 판매하면 좋을까? 이 경우 IFR은 무엇인가? 플라스틱 포장이라면 쓰레기가 발생한다. 따라서 IFR은 '사용 후 스스로 없어지거나 뭔가 이로운 것을 만들어내는 포장방법'이다. 먹을 수 있는 아이스크림 포장재는 어떨까? 이렇게 금방 아이디어가 떠오른다면 최고다. 하지만 금방 생각 나지 않는다면 40기술 목록을 뒤져보자. '동질성' 방법을 사용하자. 즉 같은 재료를 쓰는 방식이다. 아이스크림처럼 식품이어서 먹을 수 있으면 된다. 아이스크림콘이 탄생한 배경이다.

아이스크림콘은 아이스크림 용기 IFR에 딱 맞는다. ©Larry Ran

(예 3) 야외 대형주차장 빈위치 찾기

대형 야외 주차장에서 빈자리 찾기는 만만치 않다. 건물 내부라면 빈 곳을 확인하는 센서를 달아서 전등으로 표시를 할 수 있지만 야외는 전기설치도 쉽지 않다. 이 경우 IFR은 무엇일까? IFR은 '전원관계 없이 저렴한 비용으로 쉽게 찾아지는 것'이다. 주차요원이 대기하는 것은 비용이 들면서 IFR에 맞지 않는다. 금방 생각이 나지 않는다면 40기술을 차례로 적용해 보자.

3. 트리즈 40기술(4)

21) 고속 공정(Rushing Through)

유해 작업을 빠른 속도로 실시하는 방법이다. 치과에서 드릴로 치아를 갈 때 빠른 속도의 드릴로 치료한다. 치아 조직의 해를 방지하고 열이 축적되지 않게 고속드릴을 사용한다. 고속도로 톨게이트 하이패스도 요금수납 과정을 단축시켜 수납시간과 인원을 감축한 아이디어다.

하이패스는 고속 공정이다. ©iTurtle

22) 전화위복(Convert Harm into Benefit)

해로운 요인을 이로운 것으로 만든다. 도축폐기물을 동물성 비료로 재활용 하는 것과 산불 확산 방지를 위해 맞불을 지르는 방법이 대표적인 예다.

맞불은 전화위복의 한 방안이다.
©서울특별시 소방재난본부

23) 피드백(Feedback)

더 좋은 결과를 위해 조율 및 반영을 반복하는 방법이다. 비행기 착륙 이전 상공에서는 방향과 속도만 조정한다. 착륙이 가까워오면 좀 더 섬세하고 예민한 조정이 필요하다. 즉 거리에 따른 피드백을 통해 비행기 안전 이착륙을 유도한다. 대학 내 강의평가도 평가 자료를 토대로 강의 질을 높이는 피드백 사례다.

비행기 관제는 가까워질수록 정밀 조정하는 거리-조정 피드백 시스템이다.

24) 중간매개물(Intermediary)

못질을 할 때 손으로 못을 잡으면 다치는 경우가 많다. 안전을 위해 못을 잡아줄 수 있는 기구가 필요하다. 손을 다칠 염려도 없고 정확하게 못을 박을 수도 있다. 또 여행 일정을 잡아주는 중간 매개 역할을 수행해 주는 여행사도 중간매개물이다. 변호사, 세무 전문가 고용은 직접 법적 수속이나 세무신고를 하는 불편함을 없앤다.

여행사는 중간에서 대리로 모든 준비를 해준다. ©Stick2r

다음은 (21) 고속공정 (22) 전화위복 (23) 피드백 (24) 중간 매개물 중 어디에 해당하는가?

1. 플라스틱 파이프를 절단 2. RFID(Radio−Frequency Identification; 전자태그)
3. 고객용 AS창구 4. 컨설턴트 5. 화학촉매 6. 앞치마 7. 공인중개사
8. 오븐 장갑

답
1. 플라스틱 파이프를 절단; 빠른 속도 칼날로 플라스틱이 문드러지지 않게 자를 수 있는
   고속공정방법이다.
2. RFID는 물건에 태그를 붙여서 스캐너가 빨리 읽도록 한다. 고속도로 하이패스도 차량
   부착된 RFID 카드를 읽고 요금을 부과한다. 고속공정이다.
3. 고객용 AS창구; 내부관리자에게 고객 요구사항을 빨리 알게 해서 점포 이익을 올리는
   피드백 시스템이다.
4. 컨설턴트; 외부전문가가 기업을 평가하거나 문제 해결하는 중간매개물이다.
5. 화학촉매; 반응을 빨리 시키는 중간매개물이다.
6. 앞치마; 튀는 음식과 다른 물질로부터 몸을 보호하는 중간 매개물이다.
7. 공인 중개사; 부동산 행정사항을 맡아서 매매를 쉽게 하는 중간매개물이다.
8. 오븐 장갑; 뜨거운 물질에 손이 직접 접촉 않도록 중간에서 막아주는 중간매개물이다.

1. 스마트폰 전원 충전에 고속공정을 적용하면 무슨 아이디어가 나올까?
2. 기계로 구멍을 뚫으려 한다. 고속공정을 적용하면?
3. 산불에 전화위복을 적용하면?
4. 쓰레기 매립지에 메탄가스가 발생한다. 전화위복을 적용하면? (힌트) 회수
5. 영화를 미리 선보여서 의견을 듣는다. 피드백을 적용하면? (힌트) 관객
6. 결혼상대를 만나려니 쉽지 않다. 중간매개를 적용하면?
7. 아파트 구매자들을 모으기 어렵다. 중간매개를 적용하면? (힌트) 부동산

답

1. 급속 충전 서비스 2. 전기드릴 3. 맞불작전 4. 매립지 메탄 회수 사용 5. 시사회
6. 소개팅, 결혼중매회사 7. 아파트 시행사

키포인트

이상목표(Ideal Final Result)는 유용함을 극대화, 해로움을 최소화하는 아디이어다. IFR을 염두에 두고 제시된 아이디어를 수정, 개선하거나 트리즈 40 발명기술에 IFR을 적용해서 아이디어가 IFR에 가깝게 되도록 한다.

21) 고속공정(Rushing Through); 유해한 작업을 빠른 속도로 해결하는 방법이다. 고속드릴 치아 연마 방법, 고속도로 하이패스

22) 전화위복; 해로움을 이롭게 만든다. 도축폐기물 동물성 비료 재활용, 맞불

23) 피드백; 더 좋은 결과를 위해 의견조율 및 반영을 반복하는 방법이다. 비행기 거리 피드백-이착륙 유도, 대학 내 강의평가제도

24) 중간매개물; 못을 잡아줄 수 있는 기구, 여행사, 변호사, 세무사

1. 이상목표란 유용함을 극대화하고 해로운 사항을 최소화 하는 것이다. 문제에 대한 이상 해결책이다.
2. 치과에서 드릴로 치아를 갈 때에 빠른 속도로 치료하는 것은 전화위복의 예다.
3. 대학 내 강의평가제도는 평가를 토대로 강의의 질을 높여가는 피드백 방법이다.

1. O; 문제에 대한 이상적인 해답과 바라는 결과를 창출할 수 있는 해결책이다.
2. X; 전화위복이 아닌 고속공정이다. 전화위복은 해로운 요인을 이로운 것으로 만든다.
3. O; 피드백은 더 좋은 결과를 위해 조율 및 반영을 반복하는 방법이다.

4. 트리즈 40 기술 (5)

25) 셀프서비스(Self-service)

고객이나 상품이 스스로 서비스 기능을 하는 것이다. 석탄, 가스를 태워 발전을 하면 열이 부산물로 발생한다. 이를 버리지 않고 지역난방으로 활용한다. 커피 자동판매기는 소비자 스스로 사용한다. 동물 배설물을 발효시켜 비료로 사용하는 것도 셀프서비스다.

자판기는 대표적인 셀프서비스다.
©JI HOON KIM

26) 대체 수단(Copy)

적외선센서를 이용한 보안 시스템은 사람 대신 적외선으로 보안을 대체한 경우다. 모델하우스는 실제 주택을 지어서 보여주는 대신 저렴하게

임시로 만든 대체수단이다. 비싼 유독가
스 탐지기 대신 새(카나리아)를 가지고 갱
도에 들어가는 것도 대체수단이다. 기계
사용설명서를 종이로 인쇄해 주지 않고
Online에서 PDF로 대체하는 방법도 있다.

모델하우스는 비싼 실제 주택을 대
체하는 수단이다.

27) 일회용품(Cheap Short-living Objects)

일회용 기저귀, 일회용 주사기는 매번
만들거나 소독해야 되는 문제를 해결한
다. 편리하고 시간, 비용을 절감한다.

일회용 주사기는 편리하고 저렴하다.

28) 기계식 시스템 대체(Replacing Mechanical System)

야생동물 침입 방지를 위해 기계적 울타리 대신 맹
수 울음소리를 낸다. 가스 누출기계를 사용하는 대
신 가스에 냄새물질을 첨가한다. CCTV는 울타리 기
능이나 경비시스템을 대체할 수 있다. 디지털 카메라
사용은 카메라 필름을 대체한다. 무선 마우스는 유선
마우스를 대체한다.

비싼 가스누출검출기
대신 냄새나는 가스
는 기계대체품이다.
©Info-farmer

실전훈련

다음 아이디어들은 (25) 셀프서비스, (26) 대체용품, (27) 일회용품, (28) 기
계식 시스템 대체 중 어떠한 기술을 사용한 것인가?

1. 패스트푸드 체인점 2. 모의 비행 장치 3. 화상 회의 시스템 4. 문서 스캐
너와 팩스 5. 인터넷 학습프로그램 원격교육 6. 리모컨 7. 자원순환형 도시
8. 조립형 가구 9. 전시용 음식 모형

답

1. 셀프서비스; 고객이 스스로 주문하고 음료수를 채우며 먹은 쓰레기도 갖다 버린다.

2. 대체용품; 실제 비행장치가 아닌 모의 장치를 통해서 비행 훈련을 한다.

3. 대체용품; 참석자들이 같은 장소에 모이지 않고 회의에 참여할 수 있는 대체 수단이다.

4. 대체용품; 문서가 빠르고 쉽게 도착할 수 있게 저렴한 가격으로 문서 복사, 발송 기능 대체 수단이다.

5. 대체용품; 집에서 강의 들을 수 있는 기존 면대면 교육 대체수단이다.

6. 기계식 시스템 대체; 적외선으로 기계와 연결되어 직접 스위치를 작동 하지 않아도 된다.

7. 셀프서비스; 도시 내 생산, 소비, 리사이클이 가능하다.

8. 셀프서비스; 가구부품을 집에서 맞춰 사용하는 셀프서비스다.

9. 대체용품; 진짜 음식 대신에 보여주기 위한 대체용품기술이다.

복습퀴즈

다음 현상에 아래 기술을 적용하면 무슨 아이디어가 나올까?

1. 마트에서 계산대 줄이 길다. 셀프서비스를 적용하면 무슨 아이디어가 나올까?

2. 가구를 직접 만들어보고 싶다. 셀프서비스를 적용하면?

3. 신약이 사람에게 부작용이 있을까 궁금하다. 대체수단을 적용하면? (힌트) 동물

4. 논에서 새가 곡식을 먹는 것을 방지하기가 어렵다. 대체수단을 적용하면? (힌트) 사람

5. 전등스위치를 매번 On/Off하기가 어렵다. 기계시스템을 적용하면? (힌트) 소리

6. 백미러로 차량 후진 때 돌아봐야 한다. 기계시스템을 적용하면?

7. 고속도로 차비 계산원이 있어야 한다. 기계시스템을 적용하면?

8. 경비원이 눈뜨고 늘 지켜야 한다. 기계시스템을 적용하면?

답

1. 셀프계산대 2. DIY가구 3. 실험용 쥐 4. 허수아비 5. 소리로 꺼지는 전등 6. 후진 경보기 7. 하이패스 8. CCTV

29) 공압 및 수압(Pneumatic/ Hydraulic)

고체형태를 기체(공압)나 액체(수압)로 바꾼다. 운동화 밑에 충격흡수위해 공기가 들어간다. 탄력 고무, 스프링도 좋지만 공기를 주입하면 더 가볍다. 두꺼운 천 대신 포장용 비닐(발포비닐 포함)을 사용하면 더 가볍고

공기쿠션 운동화는 가볍고 충격흡수가 잘 된다.

저렴하게 동일한 기능을 사용할 수 있다. '워터 나이프(water knife)'는 물을 강한 압력과 함께 좁은 노즐로 내보내 물질을 자를 수 있다. 수압을 이용하는 방법이다. 화성 착륙선도 공기 역분사 하면서 내린다. 공기베개는 고체 대신 바람을 불어서 사용한다.

30) 연한 필름(Flexible Shells & Thin Films)

물침대는 연한 필름을 사용해서 말랑말랑하다. ©Clintus

물침대는 물을 연한 필름으로 싼다. 저수지 수면 위에 얇은 필름으로 증발방지한다. 곡식을 새가 먹지 못하도록 방어하는 비닐도 같은 용도다. 하드렌즈 안경 대신 연한 콘택트렌즈를 사용한다. 무릎보호대는 딱딱하기보다는 말랑말랑하면 운동에 지장이 없다.

31) 다공성 소재(Porous Materials)

다공성 소재를 이용해서 유용한 기능을 갖거나 무게를 줄인다. 새 뼈는 구멍이 있어 가볍다. 냉각기 냉각팬은 여러 개의 구멍이 있다. 가볍고 넓

은 면적으로 열을 쉽게 발산시킨다.

등산용 조끼는 다공성 소재로 바람이 잘 통하고 땀이 쉽게 증발한다. 선박 사용 매트는 공기가 들어 있어서 의자, 쿠션 형태로도 사용한다.

다공성 방수소재는 무게를 가볍게 한다.

32) 색상 변화(Color Change)

외부 색을 변화시키거나 투명도 조절, 색도를 높인다. 암실 붉은 조명은 필름에 영향 없이 시야가 확보된다. 투명붕대로 상처의 상태를 볼 수 있다.

투명테이프는 내부 상태를 볼 수 있다.
©Tomasz Sienicki

실전훈련

다음 아이디어들은 (29) 공압 및 수압 (30) 연한 필름 (31) 다공성 소재 (32) 색상변화 중 어떤 기술을 사용한 것일까?

1. 공기침대 2. 공기방울 들어간 신발 3. 수술용 장갑 4. 죽부인(竹夫人)

답

1. 공압 및 수압; 매트리스보다 보관이 쉽고 쿠션이 있어서 사용하기 좋다.

2. 공압 및 수압; 신발하단에 탄력성을 주는 방식으로 공압, 수압을 이용 방법이다.

3. 연한 필름; 환자를 잠재적 감염으로부터 보호할 수 있다

4. 다공성 소재; 대나무로 얼기설기 엮어 공기가 잘 통해 시원하게 한다.

다음 현상에 아래 기술을 적용하면 무슨 아이디어가 나올까?

1. 과자 운송 시 부서짐을 막고 싶다. 공압 수압을 적용하면?
2. 매번 신어야하는 스타킹에 연한 필름을 적용하면? (힌트) 뿌림
3. 키보드 먼지가 안 좋다. 연한 필름을 적용하면?
4. 시원한 옷을 위해 다공성 소재를 적용하면? (힌트) 베
5. 소주의 알코올 농도를 금방 알고 싶을 때, 색상변화를 적용하면? (힌트) 참이슬
6. 목욕물이 뜨거운지 금방 알고 싶을 때, 색상변화를 적용하면? (힌트) 장난감

답

1. 질소 채운 과자봉지 2. 뿌리는 스타킹 3. 키보드 커버 4. 삼베옷 5. 색깔로 알코올 농도를 표시한 소주 6. 고온이면 색상이 변하는 목욕탕 장난감

발명에 관한 이야기 ; 바다에 떠 있는 조선소

세계 10개 조선소 중 7개가 한국에 있다. 한국 조선은 기발한 아이디어로 세계를 선도한다. 첫째 플로팅 도크(floating dock)기술이다. '도크'란 선박 건조 및 수리 시설로 넓은 대지가 필요하다. 2001년 세계 최초 물에 뜨는 '플로팅 도크'를 개발했다. 좁은 땅 대신 넓은 바다를 선택했다. 플로팅도크 기술은 세계 유일하다. 두 번째는 가스 생산수송선이다. 육지의 가스 생산 공정 없이 수송도중 배에서 바로 가스를 생산한다. 세 번째는 얼음 깨는 기능이 첨가된 정유선이다. 극지 정유수송에 쇄빙선이 따로 가지 않아도 된다.

셀프 서비스는 고객, 상품이 스스로 서비스 기능을 발생시킨다. 커피 자동판매기, 동물 배설물 비료 등이 있다. 대체수단은 복제품을 이용하는 방법으로 모델하우스가 예다. 일회용 사용법으로 기저귀, 일회용 주사기 등을 싸고 쉽게 쓴다. 기계식 시스템 대체는 기계 대신 다른 방법을 사용한다. 예로는 농가 야생동물 침입 방지 음향울타리다. 고체형태를 기체나 액체로 바꾼다. 공기가 들어간 운동화, 포장용 비닐이 그 예다. 물침대, 저수지 증발방지 필름은 연한 필름을 사용한다. 새 뼈는 다공성소재로 무게를 가볍게 한다. 투명붕대는 색상변화로 상처 진행여부를 볼 수 있다.

코믹 에피소드

까마귀 자판기

까마귀들이 자판기에 각종 쓰레기를 투입하면 그에 맞는 무게의 먹이가 나오는 자판기가 아이디어 상품으로 개발되었다. 모든 새들이 대상이었지만 어찌된 영문인지 까마귀만 적극적으로 이용했다. 까마귀들의 호응이 좋아서 쓰레기가 남아날 틈이 없었다. 나중에는 까마귀들이 사람 사는 곳까지 날아와 쓰레기를 주웠다. 트리즈 기술 중 병합기술에 해당될 수 있다. 즉 새의 쓰레기 수집 기능과 먹이 찾기 기능을 병합한 아이디어다. 까마귀 좋고 인간 좋은 참신한 아이디어다.

실전훈련

1. 모델하우스는 실제 주택 대신 비교적 저렴한 대체제를 통해 수요자들이 관람할 수 있도록 해놓은 대체수단 예이다.
2. 공압 및 수압은 고체적인 것을 기체나 액체로 바꾸는 것을 말한다.
3. 차량 유압장치는 색상변화 예이다.

5. 트리즈 40기술 (6)

33) 동질성(Homogeneity)

객체와 같은 물질로 만든다. 아이스크림처럼 같이 먹을 수 있는 아이스크림콘이 그 예다. 연인 사이 커플링은 동질감을 보여준다. 가장 좋은 인공뼈 재료는 실제 뼛가루다. 유사 동물 뼈를 사용할 수 있다. 곡물로 만든 페트병은 사용 후 분해되면 다시 자연으로 돌아가는 천연재료다. 옷, 핸드백, 액세서리를 동일 재료로 만들면 한쪽 재료를 다른 쪽에 쓸 수 있다.

아이스크림콘은 아이스크림과 같이 먹을 수 있는 동질성을 응용했다.

34) 폐기, 복구(Discarding & Recovering)

불필요한 부분을 없애거나 소모된 부분을 회복시키는 방법이다. 캡슐약이 신체 내에서 녹아 없어지는 방법도 폐기의 예다. 로켓 사용 후에는 무게 감소를 위해 로켓 일부를 분리한다. 주물의 주형은 사용 후 없애기 쉬운 모래를 사용한다.

약 캡슐은 먹고 나서 스스로 폐기되는 성질을 적용했다.

35) 변수 변화(Parameter Changes)

물리적 상태, 농도, 지속성, 유연성을 변화시킨다. 시럽 초콜릿은 바깥은 고체, 안은 액체 상태다. 산소, 질소 기체의 수송, 유통을 위해 액화시키기도 한다. 고체 비누 대신 보관, 효율이 좋은 액체 비누가 있다.

액화 산소는 기체를 액체로 변화시킨 예로 보관 공간이 적다. ©Jay C. Pugh

36) 상태전이(Phase Change)

부피 변화나 열 발산, 흡수를 활용한다. 다이너마이트는 고체가 기체로 폭발하면서 부피가 급팽창해서 일을 한다. 얼음으로 바위 깨기도 마찬가지 원리다. 드라이아이스는 기화되며 많은 열을 빼앗는다. 열기구는 부피 변화를 통한 상승력을 얻는다.

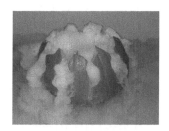

드라이아이스는 고체에서 기체로 변하면서 열을 빼앗는다. ©Mike Bowler

실전훈련

다음에 사용된 기술은? (33) 동질성, (34) 폐기, 복구, (35) 변수 변화 (36) 상태전이

1. 영화 후속편 2. 생분해성 수술실 3. 일회용 문신 4. 냉장고 냉각기 5. 열기구 프로판 가스 탱크 6. 폐 광산 석탄 박물관

1. 영화 후속편은 원작과 동일한 특성으로 동질성이 적용된다.
2. 생분해성 수술실은 일정 기간 후에 신체 조직 안으로 녹아버린다. 폐기 또는 복구다.
3. 일회용 문신은 잠시 보일 뿐 며칠 후 스스로 사라지는 폐기 또는 복구다.
4. 냉각기는 증기가 열을 잃고 차가운 액체가 된다. 상태가 바뀌는 상태전이다.
5. 열기구 상승 원리는 액체가 연소되어 기체로 바뀌는 상태전이다.
6. 쓰지 않는 곳을 박물관으로 만들어서 폐기 또는 복구다.

실전훈련

다음 아이디어를 적용하면 무슨 아이디어가 나올까?
1. 같은 회사 직원이라는 동질감을 부여하고 싶다. 동질성을 적용하면?
2. 아이스크림 용기까지 먹고자 할 때 동질성을 적용하면?
3. 타이어가 터지면 위험하다. 변수변화를 적용하면? (힌트) 공기
4. 타이어가 쓸 만한데 버리기가 아깝다. 폐기복구를 적용하면?
5. 아이스크림은 차갑게 하고 운반체는 남기기 않으려 한다. 폐기복구를 적
   용하면? (힌트) 승화
6. 향수가 액체여서 운반이 힘들다. 변수변화를 적용하면? (힌트) 딱딱함
7. 실내 냉기를 막아야 하는데 냉기가 들락날락 해야 한다. 변수변화를 적용
   하면? (힌트) 공기
8. 식품을 오래 보존하려 한다. 변수변화를 적용하면?

답

1. 직원 유니폼 2. 아이스크림콘 3. 공기 없는 타이어 4. 재생 타이어 5. 운반포장용 드라
이아이스 6. 고체향수 7. 에어커튼 8. 동결건조 식품

37) 열팽창(Thermal Expansion)

열팽창을 이용한다. 서로 다른 두 금속으로 이루어진 바이메탈 금속으로 자동 온도 조절 기능을 만든다. 찌그러진 탁구공을 뜨거운 물에 넣어 원상태 복원하는 것이나 전자레인지 안의 팝콘도 같은 예다.

팝콘은 열팽창을 이용한 상품이다.

38) 강력 산화제 이용(Use of strong oxidation)

산소 농도를 증가, 감소시킨다. 산소통으로 수중에서 오랜 시간 잠수할 수 있다. 가스중독 환자를 고압 산소로 치료한다. 유머로 분위기를 부드럽게 만들거나 자원봉사자들의 뜨거운 봉사 의지, 강아지 키우기도 강한 산화환경을 만드는 방안이다.

잠수통은 약 20배 압축공기로 오랜 시간 잠수할 수 있다.

39) 불활성 환경(Inert Environment)

불활성물질이나 진공 상태를 활용한다. 전구 내 아르곤 가스를 넣는다. 진공 지퍼백은 공기를 차단해 부패를 방지한다. 흡연자를 격리하는 방법도 일종의 불활성 환경 만들기다.

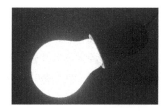

백열전구는 내부에 불활성기체를 넣어 필라멘트가 타지 않도록 한다.
©Dickbauch

40) 복합 재료(Composite Material)

비행기 동체는 두 개 금속을 섞어서 만든다. 섞으면 더 튼튼해진다. 음식 문화도 복합 재료로 만드는 다양한 퓨전 요리가 있다. 제비집은 제비 침, 나뭇가지의 복합 재료다. 콘크리트는 물, 시멘트, 모래, 자갈이 섞여 된다. 미국은 혼합 인종 국가다.

퓨전음식은 복합 재료라 할 수 있다.

어떤 기술을 사용한 아이디어인가?
(37)열팽창 (38) 강력 산화제의 이용 (39) 불활성 환경 (40) 복합재료
1. 용접 토치 2. 칭찬 3. 찌그러진 플라스틱용기 부풀리기 4. 격리된 수술실

답
1. 용접 토치는 강력 산화제인 산소와 아세틸렌을 사용한다.
2. 사람들을 힘나게 해주는 강력 산화제 역할을 한다.
3. 열팽창을 이용하여 펴는 아이디어다.
4. 격리된 수술실은 균이 못 자라도록 불활성 환경 기술을 사용했다.

다음 기술을 사용하면 어떤 아이디어가 나올까?
1. 음식을 튀겨서 먹기 좋게 만들려고 한다. 열팽창을 적용하면?
2. 산소가 있으면 기분이 나아질 듯한데 강산화제를 적용하면?
3. 유리섬유와 플라스틱이 섞이면 강해진다. 복합재료를 적용하면?

답
1. 팝콘 2. 산소치료방 3. FRP유리섬유.

주차장에서 빈자리를 찾으려고 모든 주차장을 다 돌아다녀야 하는 경우가 있다. 실내 주차장 경우 빈 자리위에 센서를 부착해서 초록색 불이 보이도록 하거나 들어가는 입구에 몇 층에 몇 개의 빈자리가 있는지를 알려준다. 하지만 임시로 마련된 야외주차장은 이런 시설을 할 수 없다. 이 경우 IFR은 '힘들이지 않고 스스로 빈자리를 알 수 있게 하는 방법'이었다. 큰 행사에 대비한 임시 야외주차장에서 빈자리를 쉽게 찾을 수 있는 방법은 무엇일까? 트리즈 기술 40개를 적용해서 문제를 풀어보자. (힌트; 공압 및 수압)

답

주차자리 한 가운데 노란색 풍선을 1.5미터 높이로 매달아 놓는다. 차가 주차자리에 들어오면 풍선을 매달은 실이 차량 밑바닥으로 눌리면서 풍선이 가라앉아서 보이지 않게 된다. 물론 풍선은 터지지 않고 있다가 차가 떠나면 다시 공기 중으로 올라서 빈자리가 그 곳임을 알려주게 된다. 아주 간단하면서 시각적으로 효과적인 방법이다.

1. 정자은행에 사용된 기술은 (   )기술이다.
   (1) 열팽창 (2) 강력 산화제의 이용 (3) 불활성 환경 (4) 복합재료

2. 의료용 주사기는 (   )에 해당된다.
   (1) 고속공정 (2) 강력 산화제의 이용 (3) 불활성 환경 (4) 복합재료

3. 기계적 시스템 대체는 (   ) 수단을 기계적인 수단으로 대체하는 것이다.
   (1) 이론적 (2) 물리적 (3) 화학적 (4) 감각적

4. 새는 뼈에 구멍이 있는 (   )의 한 예이다.
   (1) 공압 및 수압 (2) 연한필름 (3) 다공성 소재 (4) 색상변화

답

1. 불활성환경. 정자를 액체질소 통에 보관하여 활성을 중지시켜서 추후 사용하는 기술

2. 고속공정; 높은 압력, 빠른 속도로 주사를 놓음으로서 통증을 적게 한다.

3. 감각적; 농가 야생동물 침입 방지를 위해 침입할 경우 맹수 울음소리 내는 음향울타리를 설치한다.

4. 다공성 소재; 다공성 소재는 구멍 이용해서 유용 기능을 갖거나 무게 감소가 목적이다.

요약

1. 이상목표(IFR: Ideal Final Result)는 유용함을 극대화하고 해로운 사항을 최소화 하는 것이다. IFR을 결정하면 이를 염두에 두고 아이디어를 낸 후에 이를 수정, 개선하여 IFR에 다가선다. 다른 방법은 트리즈 40 발명규칙에 하나하나 적용해 보는 것이다.

2. 트리즈 기술 21~40

21) 고속공정: 유해한 작업을 빠른 속도로 해결한다. 치과공정

22) 전화위복: 해로운 요인을 이로운 것으로 만든다. 맞불

23) 피드백: 더 좋은 결과를 위해 조율 및 반영을 반복하는 방법이다. 비행기착륙제어

24) 중간매개물: 효율을 위해 중간 매개물을 사용한다. 중매

25) 셀프서비스: 고객, 상품이 스스로 서비스 기능을 발생시킨다. 자판기

26) 대체 수단: 복제품을 이용하는 방법이다. 모델하우스

27) 일회용품: 일회용 기저귀, 주사기 등 매번 소독 문제가 해결된다. 일회용 컵

28) 기계식 시스템 대체: 감각적인 수단을 기계적인 수단으로 대체한다. CCTV

29) 공압 및 수압: 고체를 기체나 액체로 바꾼다. 풍선선전

30) 연한 필름: 물과 연한 필름으로 물침대를 만든다. 키보드스킨

31) 다공성 소재: 구멍 이용해서 유용한 기능 갖거나 무게감소 시킨다. 새 뼈

32) 색상변화: 외부의 색을 변화시키거나 투명도를 조절한다. 투명붕대

33) 동질성: 객체와 같은 물질로 만든다. 아이스크림 콘

34) 폐기 또는 복구: 불필요한 부분을 없애거나 소모된 부분을 회수시킨다. 약 캡슐

35) 변수 변화: 물리적인 상태, 농도, 지속성, 유연성을 향상시킨다. 액체비누

36) 상태전이: 부피 변화나 열 발산과 흡수를 활용한다. 드라이아이스

37) 열팽창: 열에 의해서 팽창시킨다. 열기구

38) 강력 산화제의 이용: 산소의 농도를 증가, 감소시킨다. 산소방

39) 불활성 환경: 중성물질을 첨가, 진공 상태를 활용한다. 정자은행

40) 복합재료: 단일 재료를 복합재료로 바꾼다. 제비집

1. 주방용 기기에 일회용품 기술을 적용해서 새로운 것을 만들어 보라.

2. 강의실에 공압 및 수압 기술로 변화시킬 수 있는 것은?

3. 버스에 적용할 수 있는 기술은 무엇인가 생각해 보자.

1. 최근 관찰, 사건에서 해결할 문제를 1개 내보자.

2. 이 문제의 IFR은 무엇인가?

3. 셀프서비스를 이용하여 문제해결 아이디어를 내보자.

4. 연한 필름 기술을 적용하여 문제해결 아이디어를 내보자.

chapter 10

자연유래 아이디어

"독창성은 사려 깊은 모방에 지나지 않는다."

볼테르(1694-1778) 철학자

·
·
·

반려동물 관련된 3가지 아이디어가 있다. 당신은 벤처 투자회사 간부로서 결정을 해야 한다. 1) 애완견 분실 방지 목걸이용 GPS(위성추적장치) 2) 개 코를 연구한 전자 코 3) 개, 고양이 사이 뇌파를 읽는 동물대화기, 어떤 것을 선택하겠는가?

각각 특징을 보자. 애완견 분실방지 GPS는 실용성이 좋다. 하지만 이미 비슷한 제품들이 많이 있고, 관련 특허가 많다. 경쟁도 심하다. 장사는 잘되겠지만 경쟁이 심한, 흔히 말하는 '레드오션(Red Ocean; 피를 보며 경쟁)'이다. '동물 사이 대화기'는 참신한 아이디어다. 창의성은 좋지만 기술적으로 어렵다. 실현 가능성이 매우 낮다.

'전자코'는 이미 개코라는 모델이 있다. 즉 이미 존재하고 있는 기술이다. 존재하고 있지만 아직 누가 그것을 이용하여 무엇을 만들지 않은 '숨겨진 기술'이다. 창의성 있는, 실현 가능한 기술이다. 모든 점을 고려하면 전자코가 투자할 가치가 높다.

아이디어가 실제 상품화 되는 확률은 매우 적다. 통계에 의하면 3,000개 아이디어 중 100개가 프로젝트로 시작되고, 그 중 2개가 시장에 나가서 최종 1개가 성공하게 된다. 1/3,000 확률이다. 그만큼 아이디어가 상용화 되기가 힘들다. 아이디어는 좋은데 그걸 구현할 수 있는 기술이 없는 경우가 대부분이다. 하지만 자연은 이미 존재하는 기술들이다. 기술적으로는 완벽하다. 자연을 단지 모방만 해도 성공할 확률이 훨씬 높다. 자연모방기술이 중요한 이유다.

자연유래 창의성

1. 자연모방기술 정의

　자연모방기술이란 자연이 가지고 있는 특성을 모방, 응용하는 기술이다. Biomimetics, Bioinspired-Technology, Biomimics라고 불린다. 자연모방기술은 생명공학, 기계, 토목, 전자, 화학, 정치 등 다양한 분야에 걸쳐있다. 정치에 적용한 예를 보자. 꿀벌, 오랑우탄은 어떻게 아래 부하들을 조절하는지, 부하들이 싸울 경우에 어떻게 대비하는가를 정치에 적용한다. 사회동물학은 동물의 이런 사회적 행동특성을 연구한다.

　벨크로, 일명 '찍찍이'라고 불리는 아이디어 제품을 보자. 옷에 달라붙은 도꼬마리 씨앗을 유심히 관찰한 스위스 전기 엔지니어 게오르고 메스트랄이 씨앗의 고리를 모방해 섬유부착포를 만들었다. 70년이 지난 지금도 쓰이고 있는 대표적인 자연모방 제품이다.

2. 자연모방기술 특성

자연모방기술은 자연을 모방하거나 자연에서 영감을 얻는 방법이다. 자연을 본떠 만든 물질, 생물 모방 로봇 ,인체부품 보완 바이오메카닉스, 인공생명체, 집단지능, 자연영감 건축 등 예가 있다. 자연모방 특성은 3가지다.

1. 유용 기술; 자연은 이상적인 모델이다. 자연 모델을 연구, 모방, 착안해서 인간문제를 해결하는 유용기술이다.
2. 존재 기술; 이미 자연에 존재하고 있는 즉, 잘 작동이 되고 있는 기술로 완성, 검증된 기술이다. 또한 어떤 환경에서 오래 지속가능한 기술이다.
3. 멘토 기술; 이 기술은 단순히 자원을 취하는 것이 아니다. 자연은 멘토 역할을 한다. 자연모방은 자연과 인간이 어떻게 어울려 살아야 되는가를 가르친다.

벨크로를 통해 자연모방 특성 3가지를 확인해 보자. ① 벨크로는 자연 씨앗을 모방해서 섬유 사이 접착을 해결했다. 이 발명품은 인간에게 유용하다. ② '달라붙는 씨앗'이 이미 자연에 있었고 그 기술을 모방한다. 작동하는 데 문제가 없다. ③ 자연에 있는 씨앗을 가져다 직접 쓰는 것이 아니고 자연은 단순히 힌트를 준 셈이다.

3.자연모방 사례(1)

1) 사이드와인더 열 추적 미사일

비행기에서 적기를 목표로 공대공 미사일을 발사한다. 원리는 엔진 열 추적이다. 만약 이 미사일이 내 비행기로 발사되었다면, 조종사인 내가 할 수 있는 일은 다음 중 무엇일까? ① 탈출 ② 미사일공격 ③ 엔진 열 가리기 ④ 급선회 ⑤ 열 물질 방사. 정답은 ③, ④, ⑤ 이다. 즉 엔진 출구를 가리고 급선회 또는 열 발생 물질을 주위에 내뿜는다. 4Km 떨어진 미사일이 내 비행기에 도달하는 시간은 약 6초다. 탈출은 마지막에 할 수 있는 방법이다. 대항 미사일 즉, 미사일로 미사일을 격추할 확률은 실제 그렇게 높지 않다. 따라서 탈출과 대항 미사일 발사는 당장 사용하기에는 적절하지 않는 방법이다. 급선회는 미사일이 따라오면 갑자기 방향을 틀어 미사일의 궤적에서 벗어나는 방법이다. 엔진출구 가리기는 열을 감춰 열 추적 미사일에서 벗어날 수 있다. 발열 물질을 내보내면 열 추적 미사일은 비행기 엔진 대신 발열 물질을 따라간다. 최선 방어법은 급선회하면서 열 물질을 내고 엔진 출구를 가리는 것이다. '사이드와인더(Side Winder)'는 옆(Side)으로 기어간다(Winder)는 뜻으로 방울뱀 애칭이다. 방울뱀은 뛰어난 야간 사냥 기술을 가지고 있다. 적외선으로 사냥감 열을 추적하여 사냥한다. 이 방울뱀의 적외선 측정기술을 모방한 것이 사이드와인더 미사일이다.

공대공 미사일은 엔진 열을 추적한다. 방울뱀 열 추적기술을 모방, 적용했다. ⓒMcDonnell Douglas

다른 동물 몸에서 나오는 열, 즉 적외선이 방울뱀의 열 측정기관에 도달한다. 콧구멍에 있는 적외선 측정기관에는 수천 개 열 수용체인 골레이 세포가 있으며, 두 코에 있는 측정구멍 각도를 통해 거리를 측정한다. 적외선을 받은 골레이 세포는 팽창을 하고 세포를 자극한다. 자극 받은 세포는 뇌신경에 신호를 전달하여 사냥감이 어디 있는지 알게 한다. 0.002초 사이에 아주 작은 온도차를 감지 할 수 있다. 적외선도달-팽창-신호전달의 순서를 모방한 것이 '골레이 셀'이다. 골레이 셀의 적외선 탐지 순서는 적외선도달 -상자 내 제논가스 자극-가스 팽창-금속판 변형-반사 빛 굴절 측정-적외선 측정이다. 뱀에 있는 적외선 측정기능을 똑같이 모방한 것이다.

적외선 탐지기는 실생활에 많이 쓰인다. 인체 온도분포를 적외선으로 알 수 있다. 화장실 소변기 센서로 용변 후 자동으로 물이 나오게 한다. 군대 적외선 야간 투시경도 적외선 이용한다. 외부인 침입차단 적외선센서는 이미 단독주택, 건물외부에서 쉽게 볼 수 있다. 뱀 적외선탐지 기술 속 자연모방 3특성을 보자. ① 자연, 즉 뱀의 특성을 모방해서 인간에게 유용한 적외선탐지기를 만들었다. ② 뱀은 이미 기술을 가지고 쥐나 포유동물을 사냥해 왔다. 즉 이미 존재하고 있었던 기술이다. ③ 뱀을 직접 사용하는 대신 뱀 지혜를 사용했다.

소변을 보고나면 자동 물내림은 적외선 센서 덕분이다.

뱀은 적외선으로 사냥감 열을 찾아 야간 사냥을 한다. 뱀의 또 다른 능력은?

답

뱀은 130도까지 '입'이 벌어진다. 턱은 4개 뼈로 이루어져 있고, 인대로 느슨하게 붙어있어 잘 늘어난다. 이런 입 구조를 모방한다면 한 번에 큰 물체를 삼키는 기계를 만들 수 있다.

2) 게코 도마뱀 테이프

인도네시아 5성급 호텔 방에서 벽을 타고 가는 도마뱀을 발견했다. 도마뱀이 어떻게 수직 벽에 기어 올라갈까? 게코(Gekko) 도마뱀 발바닥에는 50~100마이크로미터(100만분의 1미터)의 수백만 개 강모로 덮여 있다. 강모는 수백 개에 달하는 주걱 모양 섬모로 갈라져있다. 이들 섬모의 개별적인 접착력은 약하지만 수억 개를 합쳐지면 도마뱀 무게 수십 배까지도 벽면에 붙일 수 있게 된다.

도마뱀 모방 제품은 무엇이 있을까? 게코 도마뱀 발에 있는 수억 개 가느다란 섬모와 강모가 벽에 달라붙는 힘은 '반데르발스 힘'이다. 물체와 물체 사이에 작용하는 무작위적인 인력이다. 게코 도마뱀 발바닥을 모방하여 '게코 테이프'를 만들었다. 게코 테이프는 발바닥 섬모와 같도록 폴리프로필렌 고분자 물질로 미세한 털을 만들었다. 1제곱센티당 4,200만 개 미세한 털 때문에 옆으로 당기는 힘이 있으면 부착력이 커진다. 반면 수직으로 당기면 약하다. 이런 게코 도마뱀 접착력을 로봇 손에 붙이면 절벽을 타고 오를 수 있다. 로봇 손은 수직으로 당기는 힘은 세고 수평으로 당기면 쉽게 떨어져서 벽을 타고 오르기가 쉽다. 유리면은 접착력이 더 좋다. 천장을 달라붙는 도마뱀 발바닥을 모방하여 만든 발명품을 어디에 사용할 수 있을까? 스파이더맨처럼 절벽을 타고 오를 수 있다. 빌딩 유리를 닦는 로봇은 어떨까? 게코 테이프는 자연모방기술 3특성을 모두 가지고 있다. ① 인간에게 유용한 게코 테이프를 만들었다. ② 도마뱀은 원래부터 벽을 탈수 있는 고접착력 발을 가지고 있었다. ③ 도마뱀 자체를 이용하는 것이 아닌 그 원리만을 이용한다.

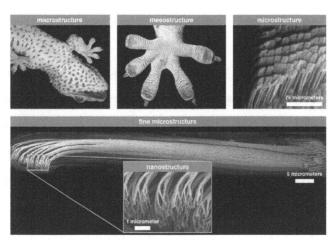

게코 도마뱀 발바닥 미세구조를 닮은 플라스틱 섬모를 만들어서 접착테이프를 만들었다. ©Douglasy

 키포인트

자연모방기술이란 자연이 가지고 있는 특성을 모방, 응용하는 기술이다. 자연모방 특성은 인간에게 유용하고, 존재하는 기술이며, 자연이 가르쳐주는 기술이다. 사이드와인더 미사일은 방울뱀 열 추적 기술을 모방한 적외선 추적 장치를 탑재했다. 게코 도마뱀 수억 개 미세섬모는 반데르발스 힘을 이용해서 벽에 붙을 수 있게 한다. 쉽게 뗄 수 있고 달라붙는 힘이 강한 게코 테이프를 만들었다.

1. 자연모방기술이란 자연이 가지고 있는 특성을 모방, 응용하는 기술이다.
2. 사이드와인더 미사일은 방울뱀 열 추적 기술을 모방한 '자외선' 추적 장치가 있다.
3. 게코 도마뱀 발바닥 반데르발스 힘은 물체와 물체 사이에 작용하는 무작위적 인력이다.

답

1. O; 자연모방기술은 글자그대로 자연특성을 모방해서 아이디어를 낸다.
2. X; 적외선 추적 장치를 가지고 있다.
3. O; 게코 도마뱀은 발바닥 강모의 반데르발스 힘을 이용해서 벽에 붙어 이동할 수 있다.

자연모방 원리와 사례

1. 자연모방 아홉 가지 원리

자연모방 원리를 이해하면 단순히 모양만을 모방하는 단계를 벗어나 한 단계 더 높은 응용제품을 만들 수 있다.

1) 자연은 태양에 의해 움직여진다

자연을 움직이는 모든 에너지 원천은 태양이다. 태양에너지에 의한 광합성으로 식물이 생기고 나무 덕분에 석유가 생겼다. 태양으로 바람이 생기고 풍력이 생긴다. 태양으로 물이 움직이고 수력이 생긴다.

2) 자연은 필요한 만큼의 에너지만 쓴다

자연은 에너지를 쓰는 것이 목적이 아닌 유지수단이다. 식물은 많은 에너지소비가 아니고 필요한 만큼 받아서 성장을 하는 데 있다. 식물 광합성 효율을 높이려고 광합성 엽록체 종류나 양을 늘린다면 식물 잎은 타 버릴 것이다.

3) 자연은 작동할 수 있도록 형태를 맞춘다

연꽃잎은 물이 구를 수 있도록 잎 구조가 진화했다. 어떤 환경에 맞도록 식물, 동물, 미생물들이 형태를 맞춘다.

4) 자연은 모든 것을 재순환한다

자연 내 모든 물질은 원소단위로 분해, 재순환되어 새로운 물질로 변화된다. 탄소를 보자. 쌀은 몸에서 분해되어 이산화탄소로 변환, 대기로 나간다. 공기 중 이산화탄소는 식물에서 광합성 되어서 식물 속 녹말로 전환, 인간이 먹는다. 지구상 모든 원소는 그대로 있는 것이고 그것이 순환되는 것뿐이다. 지금 먹고 있는 빵은 수억 년 전 공룡의 살 일 수도 있다.

5) 자연은 협동하면 도움을 받는다

자연은 협동해서 자란다. 두 종류 생물은 상호작용(공생, 기생, 편리공생)으로 도움을 주고받는다.

6) 자연은 여러 형태가 있어야 된다.

안정된 생태계가 되려면 단 하나의 방법만이 있어서는 안 된다. 하나가 안 되면 다른 대안이 존재해야 한다. 한 생물을 억제하는 방안이 여러 개 있어야 그 생물의 단독질주를 막을 수 있다.

7) 자연은 그 지역 특성에 잘 적응한 전문가가 있다

특정한 지역에서 잘 적응한 동물들 식물들이 있다. 뜨거운 온천 지역에도 잘 사는 생물이 있다. 이런 생명체들은 다른 온도에서 자란 생명체와는 달리 세포 내부에는 뜨거운 곳에서도 자랄 수 있도록 세포 내 물질들 (DNA, 단백질)이 고온에 적응돼 있다.

8) 자연은 넘치지 않도록 스스로 내부에서 조절한다

자연은 에너지를 낭비하지 않는다. 내부에서도 필요한 만큼만 만든다. 많이 만들어지면 스스로 피드백 작용으로 더 이상 만들지 않는다. 생물의 이런 특성을 알면 원료를 무조건 많이 공급한다고 특정물질이 많이 만들어지지는 않는다는 것을 알 수 있다. 생물 내부 조절작용을 잘 이해해야 원하는 물질을 많이 만들 수 있다. 효모는 알코올이 많이 필요하지 않다. 인간이 술을 많이 만들려면 효모 내부조절 기작을 이해하고 이를 넘어서야 한다.

9) 자연은 극단 힘을 이용한다

만약 어떤 미생물이 사용하던 먹이가 없어졌다면 이 미생물은 죽어버리고 멸종할까? 물론 갑자기 그런 일이 발생한다면 그럴 수 있다. 하지만 긴 세월동안 그런 일이 생긴다면 미생물은 어떤 식으로든 살아남으려고 할 것이다. 구체적으로는 유전자 변이가 생겨 새로운 환경에서도 살아남을 수 있는 변이 미생물이 생긴다. 덕분에 미생물은 살아남을 수 있다. 즉 어떤 환경이라도 생물체는 살아남으려고 모든 방법과 극단의 힘을 다 동원한다. 물과 땅의 경계면에 살고 있는 '맹그로브' 나무는 뿌리를 깊게 박음으로써 물속에서 살아남을 수 있도록 뿌리를 변형한다.

2. 자연모방 사례 (2)

1) 연꽃잎을 모방한 자동 청소 유리

연꽃잎은 언제나 깨끗하게 유지된다. 잎 표면이 물방울에 젖지 않고 떠 있기 때문이다. 이런 방수 능력은 구조에서 나온다. 구조를 알면 연꽃잎의 청소효과를 모방할 수 있다. 구조 조사 결과 연꽃 미세돌기가 소수성(물에 젖지 않음)을 극대화하고 미세돌기 덕분에 먼지가 물방울과 함께 쓸려가는 세정효과를 만든다. 또한 미세 나노 돌기구조와 표면 사이에 있는 얇은 공기층 때문에 연꽃잎은 최고의 소수성을 띠게 된다. 물방울은 표면의 거친 정도에 따라 모양이 변한다. 예상과는 달리 거친 표면 위 물방울이 더 동그랗게 떠 있다. 동그랄수록 더 소수성이다. 거친 표면이 더 소수성인 이유는 물방울은 최소한으로 소수성 표면과 접촉하기 때문이다. 연꽃잎의 거친 표면 구조를 모방해서 오톨도톨하게 올라온 플라스틱을 만들었다. 비가 오면 유리판 위의 물은 아래로 흐르며 먼지까지 품고 가기 때문에 저절로 깨끗해진다. 자동청소다. 자동으로 먼지를 쓸어내리는 벽지나 유리코팅제를 만들 수 있다.

자연모방 9가지 원리 중 연꽃잎 모방에 적용된 항목을 살펴보자.

① 태양의 광합성이 꽃잎을 만들었다. ③ 연꽃잎은 늘 물 근처에 있다. 만일 잎이 젖어있으면 잎 기공을 통한 기체 흐름이 방해 받는다. 따라서 이런 방해를 받지 않는 극소수성으로 진화했다. ⑦ 연꽃잎은 물속 잎이 젖지 않는 전문가다. 미세한 굴곡을 만들어 물방울이 잘 구르도록 만들어졌다.

2) 홍합접착제

바닷가 바위에 단단히 붙어 있는 홍합을 자주 볼 수 있다. 온도, 수분, 용매에 내성이 있으며 수중에서도 붙는다. 바위나 다른 동물에도 잘 붙고 휘어지는 유연성을 가지고 있다. 이런 특성은 화학접착제가 물속에서 쉽게 떨어지는 것을 보완할 수 있다. 연구진은 홍합 부착물질 성분을 분석하고 이를 인공적으로 만들었다. 홍합 접착 단백질은 수술 후에 바늘로 꿰매지 않고도 수술 부위를 접착할 수 있는 수술용 풀이 될 수 있다. 이미 상용화 되어 있다.

　홍합에서 접착제를 만드는 방법은 누구나 생각해 볼 수 있다. 하지만 이를 실현하는 데에는 많은 노력과 지식이 필요하다. 좋은 아이디어는 지식, 노력이 있어야만 실용화가 된다. 홍합에서 직접 부착성분을 추출하기에는 홍합성분량이 너무 적다. 연구진은 유전공학 기술로 부착단백질 유전자를 대장균에 삽입하여, 부착단백질을 대량으로 만들었다. 대장균은 빨리 자라기 때문에 짧은 시간에 많은 홍합단백질을 만들 수 있었다. 이제는 병원에서 사용할 수 있다. 상용화에는 지식이 필요하다. 하지만 아이디어가 좋다면 본인이 그 분야 전문가가 아니어도 분야 전문가와 협동해서 공동개발 할 수 있다. 서로 열매를 나누는 방법이 훨씬 성공률이 높다. 멀리 가고 싶으면 같이 가야한다.

　9가지 모방 원리 중 홍합에 적용된 원리를 보자. ③ 홍합은 물속에서도 접착해야 살아남는다. 당연히 물속에서도 붙는 부착단백질을 만드는 쪽으로 진화했다. ⑥ 자연은 여러 형태이다. 홍합처럼 접착제로 달라붙는 경우 이외에 접착 방법은 여러 가지다. 즉 모든 생물 접착제가 홍합접착제 형태가 아니고 다른 형태 접착방식이 있다. 앞에서 본 게코 도마뱀은 많은 섬모 접착력을 이용한 것이고 붙였다 뗐다 할 수 있는 임시접착이다. 반면 홍합은 순간접착제처럼 거의 영구접착이다. ⑨ 자연은 극단의 힘을 이용한다. 홍합은 가장 어려운 환경에서도 붙어야 한다. 강한 조류와 많은 유기물, 게다가 물속에서도 달라붙어야 한다. 즉, 이런 상황에서도 살아남기 위한 극단의 접착제를 만든 것이다.

3) 딱정벌레 등 이용 물 모으기

남아프리카 나미브 사막에는 스테노카라 딱정벌레가 산다. 이 딱정벌레는 물이 없는 사막에서 어떻게 살까? 사막에는 물이 거의 없지만 습기가 전혀 없는 것은 아니다. 사막은 온도차가 심해 낮에는 수분이 증발하고 새벽에는 온도가 크게 떨어지면서 안개가 생성된다. 딱정벌레는 새벽에 바람이 솔솔 부는 능선에 엉덩이를 들고 있다. 딱정벌레 등에는 미세 돌기가 많이 돌출되어 있다. 볼록하게 튀어나온 부분이 친수성 돌기, 오목하게 들어간 부분이 극소수성 바닥이다. 친수성 돌기에 물방울들이 맺히게 되면 아래로 흘러내려 극소수성 바닥에 모이게 된다. 딱정벌레는 이렇게 모인 물을 마시며, 사막에서 살아가는 것이다. MIT 연구팀은 딱정벌레 등의 볼록한 부분인 극친수성 물질을 합성해서 극소수성 바닥 위에 점찍듯 찍었다. 공기 중 수분은 친수성 점부분에 달라붙는다. 극소수성 바닥에 떨어진 물방울은 동글동글 모이게 된다. 안개 속 물 분자가 이제는 물방울로 만들어졌다.

9가지 원리 중 스테노카라 딱정벌레에 적용된 원리를 보자. ① 사막지역에 새벽에 안개가 내리는 원천은 태양이다. ② 딱정벌레는 살만큼의 물만을 공기 속에서 얻는다. ③ 딱정벌레는 물을 얻도록 스스로 등 구조가 진화했다. ⑦ 사막지역에서도 물을 얻는 전문가가 있다. ⑨ 물이 아주 희박한 곳(사막)에서도 딱정벌레는 극친수성과 극소수성이라는 극단 방법으로 물을 얻고 에너지를 얻는다.

4) 거북이 등 모방 골프공

최초의 골프공은 표면을 매끌매끌하게 만들었다. 그래야 볼이 멀리 날아갈 거라 생각했지만 생각만큼 멀리 날아가지 않았다. 그러다 볼 표면에 오톨도톨 돌기를 만들면 오히려 볼이 더 멀리 날아가는 현상을 발견했다. 원인은 오톨도톨한 표면에 약한 와류, 즉 약한 소용돌이를 만들어서 저항을 줄였기 때문이다. 현재는 올록볼록한 골프공이 사용된다. 최근 연구자들이 거북이 등 모양을 본떠서 골프공을 만들었다. 공 속도가 어느 속도보다 높은 상태에서는 일반 골프공(오톨도톨 표면)보다 공 저항이 줄어들었다. 거북이는 물속에서 저항을 적게 받으며 잘 나갈 수 있도록 진화했다. 등 모방 골프공도 저항을 더 적게 받았다. 물속에서 저항을 덜 받도록 진화한 동물은 거북이 외에 상어, 고래가 있다.

5) 상어피부 모방 수영복

비행기 날개 위에는 돌기가 나와 있다. '소용돌이 발생기(Vortex generator)'라 불리는 이 장치는 작은 소용돌이를 만들어 비행기 날개에서 공기흐름을 유지시킨다. 돌기가 흐름에 방해가 될 것 같지만 오히려 흐름에 도움이 된다. 이런 돌기는 고래, 상어에도 있다. 상어와 비행기 중 상어가 먼저 있었다. 전투기 비행날개 설계 시 상어 돌기에서 힌트를 얻었단 뜻이다. 2000년 시드니 올림픽은 수영종목에서 신기록이 많이 쏟아졌다. 처음으로 전신수영복 착용이 가능한 올림픽이었기 때문이다. 전신수영복은 상어피부 미세돌기를 모방한 수영복이다. 돌기는 마찰저항을 줄여주어 수영 속도를 높인다. 전신수영복은 기록을 단축했지만 올림픽위원회는 곧 이것을 사용 중지시켰다. 인체만의 노력이 아닌 기술 도움으로 기록이 향상되는 것은 올림픽 정신에 위배된다고 보았기 때문이다.

6) 새 비행 모습을 모방한 비행기 보조 날개

비행기 이착륙 시 보조 날개가 뻗어 나온다. 보조날개(Flap)가 있어야 이착륙 시 낮은 속도에서도 뜨는 힘이 최대가 된다. 즉 비행기 날개 면적이 넓어져야 부력이 커지고 그 만큼 안전성이 커진다. 새들도 이착륙 시 같은 모습으로 날개를 펼친다. 라이트 형제도 최초 비행기를 만들 때에 새가 나는 모습을 보면서 날개 모양을 유선형으로 만들었다. 곤충은 비행이나 이동시 가장 적은 에너지를 쓴다. 새의 비행 기능을 모방해서 새로운 형태의 로봇, 항공기가 개발되고 있다.

7) 씨앗 이동을 모방한 기술들

벨크로는 자연을 관찰하고 아이디어를 내서 성공한 대표적 생체모방기술이다. 벨크로(velcro)는 천(velour)에 고리(crocket)가 만들어져 있다는 뜻이다. 벨크로 장점은 간편하게 두 면을 접착 시킬 수 있다. 4cm 조각만으로도 80kg 거구를 들 수 있는 접착력이 있다. 어린아이도 쉽게 사용하고 안전하다는 점, 많이 사용해도 접착력이 줄어들지 않는다는 장점이 있다. 그런데 왜 도꼬마리 씨앗은 옷에 달라붙을까?

도꼬마리, 엉겅퀴, 도깨비 풀 씨앗은 바늘 모양 고리로 지나가는 동물에 붙어서 자기 씨를 퍼트린다. 움직일 수 없는 식물 경우에는 씨를 퍼트리기에 이 방법이 가장 효과적이다. 동물을 이용한 씨앗분산 방법도 있지만 냇물 근처 나무들은 흐르는 물에 씨앗을 떨어뜨려 멀리까지 보낸다. 봄에 피는 버들강아지, 그리고 냇가에 길게 늘어선 미루나무 등도 같은 방식을 사용한다. 물을 이용하는 방식이 있다면 바람을 이용한 방법도 있다. 봄이 되면 바람타고 날아다니는 민들레 씨앗, 박주가리 씨앗, 단풍나무 씨앗 모두 씨를 널리 퍼트리기 위한 전략이다. 바람에 날아가는 민들레 씨앗을 모방하면 무엇을 만들 수 있을까. 조그만 바람에도 아주 멀리 안정되게 날아가는 모습은 낙하산을 연상시킨다. 실제로 낙하산은 민들레 씨앗의 구조에서 많은 힌트를 얻었다. 이번에는 단풍나무 씨앗을 보자. 낫 모양으로 되어 있다. 떨어뜨린 단풍나무 씨앗은 회전하면서 직선으로 떨어진다. 이것으로 무엇을 만들 수 있을까? 현재 헬리콥터 날개는 대칭이다. 이것이 대칭이지 않아도 날아가는 헬리콥터를 미국 대학 연구진이 만들었다. 비대칭 날개로도 날아가는 첫 번째 헬리콥터가 낫모양 단풍나무 씨앗의 모방으로 탄생했다.

발명에 얽힌 이야기

동물 지진예보 능력

2008년 중국 쓰촨성 지진은 규모 8.0의 강진으로 약 7만 명의 사망자가 발생한 대지진이었다. 당시 진원지 부근에서는 개구리와 두꺼비들이 큰 무리를 지어 이동하는 것이 관찰되었다. 예로부터 큰 재난, 특히 지진 같은 큰 재앙이 오기 전에 동물들의 이상 징후가 발견되었다. 즉 개구리, 두꺼비들이 지진 전조현상으로 다수 이동하는 모습이 종종 관찰된다. 아직까지 지진을 미리 예측하는 방법은 없다. 어떻게 이런 동물들은 아주 미세한 진동을 감지할 수 있을까? 이를 이용한 지진 예보계를 만들면 어떨까?

키포인트

자연모방의 아홉 가지 원리

1. 자연은 태양에 의해 움직여진다.

2. 자연은 필요한 만큼의 에너지만 쓴다.

3. 자연은 작동할 수 있도록 형태를 맞춘다.

4. 자연은 모든 것을 재순환한다.

5. 자연은 협동하면 도움을 받는다.

6. 자연은 여러 형태가 있어야 된다.

7. 자연은 그 지역의 특성에 잘 적응한 전문가가 있다.

8. 자연은 넘치지 않도록 스스로 내부에서 조절한다.

9. 자연은 극단의 힘을 이용한다.

자연모방 기술 사례

(1) 연꽃잎 모방, 자동청소유리: 연꽃잎의 나노 돌기들은 잎을 소수성으로 만든다. 연꽃 방수능력을 모방하여 이물질이 물방울과 함께 쓸려가는 자동청소유리를 만든다.

(2) 홍합 접착제: 홍합 접착 단백질은 수술용 접착제로 개발되었다.

(3) 딱정벌레 모방, 안개 속 물 모으기: 친수성돌기와 극소수성 바닥의 딱정벌레 등을 모방하여 안개 속 물 분자를 모은다.

(4) 거북이등 모방, 골프공: 거북이는 물속에서 저항을 적게 받도록 진화했다. 등 모방 골프공은 기존 공보다 공기저항이 적어서 더 멀리 나갈 수 있다.

(5) 상어비늘 닮은 전신수영복: 상어비늘 미세 돌기는 미세 와류를 만들어 유체저항을 줄인다. 이 원리로 비행기 날개와 전신수영복을 만들었다.

(6) 새 날개 모방 비행기 보조날개: 새들이 이착륙 시 날개를 펼치는 것을 모방하여 비행기 보조날개를 만들었다. 이착륙 시 뜨는 힘을 최대로 할 수 있었다.

(7) 씨앗모양 모방 기술: 식물이 씨앗을 멀리 퍼트리기 위한 기술을 모방하여, 벨크로, 낙하산, 프로펠러 등이 개발되었다.

살아있는 닭을 파는 자판기 'Egg Machine'

국내 한 해 소비되는 치킨 양은 약 7억여 마리다. 소비량을 맞추기 위해 닭들은 좁은 공간에서 몸 돌릴 공간조차 없이 사육된다. 이런 공장식 축산은 다큐멘터리나 동물보호운동가들을 통해 많은 사람들이 알고 있지만 먹을 때만큼은 모두 잊기 마련이다. 독일 프랑크푸르트에선 공장식 축산에 대한 경각심을 일으키기 위해 자판기 하나를 설치했다. 닭 16마리가 비좁은 자판기 안에 들어있다. 돈을 넣으면 달걀이 나올까? 그때 한 줄 문구가 눈에 들어온다. '닭의 68%는 달걀 낳는 기계처럼 취급당한다.' 동물 공장식 사육은 현재 진행형이다. 하루로 끝난 이 게릴라식 마케팅은 지나가는 사람들에게 공장식 축산의 '잔인함'을 알렸다. 깜짝 아이디어로 '우리가 동물을 먹기 전까지는 그래도 동물다운 삶을 누리게 해야 한다'에 대한 경고였다.

1. 스테노카라 딱정벌레의 볼록하게 튀어나온 부분이 친수성 돌기이며, 오목하게 들어간 부분이 극소수성 바닥이다.
2. 벨크로는 스위스출신 전기기술자 미스트랄이 1941년, 산에 갔다가 우연히 옷에 달라붙은 도꼬마리 씨앗을 발견한 것으로부터 시작된다.
3. 식물 씨앗을 멀리 퍼트리기 위한 기술을 모방하여 벨크로, 낙하산, 전신수영복이 만들어졌다.

답

1. O; 친수성 돌기에 물방울들이 맺히게 되면 아래로 흘러 극소수성 바닥에 모이게 된다.
2. O; 벨크로는 10년 동안 아이디어를 현실화시키는 과정을 거쳐 1951년 상업화 되었다.
3. X; 전신수영복은 상어 피부의 미세돌기를 모방한 사례다.

자연 진화방향과 창의성

1. 자연 진화 방향

자연 모방 의장점은 이 기술이 오랜 기간 진화과정을 거쳐 최적 상태로 만들어져 있다는 것이다. 46억 년 전 지구, 38억 년 전 생명체, 21억 년 전 단세포에서 다세포, 15억 년 전 진핵세포(식물, 동물)가 태어났다. 호모사피엔스(현재 인간)가 태어난 건 불과 4~20만 년 전이다. 사람이 태어난 시점은 전체 지구 역사의 0.004%밖에 되지 않는다. 즉 지구 모든 생명체는 36억 년 동안 진화해 왔고 이 지구환경에서 가장 효율적으로 살아남는 방법을 갖추었다. 자연의 진화방향을 알면 자연모방기술의 아이디어를 얻을 수 있다.

1) 극대화가 아닌 최적화

생물체는 어떤 물질을 최대로 많이 만드는 것이 아니라 살아가기 위한 최적 형태로 진화한다. 최적이란 최소나 최대가 아니다. 인간은 최대로 많이 생산하려고 하지만 자연은 최적으로 생산한다. 식물은 광합성을 한다. 하지만 햇빛을 모두 받아들이는 최대효율로 광합성을 하지는 않는다. 일부 빛만을 사용한다. 그 정도면 식물이 살아가는데 최적이기 때문이다. 식물 광합성 모방한 인공광합성을 할 때 나뭇잎 광합성대로만 하면 최대 빛에너지를 잡을 수 없다.

2) 여러 기능이 있는 디자인을 사용

한 개 구조가 한개 기능만이 있으면 안 된다. 여러 가지 기능이 있어야 유리하다. 사람 피부표면은 얇은 기름으로 덮여있다. 수분 손실을 방지하고 이 물질들이 외부 병원균을 막는다. 여러 기능이 있다는 의미다.

3) 서로 연결

독자적이 아닌 유기적으로 연결되어서 일을 한다. 인체 피부 균은 독자적으로 외부미생물을 방어하지 않는다. 피부 균은 피부 면역세포와 서로 연결되고 소통해서 외부 침입병원균을 저지한다.

4) 물질을 순환

모든 물질은 생산, 소비, 재생산으로 순환된다. 탄소는 지구 내에서 재순환된다. 밥의 녹말 성분인 탄소는 소화되어 이산화탄소로 공기 중으로 날아가고 이는 다시 광합성에 의해 벼의 녹말로 되돌아온다.

5) 스스로 뭉쳐 조립

세포내 성분들은 스스로 정리되고 뭉쳐서 어떤 구조를 만든다. 예를 들면 물속 비누분자는 수가 많아지면 스스로 구형구조(마이셀)를 만든다.

6) 생체 적합 물질을 사용

생체 적합 물질은 생체 내에 있어도 해가 되지 않는 물질이다. 포유류는 같은 종이라면 염증, 면역거부 반응이 일어나지 않는다. 생체적합물질은 인공 관절 등 인체 삽입 중요 재료로 사용 가능하다.

7) 물속 반응을 이용

세포내 모든 생화학 반응은 물속에서 진행된다. 생명이 태어난 것이 물속이기 때문이다.

8) 해가 없는 반응

생산 물질이 독성 물질처럼 다른 곳에 영향을 주지 않는다. 자연친화적 의미와도 같다.

2. 자연진화모방 기술 사례

1) 혈액응고모방 파이프누출 자동수리

스코틀랜드의 한 엔지니어는 기차여행을 하고 있었다. 손을 베었다. 나오던 피가 스스로 지혈되는 것을 보고 무릎을 쳤다. 파이프라인에 구멍이 났을 때 수리하는 방법이 떠오른 것이다. 상처가 생겨 피가 나면 공기와 노출되면 혈소판이 활성화 되면서 서로 엉겨 피가 굳어 혈관 구멍을 막는다. 엔지니어는 지혈 원리를 이용했다. 정상적인 방법은 파이프라인 공급을 멈추고 해당 부분을 찾

파이프라인에 구멍이 났을 때 혈액 응고를 모방한 방법으로 자동수리가 가능하다 ©Wellcome Images

아서 그 부분을 바깥에서 둘러싼다. 이 경우 하루 손해 발생비용이 2억 원이다. 수리에도 시간이 걸리고 지상이 아닌 물속에 있을 경우는 더 어렵다. 아이디어는 파이프라인 속에다 고분자물질을 넣는 것이다. 구멍이 났을 경우 바깥으로 나가면서 압력이 떨어지는 순간에 고분자 물질들이 서로 엉겨서 구멍을 막는 방법을 개발했다. 이 아이디어는 자연 진화원리 중 ⑤ '스스로 뭉쳐 만드는' 원리에 해당된다.

2) 상어표면 이용한 항균제 표면 코팅

오톨도톨한 상어피부 돌기는 저항을 줄여 전신수영복 만드는 계기가 되었다. 같은 돌기를 다른 목적에 적용했다. 돌기 구조가 병원균이 달라붙는 것을 방해하지 않을까? 즉 돌기부분 유속이 빨라져서 병원균이 잘 달라붙지 않는다는 것을 확인했다. 이러한 구조를 모방해서 인체 내에 삽입하는 기구표면에 돌기구조를 만들었다. 그 결과 병원균이 덜 달라붙어서 인체삽입기구 감염문제를 줄였다. 상어 돌기가 단순 물속 저항을 줄이는 것이 아닌 다른 기능이 있을 것이라는 아이디어에서 출발했다. 자연 진화원리 중 ② 여러 가지 기능에 해당된다.

3) 모르포 나비색 닮은 미래형 디스플레이

모르포 나비는 공작새 깃털처럼 독특한 금속성 광택을 띠며 보는 방향에 따라 색이 달라진다. 색이 달라지는 이유는 이 나비에 어떤 특정 색소가 있는 것이 아니고 나비 날개 속에 들어있는 물질 구조에 따라 색깔이 나타난다. 이런 구조색(structural color)은 미세한 구조내로 빛 진입방향, 회절, 간섭, 산란에 의해 색이 달라진다. 모르포 나비는 미세 구조가 겹겹이 있다. 보는 방향에 따라 빛이 달라진다. 구조색은 색소 화학물질을 사용하지 않는 친환경 색이다. 색깔이 선명하고 다양하다. 특정 도료, 화장품, 보석, 옷감 등에 사용된다. CD 디스켓이 보는 방향에 따라 금속성의 여러 빛이 나는 것도 디스켓 내의 미세구조 때문이다. 모르포나비를 모방해서 모르포텍스 옷감을 만들었다.

모르포 나비색은 나노구조 사이로 빛이 회절하면서 발색하는 구조색이다. ©howcheng

'미러솔(Mirasol)'은 따로 광원을 사용하지 않고 외부광원을 사용해서 색이 변하는 차세대 디스플레이 기술이다. 외부 빛이 좁은 공간에서 부딪히고 산란, 회절하면서 한가지의 색으로 보인다. 태양 빛에 무지개가 보이는 것은 물방울에 의한 빛의 반사각도에 따라 여러 가지 색이 보이는 것과 같다. 비눗방울이 여러 색으로 보이는 것도 비누분자와 물 분자 사이사이 구조(거리)가 변화면서 빛이 반사, 회절, 산란되기 때문이다. 이 기술이 좀 더 발달되면 거리가 고정된 디스플레이가 아니 변하는 디스플레이가 된다. 즉 한 점에서 한 색이 나오는 현재 디스플레이를 넘어서 한 점이 여러 색을 낼 수 있는 변환형 디스플레이가 된다. 미세공간이 10nm 열리면 그곳이 붉은색으로 보이고 5nm 열리면 녹색, 1nm 열리면 청색으로 보이는 식이다. 세 개가 동시에 10, 5, 1nm으로 열리면 3가지 색이 합쳐서 흰색으로 보인다. 이런 방식으로 세 공간의 폭에 따라 색이 다르게 나오는 디스플레이(픽셀)가 만들어진다.

미래형 디스플레이는 앞에서 설명된 전원이 필요 없는 디스플레이와 같다. 이제는 한 픽셀에 연속적으로 여러 색이 표현될 수 있도록 중간에 있는 막이 연속적으로 전 면적에 걸쳐서 변한다면 어떤 색이든지 변하게 할 수도 있다. 즉 한 픽셀에서도 여러 가지 색이 나올 수 있다. 앞 아이디어가 움직임이 고정된 형태라면 미래형 디스플레이는 가운데 있는 거울(mirror)이 변해서 다양한 색으로 변할 수 있다.

모르포 나비색에 적용된 진화방향은 무엇일까? ① 극대화가 아닌 최적화로 진화한다. 모르포나비는 색을 내서 상대에게 신호를 보낸다. 이 경우 스스로 에너지를 써서 빛을 내는 게 아니라 태양빛을 이용하면 최고다. ② 여러 기능이 있는 디자인을 사용한다. 한 구조로 다양한 색을 낼 수 있는 다기능 사례다.

4) 모기 입 모방 무통 주사침

주사는 아프다. 통증이 적은 주사기가 필요하다. 모기는 언제 그 침을 꽂았는지 모른다. 모기 침 물질이 들어와서 가려워져야만 알 수 있다. 모기 입은 3개 구조가 서로 연결되어 있다. 세 개 구조물이 협력해서 날카롭게 미끄러진다. 이를 모방한 주사기 바늘이 있다. 뇌수술용 침은 모기 침

모기 바늘 3중 구조를 닮은 주사는 통증이 적다.

을 모방해서 뇌에 최소 피해가 가도록 디자인했다. 모기 주사침에 적용된 자연 진화 원리는 ③ 서로 연결이다. 3개 구조물이 서로 연결되어서 한 목적, 즉 잘 들어갈 수 있는 현재 모기 침으로 진화했다.

5) 흑등고래 돌기 닮은 터빈날개

흑등고래 핀(지느러미) 돌기 덕분에 수십 톤, 15미터 버스 크기 흑등고래가 물에서 쉽게 고속수영, 회전, 점프를 한다. 버스 크기가 만드는 파

도는 1.5미터도 안 된다. 이런 최소 마찰 능력을 이용해서 발전기 날개를 만들면 부력이 8% 증가하고 마찰력이 32% 감소하며 회전각 변경 폭이 40%로 확대되어 항공기 및 팬의 안전성, 효율성을 높인다. 흑등고래 돌기 터빈구조는 ① 최적화된 날개구조로 저항, 소음이 적도록 진화했다.

6) V자 비행하는 새 에너지 절감

가을 하늘에 새는 V자 모양으로 날아간다. 맨 앞 새 날개 흐름이 뒤 따르는 새 부력을 높여서 홀로 나는 것보다 70퍼센트 더 오래 날게 한다. 스탠포드 대학 팀도 같은 방식으로 여객기가 날면 에너지가 절약될 것으로 생각했다. 실제 비행을 해보니 약 15퍼센트 정도 에너지 절감효과가 있었다. 여객기를 이 같은 형태로 운항하기는 아직 이르지만 전투 비행기나 장거리 수송기 등은 이 방법으로 에너지를 절약할 수 있다. 이 모방 기술은 ① 최대화가 아닌 최적화에 해당된다.

7) 고속열차 앞부분

일본 신간선 고속열차 앞부분은 물총새를 닮았다. 물총새는 물속 고기를 잡을 때 물방울이 거의 튀지 않을 정도로 다이빙을 한다. 물총새 부리를 모방한 신간선 앞부분은 소음이 15% 적고 에너지가 10% 줄었다. 특히 터널에서 나오면서 굉음이 생기는 현상을 해결할 수 있었던 것은 물총새부리 모방 덕이다. 만약 다이빙선수 몸 모양이 물총새를 닮도록 한다면 물방울이 거의 튀지 않을 것이다. 고속열차 앞부분 내부는 벌집을 닮은 육각형 입체구조다. 빈 공간이 많아서 가볍고 충돌을 잘 흡수할 수 있는 구조다. 이 모방 기술은 ① 최적화, ② 여러 기능이 있는 디자인에 해당된다. 즉 충돌 시 충격을 최소화하고 가벼워서 에너지 소요, 소음을 줄이는 구조다.

8) 돌고래 신호 전달 모방한 쓰나미 예방기술

쓰나미는 물속에서 지진이 발생해서 생기는 높은 파도다. 해변에서는 수 미터 파도지만 진원지에서는 수 센티미터 진폭밖에 안 된다. 진원지 근처에서 수 센티미터 압력변화를 측정, 신호전달해서 경보해야 된다. 현재 방법은 바다지층(6km 아래) 수압변화를 물 위 부표까지 전기 신호로 전달, 다시 부표에서 쓰나미 센터로 전달하는 방식이다. 물속에서는 소리전달이 잘 된다. 하지만 6km 전선 따라 신호가 전달되면 소리가 약해지고 다른 신호와 섞인다. 고래는 25km까지 독특하게 신호를 전달한다. 돌고래는 여러 종류 파형을 변화시켜서 장거리를 문제없이 전달한다. 이 기술을 이용해서 'evologics'라는 회사가 인도양에서 해저 쓰나미 경보시스템을 개발했다. 이 기술은 ① 돌고래가 소리를 수중에서도 멀리 보내도록 최적화했고 ⑤ 스스로 뭉쳐 만들어서, 즉 돌고래는 여러 파형을 변화시키고 뭉쳐서 장거리를 전달했고 ⑦ 물속 반응을 이용했다.

9) 솔방울 닮은 자동조절 옷

솔방울은 건조한 가을이 되면 맑은 날에 씨가 떨어진다. 두 종류 서로 다른 팽창률을 가진 물질로 솔방울이 구성되어 있기 때문이다. 낮은 습도에서는 솔방울이 열려 씨앗이 떨어진다. 이를 모방해서 옷을 만들었다. 두 종류 옷감을 섞었다. 땀이 나서 습해지면 열려서 땀이 증발한다. 마르면 닫혀서 한기가 방지되는 옷을 만들었다. 이 원리를 모방한 베니어합판은 습도에 따라 열리고 닫혀서 습도조절이 자연스럽게 된다. 이 방법은 ② 습도, 온도에 따라 개폐되는 방향으로 진화했다.

10) 삼림의 불균일한 패턴 이용한 타일

숲 바닥은 불균일하다. 불균일한 숲을 모방해서 카펫을 불균일하게 만들었다. 현재 카펫은 무늬의 패턴, 크기가 균일하다. 이것을 자르면 생기는 작은 자투리는 쓸 수가 없다. 하지만 불균일한 카펫은 잘라도 어느 부분이든 쓸 수 있다. 자투리를 쓸 수 있어 경제성이 높아진다. 이 아이디어는 ② 여러 기능이 있는 디자인을 사용한 결과다.

11) 식중독 박테리아 이용한 항암제

18세기 독일 한 병원에서 식중독환자와 암환자가 병실을 공동으로 사용했다. 그 후 이상하게 암환자 암 크기가 줄어들었다. 식중독 균이 암환자에 감염이 돼서 암 세포를 공격했기 때문이다. 덕분에 암은 줄었지만 암환자는 식중독으로 사망했다. 이처럼 암을 찾아가는 식중독 균의 특성을 이용해서 새로운 항암제를 만들었다. 즉 식중독 박테리아에 항암제를 첨가했다. 식중독 독성은 제거한 항암박테리아는 암만을 찾아가서 죽인다. 암이 제거되고 나면 박테리아는 항생제 한 방으로 죽인다. 이 아이디어는 ① 식중독균이 암에서 흘러나오는 먹이를 찾아가도록 최적화 된 것을 이용했다. 그리고 ⑧ 해가 없는 반응으로, 즉 식중독균이 암세포를 찾아간다는 자연 진화 원리를 응용했다.

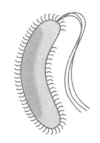

식중독균이 암세포를 찾아가는 특성을 이용하여 암 추적 항암제를 만들었다.

12) 집단지능적용 스마트 그리드

일괄적 전기공급 방식은 전력부족 현상을 만든다. 대신 통합운영해서 필요한 곳에 필요한 만큼 보내는 방식이 스마트 그리드 기술이다. 핵심은 네트워크 기술이다. 'Regen energy' 회사는 집단 지능을 모방한 스마트 그리드 기술을 개발했다. 즉 시간, 장소에 따라 전력사용량이 달라지는데 이를 조절하는 방식을 찾아냈다. 큰 빌딩에 10개 엘리베이터가 있다. 만약 10개 엘리베이터가 서로 연결되어 있지 않고 각자 스위치를 누르는 대로 독립적으로 움직인다면 이는 대단한 에너지 낭비이다. 10개가 모두 같은 방향으로 같은 시간에 올라간다면 아마도 엘리베이터 내에는 소수 사람만이 있을 것이다. 뿐만 아니라 그걸 놓친 사람은 엘리베이터가 내려올 때까지 한참 기다려야 한다. 대신 어느 층이건 타려는 사람이 버튼을 누르기만 하면 10대 중에 가장 가까이 있고, 같은 방향으로 가는 엘리베이터에 신호가 가게 할 수 있다. 승객은 기다리지 않고 바로 탈 수 있고 엘리베이터는 가능하면 많은 인원을 태울 수 있다. 지능형 엘리베이터다. 즉 건물 내 모든 엘리베이터를 한 곳에서 조절해서 최소 에너지로 빨리 많은 승객을 나르도록 최적화한 것이다.

전기도 마찬가지이다. 건물 내에 있는 수백 개 에어컨이 각자 도는 것보다는 전체를 묶어서 조절하는 것이 훨씬 효율적이다. 건물 온도변화를 구석구석 파악하고 필요한 에어컨을 최소로 돌리고 공기 흐름과 연동해서 전체를 조절한다면 에너지 절감이 된다. Regen Energy는 이런 기술로 피크(peak) 당시 건물 에어컨 전기량을 30~40% 절감할 수 있었다. 이때 사용하는 기술이 '떼지능(Swarm technology)'이다. 벌은 수천 마리가 일사분란하게 일을 한다. 무조건 같은 일을 하는 게 아니라 상황 변화에 따라 역할이 변하기도 하고 일의 강도가 변하기도 한다. 이런 떼지능을 전기에 이용한 것이 스마트 그리드 기술이다. 작은 건물에서부터 전국으로 전기 사용패턴을 슈퍼컴이 분석해서 가장 효율적으로 전국 발전소를 조절하는 방식이다. 이때 사용된 기술은 ③ '서로 연결시켜서'다

거머리는 피를 빨아먹는 데 전문이다. 무슨 능력이 있어야 문제없이 배부르게 피를 빨아먹을 수 있을까? 또 이를 이용하면 무슨 아이디어가 나올 수 있을까?

답

피가 굳으면 안 된다 → 혈전용해제(상용화)

눈치 채면 안 된다 → 마취제

떨어지면 안 된다 → 흡착이빨

혈액이 점성이 있으면 안 된다 → 혈액고지혈증 감소제

모세혈관이 축소되면 안 된다 → 모세 혈관확장제

혈관이 경련하면 안 된다 → 경련방지제

가려워지면 안 된다 → 면역억제제

1. 방울뱀은 사냥을 할 때 콧구멍으로 적외선을 사용하여 먹잇감을 잡는다. 이 기관에는 수천 개 열 수용체를 가진 (   )가 있다.
   (1) 마스터세포 (2) 면역세포 (3) 통증세포 (4) 골레이세포

2. 홍합 단백질을 홍합에서 직접 얻기는 힘들다. 대신 유전공학 기술로 특수한 단백질을 (   )에서 대량으로 많이 만들 수 있다.
   (1) 동물세포 (2) 식물세포 (3) 박테리아 (4) 홍합 알

3. 거북이가 물속에서 잘 나갈 수 있는 것을 (   )에 응용했다.
   (1) 골프공 (2) 야구공 (3) 총알 (4) 비행기

4. (   )는 물속 고기를 잡을 때 물방울이 거의 튀지 않을 정도로 다이빙을 한다. 이것을 모방한 신간선 앞부분은 소음이 15%, 에너지가 10% 줄었다.
   (1) 딱따구리 (2) 신천옹 (3) 제비 (4) 물총새

5. 돌고래는 25km까지 독특한 신호를 전달할 수 있다. 이를 적용한 기술은 (   )이다.
   (1) 태풍경보 (2) 지진경보 (3) 쓰나미 경보 (4) 호우 경보

답

1. 골레이세포golay cell. 특수 신경세포가 적외선으로 사냥감 열을 감지한다.

2. 유전자 조작된 박테리아를 사용해서 특정물질을 많이 만든다.

3. 속도가 높은 상태에서 일반 골프공보다 공의 저항이 줄어든다.

4. 물총새부리를 모방하여 터널출구에서 굉음현상을 해결할 수 있었다.

5. 쓰나미 경보용으로 돌고래 신호 전달 방법(여러 종류 파형을 변화) 사용

 요약

자연모방기술은 자연특성을 모방, 응용한 기술이다. 3가지 특성은 1) 인간 문제를 해결 2) 확실한 기술 3) 취하는 것이 아닌 멘토 역할을 한다. 자연이 움직이는 원리는 1) 태양에 의해 움직이고 2) 필요한 만큼 에너지를 쓰고 3) 스스로 형태를 변화시키고 4) 모든 것을 재순환하고 5) 협동하여 도움을 받고 6) 여러 형태가 있고 7) 그 지역에 맞는 전문가가 있고 8) 넘치지 않도록 스스로 조절하고 9) 극단 힘을 이용한다.

자연모방 기술사례로 1) 연꽃잎을 모방한 자동 청소 유리 2) 홍합접착제 3) 딱정벌레를 모방한 물 모으기 4) 거북이등 모양 골프공 5) 상어비늘 닮은 전신수영복 6) 새 날개를 모방한 비행기 보조날개 7) 씨앗모양을 모방한 경우가 있다.

자연이 진화하는 방향은 1) 극대화가 아닌 최적화로 2) 여러 기능이 있는 디자인을 사용해서 3) 서로 연결시켜서 4) 물질을 순환시켜서 5) 스스로 뭉쳐 만들어서 6) 생체 적합 물질을 사용해서 7) 물속 반응을 이용해서 8) 해가 없는 반응으로 진화한다.

자연모방 기술사례로 1) 혈액응고 모방한 파이프누출 자동수리 2) 상어표면 이용한 항균제 표면 코팅 3) 모르포나비색 닮은 미래형 디스플레이 4) 모기입 모방 무통 주사침 5) 흑등고래 돌기 닮은 터빈날개 4) V자 비행하는 새 에너지 절감 5) 다이빙 새 모방 고속열차 앞부분 6) 돌고래 신호전달 모방한 쓰나미 예방기술 7) 솔방울 닮은 자동조절 옷 8) 삼림 불균일 패턴 이용한 타일 9) 식중독 박테리아 이용한 항암제 10) 집단지능적용 스마트 그리드가 있다.

1. 학교 등교 길에 주위 자연을 관찰하고 떠오르는 자연모방 아이디어를 1개씩 떠올리자.

2. 매일 가는 건물 안에서 적용할 수 있는 자연모방 아이디어는 무엇일까?

3. 전철 안에서 일어나는 불편한 일들은 동물이라면 같은 공간에서 어떻게 해결할까?

1. 최근 사건이나 관찰에서 얻은 아이디어를 하나 써라.

2. 이 아이디어와 가장 가까운 자연 관련 사항은?

3. 이 아이디어는 자연모방 9가지 원리 중 어느 부분에 해당되는가?

4. 이 아이디어에 모기 침이나 삼림 불균일 패턴 아이디어를 적용하면 무슨 아이디어가 나올까?

chapter 11

자연모방 기술

"나는 특별한 재능이 없다. 열렬한 호기심이 있을 뿐이다."

아인슈타인(1879-1955) 물리학자

늦은 봄 한강변은 많은 낚싯대가 드리워 있다. 그 옆엔 경고 문구가 보인다. '떡밥을 사용해 낚시하지 마세요' 떡밥이란 콩에서 기름을 눌러 짠 후에 나오는 찌꺼기를 말한다. 어릴 적엔 그 고소한 맛 때문에 가끔씩 떡밥을 떼어먹기도 했다. 그런데 왜 떡밥을 고기에게 주지 말라는 것일까? 낚시꾼들 말에 의하면 남아있는 떡밥이 강물을 오염시키기 때문이라 한다. 사람도 먹을 수 있는 떡밥이 왜 강물을 오염시키는 걸까? 강물에 들어간 떡밥이 무슨 문제라도 일으키는 걸까? 자연은 자체 정화능력을 가지고 있다. 강물도 마찬가지다. 강에 들어온 오염물은 강 속 미생물에 의해 분해되어 버린다. 문제는 떡밥 양과 강 속 산소농도다. 강에 들어간 떡밥은 고기가 먹지만 남은 것은 미생물이 분해한다. 이때 강 속 산소(용존산소)가 소모된다. 떡밥을 비롯한 오염물이 많아지면 산소 소모량이 많아져 강 속 산소가 모두 고갈된다. 고기가 죽게 되고 산소 없는 상태에서 분해, 썩은 냄새가 진동한다. 그 강은 죽은 강이 된다.

그렇다면 강물이 오염되지 않게 하는 방법은 없을까? 강의 자체 정화능력을 유지하는 것이다. 즉 오염물 양을 줄이던지 산소(공기)를 더 넣어서 강 속 산소가 완전 소모되지 않게 하면 고기가 살 수 있다. 이 원리를 적용해 도시 하수처리장을 만들었다. 즉 하수내의 유기물을 미생물이 먹어치우게 한다. 방법은 하수처리장에 인공적으로 공기를 불어넣는 방법이다. 지금 국내처리장의 90%는 공기공급방식인 활성오니법을 사용한다. 강물의 자연정화원리를 모방하여 하수처리 방식을 만든 것이다.

강물자연정화에서 오염물(탄소)은 분해되어 이산화탄소가 되고 다시 광합성 되어 식물의 녹말이 되고 이것이 떡밥으로 만들어진다. 자연은 모든 것이 순환된다. 자연 내에서 일어나는 일은 모두 환경 친화적이다. 자연 순환 원리를 21세기 친환경기술에 적용해 보자. 자연 속 구조와 나노기술은 현실에 적용할 수 있는 아이디어의 원천이다.

①

자연 순환 모방 기술

1. 자연 순환 원리의 인간사회 적용

자연은 무질서하게 경쟁하고 도태가 되는 게 아니라 혼돈 속에서도 전체를 조절하는 힘이 있다. 스스로 조절되고 독립적이면서도 얽혀 지낸다. 이런 현상을 과학, 사회, 경제에 적용할 수 있다. 자연현상을 모방하여 인간사회에 적용해 보자.

1) 그룹 자체의 복원력, 탄력성 이용

그룹 내에서 일을 결정해야 하는데 정보가 극히 부족하다. 이 경우 위험한 결정을 하는 것보다 그 그룹이 가지고 있는 고유의 탄력성, 복원력을 이용한다. 즉 변화와 혼돈을 위협이라기보다는 기회로 보자. 그룹 내에서 지식, 자원, 결정, 행동을 집중보다는 분산, 다양화해야 한다. '계란을 한 그릇에 담지 말라'는 주식투자 원칙이 있다. 위험을 분산시키라는 의미다. 주식시장은 스스로 회복되는 복원력 탄성성이 있다. 즉 위험을 분산시켜 놓으면 주식시장이 일부 품목이 떨어져도 기다리면 결국 이윤을 본다는 의미다. 어떤 그룹, 사회에서도 사람, 관계, 생각, 접근 방식을 다양화하자. 그래야 위험이 분산된다.

2) 역할에 맞는 형태 찾기

자연은 최대화, 최소화가 아닌 최적을 찾는다. 역할에 맞는 형태를 만들지 형태에 맞는 역할을 찾지 않는다. 간단한 기본 소재로 복잡한 물질과 다양성을 만든다. 예를 들면 DNA, 단백질 등 기본 소재로부터 여러 형태의 복잡한 세균을 만들어간다. 목적이 있으면 거기에 딱 맞는 물질, 생명체를 찾지 않는다. 거꾸로 어떤 목적에 맞도록 자연이 모든 자료를 사용하여 조립, 진화한다.

3) 유연한 순발력과 현장대응

고정된 진로를 일직선으로 가는 것보다 그때그때 판단하는 형태로 그룹을 운영해야 한다. 자연은 유연하다. 자원 종류가 변하면 융통성 있게 신규자원을 쓸 수 있도록 변한다. 나무에서 풀로 가용자원이 변하면 풀을 사용하도록 자연내의 모든 시스템이 변화, 적응한다.

4) 유기적 네트워크 형성

제한된 자원, 변하는 환경에서는 독립적이기보다는 유기적 네트워크를 형성하는 것이 유리하다. 네트워크 내의 정보교환이나 교류로 시너지를 갖는다. 혼자 뛰는 것보다 그룹으로 일하는 것이 유리하다. 혼자서는 빨리 갈 수 있지만 여럿이 하면 오래 멀리갈 수 있다. 자연은 유기적 네트워크가 형성되어 있다.

5) 환경 친화적인 경영방식

자연 내의 모든 과정은 환경 보존적이고 친화적이다. 21세기는 모든 기술, 경영이 환경 친화적이어야 한다. 자연을 파괴, 이용하는 방식보다 환경친화 방식이 추후 복구비용을 적게 문다. 국가 규제, 소비자의 인식도 자연 친화를 선호한다.

2. 자연 순환형 발상 사례

1) 생태 이용 자족형 프로세스

가장 좋은 발명품은 스스로 돌아가는 셀프공정이다. 도심 발생 도축장 폐기물인 고기 부산물 처리의 가장 좋은 방안이 셀프공정이었다. 즉 고기 부산물을 구더기가 먹어치우는 공정이다. 생산된 구더기는 가축사료로 쓰인다. 구더기는 불결하다고 느끼지만 고단백질이다. 셀프서비스 아이디어를 마을, 도시, 국가, 세계에 적용하면 어떨까? 즉 환경 친화형 도시를 만들자. 도시 내에서 생기는 모든 문제, 부산물은 스스로 재순환(recycle) 된다. 이 도시는 지속 가능형(sustainable) 도시가 된다.

지속가능 생태도시 내 환경친화형 건축물은 건축자재로 자연을 이용한다. ©Ryan Somma

숲속 생태계는 크기, 모양이 다양하고, 섞여있고, 공간·시간적으로 분산되어 있다. 숲속 생태계를 모방하면 스스로 순환되는 도시를 만들 수 있다. 자족형 순환도시에 공급, 순환되어야 하는 것은 음식, 연료, 물이다. 음식은 사람에 의해 소비되고 분뇨로 배출된다. 발생된 유기쓰레기는 매립장, 하수처리장에서 메탄가스로 변한다. 포집된 메탄가스는 물론 연료로 쓰인다. 메탄가스 생성 후 잔유 유기물은 농사용 비료로 쓰인다. 이렇게 탄소유기물(음식물, 쓰레기, 연료)은 순환 된다. 물도 순환된다. 사용된 물은 하수처리장에서 처리되어 다시 사용된다. 자족형 도시는 생태 친화적이다. 외부와 거래가 없는 옛날 깊은 산골 농가와 같다. 그곳에서 지은 곡식으로 먹고 자연에서 얻은 볏짚으로 집을 짓고 산다. 자족형 도시 내에서는 모든 것이 공급되고 동시 생산된다. 환경친화형 자족 도시는 정신적 친화성도 있다. 감정 순화, 더불어 사는 지혜, 현대 사회 스트레스를 줄인다.

자족형 도시 아이디어는 자연 순환원리 중 어떤 것에 해당될까? 자연의 복원력을 이용한다. 즉 자연 스스로 원래 위치로 돌아가려는 탄력성을 이용했다. 또한 서로 유기적 네트워크가 형성되어 있다. 하나의 공정이 다른 공정에 연결되어 있어서 이곳의 폐기물이 저쪽에서는 자원으로 쓰이게 된다. 자족형 도시에서 에너지 재순환, 재사용은 가장 중요하다. 에너

자원을 리사이클 하는 것은 자연 순환원리를 자족형 도시에 적용한 방법이다.

지 관련 아이디어를 보자. 보통 냄비는 물을 데우고 남은 에너지가 그대로 날아가게 된다. 하지만 냄비 내부, 외부 사이에 공간을 만들어 에너지를 저장하면 어떨까? 보온병과 같은 원리다. 이렇게 만든 냄비의 사용 에너지는 일반 냄비의 반이다.

부산물을 다른 용도로 전환하는 것은 자원재순환으로 자족형도시의 중요방식이다. 톱밥은 나무 가공부산물이다. 대부분 버린다. 톱밥에 접착물질을 첨가해서 압력을 가하면 송판이 생긴다. 다른 방식도 있다. 톱밥을

축사 바닥에 도포하거나 미생물첨가해서 퇴비로 만들 수 있다. 코코넛 껍질로 활성탄으로 만들고 양말, 의류에 사용한다. 이 코코넛 껍질의류는 땀, 냄새를 잘 흡수해서 기존 폴리에스터, 나일론의류를 대체할 수 있다. 분해되지 않는 폴리머계열 의류를 대체한 리사이클 가능 의류다.

2) 자연모방 하수처리 시스템

동남아 맹그로브 숲은 호수와 접해서 항상 뿌리가 축축한 상태다. 이렇게 흙, 식물, 물이 있는 곳에서 물이 정화된다. 물 정화 원리는 자연의 물 순환과 같다. 하수가 삼림으로 가면 걸러지고 미생물에 의해 자연 분해되어 깨끗해진다. 땅속은 물질을 거르고 분해한다. 약수를 마셔도 괜찮은 이유는 산 나무나 흙을 통과하면서 물속의 유기물이 걸러지고 분해되고 물속에 유기물이 없기 때문이다. 이런 정화 원리를 적용해서 휴대용 물 정화 장치를 만들 수 있다. 휴대용장치는 산속처럼 여과와 분해가 되도록 고안했다.

예전 시골에는 커다란 나무통에 모래를 가득 채운 정화장치가 있었다. 그곳에는 작은 나무나 풀이 자라게 했다. 숲을 모방한 정화방식이다. 이것을 좀 더 발전시킨 것이 하수처리방식이다. 한강물의 떡밥 영향에서처럼 하수에 산소(공기)를 공급하는 방식이 '활성오니법'이다. '활성오니법'은 산속 모래처럼 먼저 필터나 침전방식으로 여과를 한다. 이후 공기를 공급하면 미생물들이 폐수에 들어있던 유기물을 분해한다.

하수 처리법은 어떤 자연 순환형 원리를 사용할까? ① 자연의 복원력, 탄성이다. 외부에서 오염물이 들어와도 분해, 재순환으로 원래의 상태로 돌아가는 자정능력을 이용했다. ④ 유기적 네트워크다. 나무, 미생물들이 서로 협력, 분해 네트워크가 형성되었다.

3) 나무에서 만드는 플라스틱 원료

나무가 땅속에서 수백만 년 동안 변한 것이 원유다. 원유소비 급증으로 매장량이 줄고 있다. 원유 대체 에너지가 필요하다. 태양광, 원자력, 풍력이 있지만 바이오 에너지가 각광을 받는다. 바이오 에너지란 식물에서 원유 성분을 뽑는 것이다. 하지만 나무를 미래 원유 물질로 쓰기에는 넘어야 할 산이 많다. 자라는데만 10~20년이라는 시간이 걸린다. 몇 달 만에 쑥쑥 자라는 옥수수는 어떨까? 하지만 옥수수를 공산품 원료인 플라스틱이나 차량 연료로 사용하면 옥수수 값이 치솟는다. 식량과 직결된 식물을 에너지원으로 사용하는 것은 좋지 않다. 에너지용 식물은 갈대같은 비식용일 때 경쟁력이 생긴다. 나무, 옥수수, 갈대처럼 물건, 연료 원료 식물을 바이오매스(Biomass)라 부른다. 바이오매스는 지구 순환의 중요한 축이다. 최근 지구는 이산화탄소를 너무 많이 내놓기 시작했다. 화석연료(석유, 석탄) 사용 공장이 늘고 일인당 에너지 소모가 증가함에 따라 주요 에너지원이었던 원유는 이제 바닥을 드러내고 있다. 더불어 온실가스 증가로 지구의 기온이 올라가면서 남극과 북극의 빙하가 녹고 있다. 오존층 파괴와 해수면의 상승으로 자연재해가 끊이지 않는다. 인간생존을 위협한다. 해답은 간단하다. 자연으로 돌아가야 한다. 그 해답은 '바이오매스'에 있다.

바이오매스는 태양에너지가 결집된 식물자원으로 플라스틱, 에너지 원료로 쓰일 수 있다. ⓒRichard Webb

밀림을 늘리고 에너지소비를 줄여 이산화탄소를 줄여야 한다. 원유와 플라스틱의 대체 원료가 바이오매스가 되어야 한다. 플라스틱을 갈대에서 만들어야 한다.

4) 순환형 바이오 에너지

지구는 수억 년 동안 균형을 유지해 왔다. 하지만 인간이 개입하면서 상황이 변했다. 나무를 베고, 석유를 퍼내어 공장을 돌리고 이산화탄소를 배출하면서 밸런스가 깨졌다. 온난화가 생겼다. 근본적인 해결방법은 배출 이산화탄소를 줄이거나 이산화탄소로 에너지를 만드는 일이다. 해답은 의외로 간단하다. 바로 식물의 광합성 작용을 모방하면 된다. 나무는 공기 중의 이산화탄소를 광합성을 통하여 녹말로 만든다. 녹말로 자동차 연료를 만들면 어떨까? 이산화탄소로 가는 자동차가 되는 셈이다. 브라질에서는 사탕수수를 발효시켜 에탄올(술)을 만들고 이를 휘발유에 첨가한다. 사탕수수도 좋지만 나무나 갈대도 가능하다. 바이오에너지는 환경친화형이고 자연 순환을 그대로 모방한 것이다.

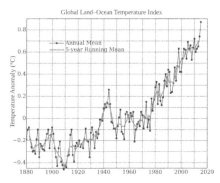

지구 이산화탄소 배출로 증가하고 있는 지구 온도

바이오 에너지는 지구온난화, 대기오염 등을 해결할 수 있다. 수송용 에너지(휘발유, 디젤)는 전체 에너지의 28%다. 휘발유를 만들기 위해서는 전기에너지(태양광, 원자력)보다 바이오에너지(알코올)가 유리하다. 바이오에너지는 해결해야 할 문제가 있다. 바이오매스(나무, 갈대)에서 에탄올 만들기가 복잡하고 수율이 높지 않고 넓은 면적이 필요하다. 땅이 아닌 곳에서 광합성을 잘 하는 생물이 필요하다. 수중 식물(미역, 다시마)도 광합성을 한다. 클로렐라 같은 미세조류는 광합성을 하고 좁은 공간에서도 높은 농도로 키울 수가 있다. 일부 미세조류는 몸 전체를 디젤 원료로 채울 만큼 효과적이다. 미세조류로부터 디젤원료인 지질(Lipid)을 만드는 연구가 급물살을 타고 있다.

나무에서 만드는 플라스틱이나 순환형 바이오에너지는 자연 순환형 원리를 잘 이용한 경우다. 자연이 스스로 순환되는 복원적 탄력성이 있고 많은 인자들이 서로 유기적으로 연결되어 있다. 따라서 어떤 변화가 생겨도 유연하게 대처한다. 무엇보다 자연이 보존되는 환경 친화적인 에너지다.

 키포인트

1. 자연 순환 원리를 인간사회에 적용하는 방법
1) 복원력 탄력성 이용 2) 역할에 맞는 형태 찾기 3) 유연한 순발력과 현장대응
4) 유기적 네트워크 형성 5) 자연보존, 환경 친화적인 경영방식

2. 자연 순환 모방 기술 사례

1) 생태이용 자족형 프로세스
숲의 생태계를 모방하여 생태자족형 도시를 만든다.

2) 자연모방 폐수처리 시스템
숲은 흙, 식물, 미생물을 이용해서 물을 정화하여 순환시킨다. 이를 모방하여 하수 정화장치를 만든다.

3) 나무에서 만드는 플라스틱 원료
나무는 원유 원료이고 플라스틱 원료다. 바이오매스(나무, 갈대, 사탕수수 등 생물체)에서 플라스틱 원료를 뽑아내는 연구가 진행 중이다.

4) 순환형 바이오 에너지
클로렐라 같은 미세조류로 광합성을 통해 디젤원료를 만든다. 바다에서 만들거나 고농도 배양이 가능하다.

1. 도시쓰레기 매립장에서 발생되는 부탄가스가 중요에너지원이다.
2. 오렌지 껍질로 만든 의류는 땀이, 냄새를 잘 흡수해서 합성의류를 대체할
   수 있다.
3. 바이오매스(Biomass)는 나무, 옥수수, 갈대처럼 산업용 원료 식물이다.

답

1. X; 쓰레기 분해 시 메탄가스가 발생한다.
2. X; 코코넛 껍질이 활성탄원료로 의류에 쓰인다.
3. O; 바이오매스는 원료로서의 식물의미다.

2
구조모방 기술

1. 복합재료

깨지지 않는 전복 껍질; 전복, 소라, 게는 단단한 껍질을 갖고 있다. 전복 껍질 구조는 층층이 쌓여 있는 벽돌담이며, 주성분은 분필 성분인 탄산칼슘이다. 분필은 쉽게 부러지지만 전복 껍질은 망치로 내리쳐도 잘 부서지지 않을 만큼 단단하다. 탄산칼슘이 어떤 형태로 되어있는가에 따라 특성이 달라지기 때문이다. 전복 껍질은 탄산칼슘의 층층구조를 접착제인 키틴(chitin)이 단단히 붙여놓은 복합재다. 단순 벽돌 구조의 분필보다 훨씬 강하다. 차가 밟고 지나가도 끄떡없다. 조개껍질, 게 껍질, 사람 뼈, 치아는 모두 무기물(주로 탄산)과 유기물(단백질 등 접착역할)이 결합된 복합재다. 아직 이를 모방한 소재가 나오지 않았다. 접착제인 유기물을 제대로 만들지 못하고 있기 때문이다.

과학자들이 생체무기물, 즉 바이오세라믹에 눈을 돌리는 이유는 기존 물질과 다른 새로운 구조 때문이다. 어떤 박테리아는 자기 몸 안에 은 결정체를 만든다. 물속 수용성 은이온에서 새로운 구조 은결정체를 만든다. 기존에는 결정체를 만들기 위해 금속을 액체로 녹여 다른 구조로 변화시켰다. 하지만 생물체는 온도, 압력에 관계없이 이런 구조가 가능하다. 바이오세라믹은 강한 친수성 때문에 인체친화성 물질 개발에 쓰인다. 치아복구를 도와주는 임플란트, 인공 관절, 인공 뼈로도 사용된다. 복합소재인 두랄루민으로 비행기가 진화했다. 바이오세라믹이 신소재분야를 넓힐 것이다.

2. 자연 골격의 모방사례들

바이오닉카: 독일 거틀러 박사에 의하면 가장 효율적인 자동차는 박스형이다. 물고기가 유선형으로 생긴 것은 가장 효율적이기보다는 가장 빠른형태로 진화했다는 것이다. 자동차에서 속도가 빨라야 되는 것은 경기용스포츠카다. 반면 일반자동차는 효율이 좋으면 된다. 박스형 자동차가 그 답이다. 사각형 물고기를 모방한 바이오닉카는 연료 소비가 20% 적으며, 질소산화물 배출량이 80% 낮아진다.

사각박스형 물고기 모방 바이오닉 카
©NatiSythen

야간도로 표시면: 야간 도로 야광 판은 고양이의 빛나는 눈을 본떠서 만들었다.
딱따구리 망치: 딱따구리 머리뼈와 날카로운 입은 나무 구멍을 파는데 최적이다. 입을 통해서 전달되는 충격이 두뇌에서 흡수가 잘되도록 진화했다. 같은 구조로 망치를 만들 수 있다.
수달 모피 방수: 수달은 수영 후 툭툭 떨면 물이 사라질 정도로 뛰어난 방수기능이 있다. 수달모피 특성을 이용해서 재킷을 만든 회사(FurTech)가 있다.

돌고래 인공 지느러미: 돌고래 지느러미를 모방해서 만든 모노핀 '루노세트 (Lunocet; 1m, 1kg) 착용 시 시간당 8마일 속도가 난다. 올림픽 금메달리스트 2배 정도 되는 속도다.

바퀴벌레 로봇: 스탠포드 대학 연구진들이 바퀴벌레 무릎관절과 다리 특성을 이용해서 여섯 개 다리 로봇을 만들었다. 기어가는 로봇은 초당 자기 몸길이 5배를 움직이고 빠른 속도 전환이 빠르다. 높은 장애물, 가파른 슬로프를 지나가는 것도 문제없다. 바퀴벌레 로봇은 군사 작전에 사용 예정이다.

물고기 떼 자동차: 닛산(Nissan) 자동차는 에프로(EPORO)라는 1인치 크기 로봇카를 만들어서 그것이 그룹으로 다닐 수 있는가 조사했다. 물고기 떼들이 서로 부딪치지 않고 쉽게 바다 속에서 다니는 것을 모방하여 만들었다. 각 로봇 카에 센서를 설치하여 일정 거리를 유지해서 충돌치 않도록 했다. 이동시 일정거리를 유지하면서 이동하게 하였다. 또 방해물이 있으면 피해가는 프로그램을 사용했다. 세계 최초로 서로 위치정보를 공유하면서 그룹 이동 로봇카 가능성을 확인했다.

문어형 제트기 엔진: 문어는 도망갈 때 몸을 크게 부풀렸다가 뒤로 물을 내뿜으면서 전진한다. 풍선은 바람이 빠지면서 날아간다. 물고기들이 정지 상태에서 도망갈 때 물과의 마찰력으로 잃어버리는 에너지의 30%만이 회수되는데 반해 문어는 50% 회수된다. 이런 문어 기술이 제트기 엔진에 모방되어 유용하게 사용되고 있다.

무반사형 눈동자: 나방 눈은 다른 동물들과 달리 빛을 반사하지 않는다. 나방 눈을 모방하여 빛이 반사되지 않는 디스플레이를 만들면 터치스크린, 스마트폰 액정에 쓸 수 있다. 일반 유리는 표면이 평평해서 일정한 두께로 빛이 들어와서 반사된다. 하지만 나방 눈은 올록볼록한 나노표면 때문에 들어온 빛을 가둔다. 그 결과 빛이 반사되지 않는다.

해면동물 모방 타워: 런던에 있는 스위스 리(Swiss Re) 타워는 독특한 모양을 갖고 있다. 심해 산호초 구성하는 해면동물 구조를 방하여 만들었다. 각 층마다 5도씩 돌아가 있으며, 건물 구조 자체가 자연적으로 공기 순환시키고 열효율을 높여 냉난방 비를 40% 가량 줄여준다. 이 디자인은 주변 건물의 일조권을 방해하지 않는다.

수평이륙 해리어 전투기: '허니버드(벌새, Honey bird)'는 빠른 속도로 날개를 움직이면서도 평형을 유지하며 꽃의 꿀을 먹는 새다. 이런 새의 비행기술을 모방하여 만든 비행기가 영국 공군의 주력비행기인 '해리어 GR7'이다. 이 비행기는 활주

허니버드를 모방한 수직이륙형 해리어 전투기

로 없이 떠서 날 수 있으며, 항공모함에 쉽게 이착륙이 가능하다.

새 날개 모방 기술: 올빼미는 밤에 먹이를 잡는데 소리 없이 비행한다. NASA 연구 결과 올빼미 날개의 끝부분이 부드러운 날개각을 가지고 있어 소음이 안 난다. 레이더에 안 잡히는 스텔스 비행기가 소리마저 없는 비행기가 된다면 완벽한 적지 침투가 가능하다. 새 날개구조는 비행기의 핵심 구조다. 매, 제비처럼 고속비행 새들 날개는 길고 좁다. 고속항공기도 고속 비행하는 새 날개모양을 갖는다. 나비 다공성 날개 전자현미경 구조는 끝부분이 비늘로 되어있다. 거미에게 걸렸을 때에도 쉽게 피할 수 있도록 해준다. 나비날개를 가볍게 하기 위해 날개 중간 중간에 구멍 있는 다공성이다.

파리 에펠탑: 자연모방 아이디어는 건축, 기계 등 구조물에도 사용된다. 프랑스 에

사람 대퇴부 골격 구조를 모방한 파리 에펠탑

펠탑은 사람 대퇴부 뼈를 모방했다. 안정되고 무게를 잘 지탱할 수 있는 최적 구조가 대퇴부 뼈다.

발명에 얽힌 이야기 : 산호초에서 나오는 뼈 접착제

산호초는 식물이 아니다. 동물이다. 가운데에 산호 뼈가 있는 동물로 겉은 물렁물렁하다. 뼈를 계속 만들어가기 위해 산호 동물은 모래알을 붙일 수 있는 접착제를 생산한다. 미국 유타대학 연구진은 수중에서도 강력한 접착력을 유지하는 것을 모방하여 자연 접착 단백질을 재조합하는 인공배양기술 개발에 성공했다. 모래를 붙일 수 있는 접착제로 수중에서 배 수리가 가능하다. 또한 모래 성분과 유사한 무기물질을 잘 붙인다. 예를 들면 부러진 뼈를 수리하는 생체 접착제로서도 쓰일 수 있다. 현재는 다리뼈가 부러지면 다리 안에 쇠침을 대고 나사로 조여서 고정한다. 이 방법은 뼈를 뚫어야 하기 때문에 고통이 심하고 일정 기간이 지난 후에는 철심을 제거하는 수술을 해야 하기 때문에 불편함이 많다. 생체접착제를 이용한다면 생체접착제 성분이 농축된 주사 한방을 맞는 것으로 간단하게 뼈를 붙여 놓을 수 있다.

키포인트

1. 복합재료는 여러 성분이 뭉쳐서 새로운 구조를 갖는 소재다. 전복껍질은 카본골격에 단백질이 엉긴 구조다. 무기물질과 생체물질이 얽혀진 바이오 세라믹은 미래소재다.

2. 자연 골격은 모방한 사례; 네모고기형 바이오닉카, 고양이 눈 닮은 야간 도로 표시면, 딱따구리 모양, 수달모피 방수 재킷, 돌고래 인공 지느러미, 바퀴벌레 로봇, 물고기떼 자동차, 문어형 제트기 엔진, 나비 무반사형 눈동자, 해면동물 모방 타워, 수평이륙 해리어 전투기, 새 날개 비행기술.

DHL 트로이 목마 광고

DHL은 세계적 물류회사다. Fedex와 경쟁을 한다. Fedex 보다 빠르게 배송할 수 있다는 것을 DHL은 광고하려 한다. 저렴하면서 기막힌 방법이 없을까? 트로이 목마를 모방한 광고 전법을 썼다. 그리스 신화 속의 트로이 목마는 상대방 내부에 적군을 심는 전법이다. 그리스는 병사를 트로이 목마에 숨겨 트로이 성으로 잠입시키고 심야에 공격을 한다. DHL은 Fedex로 소포를 부쳤다. 소포는 필름으로 코팅되어 있다. 온도에 따라 색이 변하는 필름으로 코팅한 상자에 'DHL is faster'라는 문장을 쓰고 온도를 냉각시켜 글씨를 안보이게 했다. 이렇게 준비한 상자를 경쟁사인 Fedex를 통해 소포를 보냈다. 그들이 배송지에 도착할 때쯤 온도가 올라가 상자에 써놨던 글씨가 보이기 시작했다. 경쟁사 직원(Fedex)들은 아무런 생각 없이 커다란 택배상자를 들고 거리를 활보하게 된다. 수많은 사람들에게 DHL이 빠르다는 것을 노출시킨 '한 방 먹인' 광고다.

1. 프랑스 에펠탑의 주로 사용된 대표적인 구조는 사람의 대퇴부의 뼈를 모방한 구조로 이루어졌다.
2. 나방 눈 미세구조는 평평한 구조로 들어온 빛을 가두어 빛이 반사되지 않는다.
3. 레이더에 안 잡히는 스텔스 비행기를 소리마저 없는 비행기로 만들려고 박쥐를 모방한다.

답

1. O; 안정된 구조인 인간 대퇴부 뼈를 모방했다.
2. X; 나방 눈 미세구조는 울퉁불퉁해서 들어온 빛을 가두게 된다.
3. X; 올빼미들이 소리 없이 비행한다는 특징을 모방한 연구가 진행 중이다.

나노모방 기술

1. 자연모방 나노 감각센서(청각, 후각, 촉각)

1) 청각센서

귀뚜라미는 천개 이상 작은 모발이 온 몸을 덮는다. 백 마이크론(미크론; 100만분의 1미터) 정도 모발들로 몸 주위 공기 흐름을 측정한다. 1mm/sec 의 미세한 공기 흐름 변화로 다가오는 위험한 포식자의 움직임을 알 수 있다. 예민한 감도가 생기는 이유는 모발이 바닥 신경에 직접 연결되어 있기 때문이다. 이 기술을 모방해서 전기 센서 판 위에 인조 모발을 수백 개 심었다. 그 모발이 바람에 따라 움직일 때 하부 전기 센서에 전기를 발생시켜 수백 군데 공기 흐름을 알 수 있게 된다. 동시에 다수 지역 공기 흐름을 알 수 있는 센서가 개발되었다. 공기 흐름을 측정할 수 있으면 소리를 들을 수 있다. 공기 진동이 음파로 소리가 된다. 개 청각은 동물 중에서도 뛰어나다. 개 청력은 35,000Hz로 사람 25,000Hz 보다 넓고 8배 먼 곳 소리를 잘 들을 수 있다. 군, 경찰에서도 뛰어난 청각, 후각을 이용해서 경비견, 추적견으로 훈련을 시킨다. 개 청각을 모방하여 전자 귀를 만들 수 없을까?

미국 통계에 따르면 선천적 청각장애는 1,000명당 1명이며, 난청은 4.4명이다. 현재 치료 기술은 기계적 보청기인 인공와우를 사용한다. 인공와우는 마이크로폰을 생체에 삽입한 것이다. 그러나 마이크로폰 주파수나 정확성 한계 때문에 듣는 데에 어려움이 있다. 귀속 달팽이관 30,000개 세포가 분리해 듣던 소리를 불과 4, 8개 혹은 많아야 12개 정도 분리 능력을 가진 마이크로폰 주파수로 들어야 하니 소리가 정확하게 들리지 않는다. 음 높낮이가 있는 중국어는 더욱 전달이 쉽지 않다. 현재 인공와우는 마이크로폰 기술, 배터리 크기 한계가 있어 부득이 귀 외부에다 노출시켜야 한다. 만약 사람 청각 시스템을 마이크로폰에 그대로 적용하면 어떨까?

마이크로폰은 소리 진동에 의해 막이 움직이면서 발생한 전기 신호를 사용한다. 이러한 방법 대신 사람 달팽이관을 본떠 만든다면 좀 더 정교한 소리를 전달할 수 있지 않을까? 사람 청각을 모방한 전자 귀를 만드는 연구는 기존 인공와우와는 전혀 다른 방법이다. 달팽이관은 마치 실로폰처럼 생겼다. 들어오는 소리가 실로폰 위를 지나가면서 해당 주파수 실로폰 막대를 울린다. 해당 주파수에 연결된 세포(유모세포)가 이를 뇌에 전달한다. 달팽이관에는 30,000만개 유모세포가 주파수를 분리한다. 30,000개가 아닌 300개만이라도 주파수를 분리할 수 있다면 더욱 세밀하고 정확하게 소리를 분리해서 들을 수 있다. 나노기술로 미세한 주파수 분리장치를 만들 수 있다. 실로폰을 만들고 진동에너지를 전기에너지로 다음같이 바꾸면 된다.

첫째, 압력으로 전기 발생시키는 압전소자를 사용한다. 압전소자를 미세한 실로폰 음판과 연결하면 소리 진동수에 따라 전기신호를 발생시킬 수 있다. 둘째, 실로폰 음판 구조 위에 섬모를 세운다. 유모세포를 닮은 이 섬모는 아래 음판이 진동하면 같이 진동해 섬모 위 전극에 전기를 발생시킨다. 완성된 인공 달팽이관의 주파수별 전기신호를 사람 신경에 연결해 주면 된다. 현재 기술로는 엄지손톱 정도 칩을 만든다. 귀 내부에 삽입할 수 있어서 기존 마이크처럼 흉하지 않다.

2) 후각센서

탐지견은 공항 적발 마약의 40% 이상을 탐지한다. 탐지견 후각은 인간과 비교했을 때 만 배 정도 예민하다. 냄새 맡는 비강 면적은 76배, 후각세포 수는 44배나 된다. 하지만 단점도 있다. 고도 훈련이 필요하고 비용도 만만치 않다. 무엇보다 가르치는 사람도, 배우는 개도 모두 동물이라는 한계가 있다. 피곤할 수도 있고, 아플 수도 있고 또 얼마나 많은 마약이 있는지를 알려주지는 않는다. 개 후각만큼 예민한 냄새 탐지장치를 만들 수는 없을까? 개를 데리고 오지 않아도 손에 들고 다니는 간단한 검사기계는 어떨까? 냄새는 인간 오감 중에서 가장 예민하다. 그윽한 커피 한잔에 사람 마음이 편해지고, 붉은 색의 포도주 냄새에 하늘을 나는 기분이 된다. 코

가 막히면 맛도, 멋도, 느낌도 없다. 후각은 인간이기 위한 최소한, 최후 감각이다. 냄새와 연관되지 않은 산업은 거의 없다. 식품, 환경, 화장품 분야에서 냄새, 향기는 상품의 성공여부와 밀접하다.

가장 좋은 후각을 가지고 있는 개 후각모방 센서가 개발된다.

건강에 대한 관심이 날로 높아진다. 사람 체취나 소변 냄새로 건강 여부를 측정한다. 일본 TV에서는 암 환자 고유 냄새를 구분하는 개가 등장했

었다. 병 진단에 냄새가 쓰인다. 상품이 제대로 된 상태인지를 상품 고유의 냄새 변화로 알 수 있다. 식품이 변했는지 화장품이 제대로 만들어져 있는지를 알 수 있다. 어떤 물질이 어떻게 변했는지는 모르지만 최소한 변화가 있었다는 것은 알 수 있다. 냄새 측정기, 즉 전자코(Electronic Nose)는 다양한 산업 분야에서 필요하다.

3) 촉각센서

사람 피부가 하는 일은 다양하다. 가장 중요한 일은 감각을 느끼고 이를 뇌에 전달하는 일이다. 피부 감각은 통증, 압력, 접촉, 온도 변화로서 피부 진피에 있는 신경말단 감각센서가 이를 측정하여 신경을 통해 뇌로 전달된다. 그 중에서도 압력 센서는 표면 거친 정도, 바람이 피부에 닿는 느낌도 전달할 정도로 예민하다. 인간 손 감각을 모방하려는 연구는 인공 손에 입힐 피부 대용기술, 즉 촉각센서로 개발되고 있다. 인공 손은 의수를 사용하는 장애인에게 감각이 있는 의수를 만들어 주려 한다. 현재 의수는 다른 기능이 거의 없다. 하지만 쥐고 잡을 수 있는 로봇팔 기능을 개발하고 있다. 쥐고 잡으려면 얼마나 세게, 얼마나 약하게 쥐어야 하는지를 알아야 한다. 아니면 상대방 손을 너무 세게 잡아서 으스러트릴 수 있다. 달걀을 집어 올리려면 달걀의 가벼운 촉감을 느낄 정도 촉감을 로봇손이 가져야 한다. 인간 손을 모방해야 한다.

인간피부 닮은 촉각을 입힌 로봇손이 나온다.
©Mercury13

피부는 0.1m 표피와 1~4mm 진피로 되어 있다. 촉각 센서는 표피와 진피 경계면에 있다. 경계면에서 표피에 가해지는 압력, 즉 수직압력과 수평

압력을 느낀다. 인공 촉각 센서도 피부의 촉각신경을 모방했다. 즉 두 개의 얇은 막 사이에 센서를 집어넣고 센서가 두 개 막 사이에서 비틀리면서 발생하는 전기측정치를 촉각으로 간주했다. 이 촉각센서로 미세한 힘도 측정이 가능해서 사람이 느끼는 것보다 더 예민하게 힘의 변화, 즉 촉감을 느끼게 한다. 이 촉각 센서에 온도, 습도센서를 같이 장치해서 모든 감각을 측정할 수 있다. 일회용 밴드 형태로 만든 피부센서는 의수를 덮을 수 있어서 기계적 로봇 손이 아니고 감각이 있는 로봇 손을 만들 수 있다. 로봇손 위 얇은 피부 속 센서로 발생시킨 감각을 뇌에 전달하면 완벽한 촉감 로봇손이 탄생한다. 이제 로봇이 달걀을 잡을 수도 있고 아이의 부드러운 손과도 악수를 할 수 있다.

2. 자연 미세구조 모방 기술

1) 다공성 소재

큰 부리 새의 부리 속은 대부분 비어있다. 부리는 기계적으로 튼튼할 필요가 없기 때문에 다공성, 벌집 구조로 가볍고 튼튼한 구조이다. 이런 구조, 소재로 가볍고 강한 집, 다리를 지을 수 있다.

2) 고압 분사장치

말벌은 침을 한번 쏘고 죽지 않는다. 일회용이 아닌 연속용이다. 벌들은 어떻게 그 짧은 순간에 침을 쏘고 가는 것일까? 벌들은 침과 함께 독성 물질을 뿜는다. 말벌 독주머니에서는 독성 물질을 내뿜기 직전에 과산화수소와 하이드로퀴논(hydroquinone) 같은 물질이 생길 수 있도록 그 안에 효소가 준비되어 있다. 과산화수소와 하이드로퀴논이 만나면 순간적으로 가스가 발생되는데, 이 가스에 의해 높은 압력이 형성되고 독성물질이 뿜어져 나갈 수 있게 된다. 1mm 작은 방에서 순식간에 독성 물질을 내뿜을 수 있는 원리를 바탕으로 엔진, 약 전달 장치, 소화기 등 기술에 적용하고 있다.

3) 깃털 절연제

펭귄 깃털은 물에 들어가면서 물의 압력으로 눌리고 휘어져서 몸에 달라붙는다. 바깥에서는 스프링처럼 튀어나와서 원래 형태가 된다. 바깥 추운상황에 깃털들이 펼쳐지면서 열에 대한 보호막을 형성한다. 펭귄의 깃털은 추위를 막을 수 있는 좋은 절연제다.

4) 달팽이 공기 팬

달팽이 나선형 모양의 팬은 일반적인 형태 팬과 비교했을 때 마찰이 적고 효율이 좋다. 에너지 소비량이 85% 감소했고, 소음은 75%까지 감소한다.

5) 귀뚜라미, 거미 로봇

NASA에서 귀뚜라미 닮은 로봇을 만들었다. 크기는 사방 5cm다. 다리를 움직이는 힘이나 센서, 펌프, 핸들은 나노사이즈로 제작되었다. 거미 로봇은 여러 개 다리를 이용해서 어떠한 지형이라도 쉽게 극복해 나아갈 수 있는 장점이 있다.

거미를 닮은 로봇은 험한 지형도 잘 다닌다.

맹인들은 현재 들고 다니는 지팡이나 안내견에게 의지해야만 한다. 그러나 지팡이 경우 직접 지면을 접촉하면서 손으로 느껴지는 것만으로 지면에 무엇이 있는지를 알 수 있는 정도여서 상당히 불편하다. 이러한 불편함을 해결하기 위해서 자연에서 얻을 수 있는 아이디어에는 어떤 것이 있을까?

답
박쥐로부터 아이디어를 얻은 맹인도움용 지팡이
박쥐는 어두운 동굴에서 수십만 마리가 한꺼번에 나오면서도 서로에게 초음파를 발사해서 다시 반사되어 돌아오는 시간을 측정함으로써 상대방과의 거리 벽과 거리를 계산해서 날아다닐 수 있다. 이러한 박쥐의 초음파 특성을 이용해서 맹인용 지팡이 끝에 초음파 발생기를 설치하고, 거기서 발생된 초음파가 바닥이나 정면에 있는 물체에 닿고 돌아오는 시간에 따라서 손잡이 진동이 달라진다. 즉 물체가 가까이 있을수록 진동이 빨라지게 만들면 앞에 어떤 물체가 있는지 알 수 있다.

1. (   )이란 폐수 안에 있던 미생물들이 폐수유기물을 분해하는 방법이다.
   (1) 공기정화법 (2) 폐수여과법 (3) 활성오니법 (4) 혐기성폐수처리법

2. 광합성 플랑크톤 등 단세포 생물을 통칭하며, 클로렐라도 이런 (   )의 한 종이다.
   (1) 박테리아 (2) 식물 (3) 미세조류 (4) 동물성 플랑크톤

3. (   )는 도망갈 때 몸을 크게 부풀렸다가 뒤로 물들을 내뿜으면서 전진한다. 이러한 기술은 제트기의 엔진에 모방되어 유용하게 사용되고 있다.
   (1) 오징어 (2) 상어 (3) 문어 (4) 복어

4. 청각센서는 귀 (   )을(를) 모방해서 미세한 기계, 전기구조로 만들어 졌다.
   (1) 고막 (2) 달팽이관 (3) 섬모 (4) 신경세포

5. 후각센서는 코 후각세포를 모방했다. 이것을 응용하는 분야가 아닌 것은?
   (1) 마약탐지 (2) 악취검사 (3) 감기예방 (4) 식품변질 검사

답

1. 활성오니는 숲 자정작용 모방 방법으로 하수처리 90% 이상을 차지한다.

2. 미세조류는 이산화탄소를 광합성을 통해 지질로 만들어 바이오디젤을 만든다.

3. 물고기들이 정지 상태에서 도망갈 때 마찰력 손실 에너지 30%만이 회수되는데 문어는 50% 회수 가능하다.

4. 달팽이관은 소리 주파수를 분리하는 기능이 있다.

5. 후각센서는 음식, 환경, 마약탐지에 사용된다.

키포인트

자연 순환형 모방 기술 특성;

1) 복원력 탄력성 이용 2) 역할에 맞는 형태 찾기 3) 유연한 순발력과 현장 대응 4) 유기적 네트워크 형성 5) 자연보존, 환경 친화적인 경영방식

자연 순환형 모방 기술 사례

(1) 생태이용 자족형 프로세스; 자원순환형 도시처럼 스스로 돌아가는 사회형태 (2) 자연모방 폐수처리 시스템; 숲을 닮은 폐수처리 시스템이 사용 (3) 나무에서 만드는 플라스틱 원료; 나무(식물)는 이산화탄소를 줄여나가고 원유와 플라스틱 대체 원료 (4) 순환형 바이오 에너지; 미래에너지는 순환형, 즉 지속사용 가능해야 함. 식물이 답이고 해상의 미세조류.

자연구조 모방 기술

(1) 복합재료(전복, 바이오세라믹) (2) 자연 골격 (바이오닉카; 야간도로 표시면; 딱따구리 망치; 수달 모피 방수; 돌고래 인공지느러미; 바퀴벌레 로봇; 물고기떼 자동차; 문어형 제트기 엔진; 나방 무반사형 눈동자; 해면동물모방 타워; 수평이륙 해리어 전투기; 새의 비행기술)

첨단나노구조 모방 기술

(1) 동물감각센서 모방 기술(청각, 후각, 촉각)로 전자 센서를 만듦. (2) 동물미세구조 모방 기술은 다공성소재, 고압분사장치, 깃털절연제, 달팽이 팬, 귀뚜라미 로봇이 가능케 함.

1. 우리 몸에서 모방해서 만들 수 있는 것을 하루 1개씩 생각해 보자.

2. 주위 자연을 보고 환경 친화적인 프로세스로 만들 수 있는 것을 1가지 생각해 보자.

3. 현재 전철 내부를 좀 더 자연친화적으로 만든다면 무슨 방안이 있을까?

🖉 심층 워크시트

1. 최근 사건이나 관찰에서 떠오른 아이디어 하나를 적어라

2. 이 아이디어와 가장 가까운 자연 순환적 모방 기술 특성은?

3. 이 아이디어를 자연골격모방에 적용한다면 어떤 아이디어로 발전할 수 있는가?

4. 이 아이디어에 감각센서를 첨가한다면 무슨 아이디어가 나올까?

chapter 12

4차 산업시대 Tool;
사물인터넷

"창의력이란 단지 점들을 연결하는 능력이다.
그들은 경험들을 연결해서 새로운 걸 합성해낸다."

스티브 잡스(1955-2011) 애플 설립자

내일 날씨가 어떠냐고 스마트폰에 물으면 금방 현재 위치에서의 일기예보를 알려준다. 또 6시간 후에 알람을 울려달라고 할 수도 있다. 이런 기능의 'ECHO'는 개인비서 프로그램이다. ECHO는 다양한 빅 데이터 분석을 통해서 대답을 해준다. 가상컴퓨터 공간인 '클라우드 컴퓨팅'에서 할 수 있기 때문에 그 정보량도 엄청나다. 모르는 게 없다. 그뿐만 아니다. 스마트폰으로 집안 온도도 조절할 수 있다. 이것이 가능한 것은 집안의 온도 센서와 보일러가 IT네트워크를 통해 스마트폰으로 연결되었기 때문이다.

IT가 단순히 전화, 통신, 인터넷만이 가능한 것이 아니고 어떤 물건(Thing)을 실제로 움직일 수 있게 한다. 그 중심에는 스마트폰과 사물인터넷(Internet of Thing: IoT)이 있다. IoT는 사물도 인터넷으로 조종이 가능하게 만든다. IoT를 제대로 이해하면 아이디어 발상 및 현실화에 많은 도움을 준다. 예를 보자. 외부에서 집안 온도 조절 하겠다는 아이디어가 이제는 쉽게 가능해졌다. 이미 그걸 가능하게 하는 IoT가 완성되었다. IoT를 쉽게 쓸 수 있다는 것을 알면 아이디어 폭이 훨씬 넓어진다. 창의성이 열매를 맺는 데에 IoT가 확실히 도움을 줄 것이다. IoT와 아이디어 발상적용 사례를 배워보자.

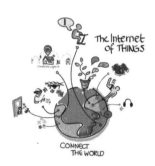

사물인터넷은 네트워크와 실제 물건을 연결한다. ©Wilgengebroed

① 사물인터넷의 범위, 적용사례

1. IoT 4가지 분야

1) 스마트 홈

집에 들어가기 전에 집안 온도를 미리 적절하게 올릴 수 있다. 낮에는 침입자가 있으면 실시간으로 얼굴을 확인할 수 있다. TV드라마에 관심 있는 의상이 나오면 바로 실시간 주문도 가능하다. 이제 집안의 모든 환경은 종합적으로 모니터링 되어서 외부에서 쉽게 조절이 가능하다. 집이 편해지고 있다.

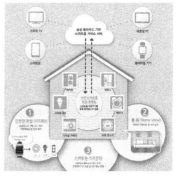

스마트 홈은 안전, 편리, 효율적으로 자동조절한다. ©Samsung Newsroom

2) 스마트 헬스

'SCANADU'라는 제품은 10초 동안 몸을 스캔하여 몸의 건강을 체크

한다. 심박수, 체온, 혈중 산소 포화도, 호흡수, 혈압, 심전도가 주먹만 한 기기의 한번 스캔으로 가능하다. 건강 상태를 원격측정하고 이를 분석, 의료시설과 연결하는 스마트헬스 분야다.

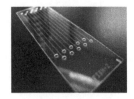

스마트 헬스 기본인 바이오 칩으로 진단이 가능하다.

3) 스마트 자동차

후방 카메라 덕분에 주차도 전보다 편해졌고 사고예방 기능들이 탑재되어 운전자가 좀 더 편하게 운전한다. '모바일 아이'는 전방 충돌 거리를 측정하여 충돌을 경고하고 차선을 늘 스캐닝 하여 차선 이탈을 경고한다. 이런 안전 기능이 발달하여 이제는 무인 자동주행이 가능해졌다.

스마트카는 무인운전을 최 종목표로 한다. ©MotorBlog

4) 스마트 시티

'스마트 스쿨'은 학교 내 이상한 침입자가 있는지, 건물은 안전한지 등 학생들 신변을 보호하는 지킴이다. 학교 내 모든 일을 CCTV로 관찰하고 이것을 화재경보기에 연결하여 학생의 안전을 모니터링 한다. 안전부분 이외에도 전자 칠판을 이용해서 선생님들은 수업을 진행하고 디지털 교과서를 함께 보기도 하며 또한 태블릿 전자 칠판에 판서를 통해 개개인에 맞는 수업자료를 제공할 수 있다. 스마트시티는 학교 이외에도 도시 전체의 안전, 교통망, 환경 모니터링 등을 통해 안전하고 쾌적한 도시를 만드는 기능을 한다.

스마트 시티의 하나인 스 쿨은 학업, 안전등 학교 내 모든 일을 개선할 수 있다. ©lbrohim.uz

IT시장의 대표주자인 모바일 기기는 포화상태다. 스마트폰만으로 정보, 광고를 제공하는 데에는 그 시장이 너무 작다. 콘텐츠만으로는 한계가 있다. 뉴스, 친구 이야기, 영화, 채팅만으로는 새로운 시장을 만들 수 없다. 뭔가 실제로 움직여야 산업적으로 효과가 있다. 스마트폰 기기를 통해서 무엇인가를 해야 한다. 실제 움직이게 하는 것이 IoT다.

한국 사물인터넷 준비지수는 2위다. 1위는 미국이다. IoT 준비지수는 IoT를 사용할 환경이 얼마나 되어 있는가의 척도다. GDP, 비즈니스 환경, 스타트업 절차(어떤 새로운 벤처기업을 시작하는 절차), 특허 출원과정, 인구 에너지 사용비율, 탄산가스 배출 비율, 브로드밴드 사용자수, 모바일 인구, 인터넷 사용자수, 서버 수, IT지출 규모 등이 고려된다. 그런 의미에서 한국의 차세대 먹거리는 IoT다.

IoT는 온라인과 오프라인이 만나는 곳에서 시작된다. 시작은 오프라인부터다. 모든 산업의 중심은 오프라인이다. 즉 현장에서 기계가 돌아가고 선박이 움직이는 등 산업의 실체는 오프라인에 존재한다. 예를 보자. 아마존(Amazon.com)이 책을 온라인으로 주문하지만 실제 책이 프린팅 되는 곳은 오프라인이고 실제 오프라인으로 책이 배달된다. 오프라인 행위가 이미 있고 그곳에 모바일이 완성된다면 이때 IoT가 탄생한다. 아마존의 경우 모바일 즉 인터넷으로 주문이 되고 현지에 택배차가 간다면 IoT가 완성된다. IoT가 더 진보하면 현재 주문된 책이 배송단계에서 어느 곳에 와 있는지를 알 수 있다.

IoT는 센서로부터 나온다. 센서는 오프라인의 모든 데이터를 온라인으로 연결해 준다. 아이폰에 최초로 붙어 있는 가속도 센서는 아이폰을 흔들면 화면이 바뀌게 한다. 모션 이용 모바일 게임이 가능한 것은 이 센서 덕분이다. MEMS(Micro electronic mechanical system; 미세전자기계시스템)은 센서의 어머니다. 손톱만한 크기에 유체가 흐르고 반응이 일어나고 측정이 가능하게 된다.

센서 종류는 다양하다. 가속도 센서, 자이로 센서는 스마트폰에 내장되어 몸의 움직임, 충격, 진동을 감지한다. 카메라 손 떨림 방지 장치는 자이로 센서가 느끼는 떨림 가속도 현상을 거꾸로 막아준다. 레이더 센서는 인공위성에서 물체의 움직임과 현재 위치를 파악하게 한다. 오감 센서(후각, 미각, 촉각, 시각, 청각)는 인체의 감각기관을 대신한다. 바이오센서는 체온, 혈압, 콜레스테롤, 당 등 인체 생물학적 데이터를 측정한다.

3. IoT와 인간사회

IoT가 인간사회에 미치는 악영향은 없을까? 부작용이 있을 수 있지만 IoT의 근본목적은 사람을 위한 시스템을 만드는 것이다. 어떤 업무에 대한 인간의 개입이 줄어들면서 사람 가용 시간이 늘어나고 잉여시간으로 다른 것을 더 할 수 있다. 자질구레한 일상적 일에 직접 손을 댈 필요가 없게 된다. 내 생각을 직접 표현하지 않아도 때로는 내가 원하는 것을 IoT가 대행해 준다. 예를 보자. 몸에 부착하는 건강 측정 장치는 스스로 어떤 사람의 건강상태를 24시간 동안 알려준다. 스마트 광고판은 앞을 지나가는 사람을 알아보고 그 사람에 맞는 광고를 보여준다. 나를 둘러싼 모든 것이 인터넷으로 연결된다. 주변 사물이 연결될수록 사람의 생활도 편리하게 변하고 주위사람과 연결될 가능성이 높아진다. IoT가 장래에는 로봇과 같은 기능으로 결합 될 수 있다. 로봇의 기본원칙은 인간을 위협하지 않는 것이다. 로봇은 1) 인간에게 무해해야 하고 2) 무해하지 않은 범위 내에서 인간에게 복종해야 하며 3) 무해하지 않고 복종해야 하는 일 이외의 범위 내에서 자기를 보호한다. 로봇과 마찬가지로 IoT는 인간을 위해 존재하는 것이지 인간에게 위협이 돼서는 안 된다.

4. IoT의 기본 4원칙

① 모든 사물은 지속적으로 소통이 가능해야 한다. 센서는 저 전력 소모형, 무선충전 돼야 한다. 통신 주파수가 겹치지 않아야 한다.

② IoT는 표준어(같은 언어)로 소통해야 한다. 물건마다 소통언어가 다르면 물건 사이의 네트워크 형성이 안 된다. 회사, 국가 간의 경쟁 상황에서는 표준어의 선점이 중요하다.

③ 모든 사물에는 자물쇠가 채워져야 한다. 모든 데이터가 클라우드(컴퓨터 가상공간)에 저장되기 때문에 필수적이다. 본인이 승인하지 않으면 정보가 노출되지 않아야 한다.

④ IoT가 내주는 제공정보 가치가 얻어지는 개인정보 가치가 커야 개인이 IoT를 사용한다. 예를 들어보자. 내 손목팔찌로 나의 건강정보가 클라우드 컴퓨터에 저장된다. 컴퓨터가 내 건강을 좋게 하는 피드백을 주지 않는다면 나는 더 이상 클라우드로 내 정보를 주지 않을 것이다.

5. IoT와 창의성

IoT를 통해서 어떤 창의적인 사고를 할 수 있을까? 걸어가는 사람들의 관심사를 알아내서 그 사람들 관심에 맞는 광고를 현장에서 직접 하는 아이디어는 어떨까? 만약 IoT라는 개념을 몰랐다면 이런 아이디어를 생각해 낼 수도 없을 것이다. 하지만 이제 이런 정도는 이미 완성되어 있다. 구글 글라스(Google Glass)는 지나가는 사람, 사물을 보고 온라인으로 정보를 얻는다. 글라스가 피사체 정보를 클라우드 컴퓨터에 보내면 그가 누구인지도 알 수 있다. 광고판에 달린 CCTV로 그 사람이 누군지 알아내고 평상시 그 사람이 즐겨 찾는 음식, 의상 정보를 보내주면 광고판에 이에 맞는 광고가 뜨게 된다. 아이디어가 쉽게 현실화된다.

예전의 마케팅 방법은 마케팅 기획, 시장 조사, 상품 기획, 출시, 광고를 한다. IoT 시대에는 처음부터 어떤 상품이 팔릴지 미리 알고 있다. 예를 보자. 백화점 내에서 사람들 시선을 추적하는 IoT를 사용한다면 고객들이 무엇에 관심이 있는지 금방 안다. 그 상품을 만들기만 하면 된다.

IoT가 인공지능과 연결되면 새로운 것을 인공적으로 만들 수 있다. 예를 보자. 지하철 내의 CCTV가 승객들의 행동을 모니터링 한다고 보자. 인공지능은 승객들의 이동경로, 이동속도를 분석해서 어떻게 전철 배차 시간을 조정하고 어떤 이동 경로를 이용토록 만들지에 대한 아이디어를 스스로 만들고 이를 실행에 옮길 수 있다. 즉 인공지능 스스로 IoT로 정보를 얻고, 분석하고, 추리해서 최적의 결과를 다시 IoT를 통해 배차시간을 조절할 수 있게 된다.

IoT는 인공지능의 정보수집 혹은 시행방법이다. 인공지능은 많은 빅데이터를 분석하고 답을 내놓는다. 스스로 창의적인 생각을 내놓지는 않는다. 인공지능 '알파고'가 바둑에서 사람을 이긴 것은 슈퍼컴을 이용해서 모든 경우의 수를 계산했기 때문이다. 최적의 방법을 제시할 수는 있지만 새로운, 창의적 아이디어를 제시하지는 않는다. IoT가 할 수 있는 일을 잘 안다면 창의적인 아이디어 창출에 많은 도움이 된다. 무엇보다 이를 현실화할 수 있는 Tool이 된다. IoT를 알아야 하는 이유다.

6. IoT와 미래 산업

IoT는 4차 산업혁명이 될 것이다. 모든 공정이 센서를 통해 자동제어 될 것이고, 1% 효율만 높여도 큰 산업적 효과가 있다. 스마트 카에서는 개인별 운전습관까지 모니터링 할 수 있다. 이 데이터로 자동차 보험료가 40%까지 감소한다. IoT가 포함된 인공지능으로 미래직업에도 큰 변화가 있을 것이다. 인공지능이 환자 혈액 데이터를 보고 수백만 건의 의료기록과 비교해서 무슨 병인지를 진단할 것이다. 당연히 의사 수가 감소할 것이다. 환자와 대화하는 간병인 로봇이 가능해질 것이다. 간병인 수도 줄 것이다. 앞으로 10년 후에는 현재 직종의 80%가 소멸한다. 1인 기업이 90%가 된다. 대부분이 IoT로 대체가능하기 때문이다. 미래 사회도 IoT로 큰 변화가 있을 것이다. 예를 보자. 도로 침하는 대형 사고를 일으킨다. 도로를 달리는 차가 지반침하로 도로가 낮아진 곳을 통과하면 차량 IoT가 이를 수집, 중앙에 보고한다. 어느 선을 넘어선 도로 침하가 보고되면 그곳 지역 경고판에 지역침하를 자동 경고한다. 길가 CCTV로 사람들의 이상행동, 소리를 모니터링해서 범죄를 사전 예방할 수 있다. IoT는 미래 산업, 사회를 변화시킬 것이다.

실전훈련

지금 집안에서 사용되는 IoT의 예를 들어라.

답
핸드폰으로 보일러를 끄고 켤 수 있다.

1. IoT는 스마트 홈, 스마트 헬스케어, 스마트 카, 스마트 시티로 나뉜다.
2. IoT는 인터넷, 센서가 있고 실제 오프라인 작업이 있는 곳에서는 적용가능하다.
3. IoT는 로봇처럼 인간에게 유익하게 쓰이고 주위가 IoT 네트워크로 연결된다.
4. IoT는 표준어 연속소통, 자물쇠, 유익정보 제공 기능이 있어야 한다.
5. IoT는 미래 산업 핵심으로 직업군 변화를 유발한다.

복습퀴즈

1. IoT의 4분야는 홈, 건강, 차, 학교이다.
2. IoT의 기본은 센서다.
3. 로봇은 무조건 자기보호를 해야 한다.

답
1. X; 스마트 사회가 포함된다.
2. O; 센서로 IoT가 실제와 연결되어 있다.
3. X; 인간에게 무해하고 복종한다는 전제하에서 만이다.

2

스마트 홈, 스마트 카

1. 스마트 홈

IoT는 기기 자동화에서 출발했다. 세탁기나 비디오는 자동으로 시작되거나 녹화되었다. 이렇게 자동화가 된 다음에 어떤 IoT가 접목되어서 작동이 시작되게 된다. 즉 자동화 위에 여러 정보가 연계되면 스마트 홈이 가능해진다. 스마트 홈은 스마트 홈 기기의 센서데이터 취합, 물건들의 조정, 다른 기기와의 연동으로 구분된다.

스마트 홈에 사례를 보자. 'Life bulb'는 조명과 화재경보기가 결합된 형태다. 주택사고 원인 대부분은 화재경보기 배터리가 방전되거나 오작동한 경우다. 'Life Bulb'는 화재경보기를 LED 전구와 결합시켜서 전구 소켓에 결합시켜 늘 충전상태가 되게 한다. 화재 시 LED가 켜지면서 경보가 되고 만약 전원이 없어도 배터리로 작동된다. 신호를 발생시켜서 다른 경보시스템과도 연동이 된다. 배터리로 되어 있는 기존 화재경보기는 단순히 소리만 내지만 'Life Bulb'는 인터넷을 통해 경보시스템과 연결된다. 경보시스템에는 화재 이외에도 일산화탄소 검측, 모션 광센서 등이 내장돼 있어서 화재 시 사람 존재여부도 알릴 수 있다.

Life Bulb는 조명과 화재경보기가 결합 되었다 ⓒBsilby

부착형 연동센서를 보자. 칫솔에 부착해서 칫솔이 언제 움직이고 얼마큼 사용되는지를 파악한다. TV 리모컨에 붙여둘 경우 사용시간 및 주로 있는 위치가 파악 된다. 다른 센서와 접합 사용해서 실내상태를 모니터링 할 수 있다. 다른 센서(가속도, 광, 온도, 압전, 근접, 누습, 평형센서)와 결합하면 언제 어디에서 얼마큼 어떤 방향으로 움직였는지를 모니터링 할 수 있다. 집에 홀로 있는 노인이 늘 하던 행동패턴을 알게 되고 이것과 다른 움직임이나 이상이 발견되면 경비나 간호사에게 연결할 수 있다.

식중독 방지센서는 음식 신선도를 감지 센서로 휴대용 전자 코를 사용한다. 음식이 상할 경우 발생되는 휘발성 유기화학 물질을 감지하고 휴대폰의 데이터베이스와 연동시켜서 그 위험을 알린다.

스마트 프라이팬이은 온도센서를 달아 스마트폰 앱과 연결시켜서 온도를 실시간 측정을 하고 알람을 울릴 수 있게 했다. 이 스마트 프라이팬을 사용하게 되면 생선을 언제 뒤집어야하는지 생선종류에 따른 조리 온도를 자동 세팅할 수 있다.

'Sleep bed'는 수면 중의 여러 신체리듬(맥박, 호흡, 움직임)을 측정하고 분석해서 최적의 수면상태를 유지하게 한다. 또한 침대와 연동시켜서 수면 패턴에 따라 침대 탄력성을 조절하면서 최적 상태가 되도록 침대를 바꾼다.

'원거리 연애 베개'는 멀리 떨어져 있는 연인들이 침대에서 정감을 나눌 수 있도록 한다. 상대방이 누우면 불이 들어와서 상대 체온을 느끼고 상대방 심장박동수를 전달하고 음성통화가 가능하도록 한다. 먼 곳에 있는 연인들이 연애상황으로 침대에서 잠들 수 있게 한다.

'휴대용 스마트 귀마개'는 알람을 못 듣는 기존 귀마개 단점을 극복했다. 즉 귀마개를 하고도 시간이 되면 알람을 울리게 하는 기능을 가진 귀마개다.

'반려견 도우미'는 주인이 외출 시 먹이를 제때 주게 한다. 또 시각센서를 사용해서 반려동물의 식습관 변화와 상태를 분석할 수 있다. 시각 자료로 여러 동물의 얼굴을 분석해 각각에 맞는 사료를 줄 수 있게 하였다.

2. 스마트 카

스마트 카 목표는 차량 진단, 사고 감지, 교통정보 제공이다. 스마트 카의 발전 방향은 차와 도로시스템이다. 차가 똑똑해지는 부분은 자동차 제조회사가 담당한다. 반면 도로 기기가 똑똑해지는 즉 도로인프라는 정부가 담당한다. 앞으로의

차량 IoT는 무인자동주행이 최종 목표다.

숙제는 다른 차와의 소통이다. 소통을 위해서는 차량 사이의 소통의 표준언어, 표준기계가 관건이다. 스마트 카의 완성형은 무인자동차다.

'모바일 아이'는 블랙박스 형태로 전방, 후방 충돌을 경고를 하고 자동운전이 가능토록 모든 정보를 제공한다. '스마트 글라스'를 통하여 운전상태 감시가 가능해진다. 졸음운전은 자동차 사망사고의 원인의 1위다. 이 글라스를 사용할 경우 눈동자 센서가 졸음을 분석한다. 카메라가 눈동자를 감시하고 진동이나 에어컨을 켬으로써 경고를 한다. 하지만 반복되는

감시행동에 사람들은 무뎌지는 점이 있기 때문에 이점을 해결해야 된다.

'운전자 경보시스템'은 주행 돌발 상황과 사고를 예방하는 시스템이다. 고속도로 적재물 낙하, 도로 결빙상태 등을 24시간 모니터링 하고 그 정보를 전송하면 다시 개인차량한테 전달한다.

차량 설치 IoT로 주행습관(급제동, 과속, 급 진로변경, 운행시간대)등을 분석, 계산해서 보험료를 달리하여 안전 운전을 유도한다. 운전습관에 따른 보험료 차등 지불은 91%가 찬성이지만 개인정보유출방지가 전제다.

'안개안전 시스템'은 CCTV로 도로의 안개를 확인하고 도로전광판으로 경고한다. 안개 사고의 치사율은 8.9%이지만 자연현상을 없애기는 어렵고 경고가 효과적이다.

쉬어가는 페이지

발명에 얽힌 이야기

공상과학영화(SF영화)는 상상을 기초로 하지만 시간이 지나면 실현되는 경우가 많다. 미래 어느 날 아침 화장실. 소변을 보자마자 '나트륨 기준치 이상, 식사 조절요망'이란 메시지가 뜬다. 영화 '아일랜드(2005, 미국)'의 첫 장면이다. 이 미래 세계의 공상영화에선 인간 복제와 함께 자동건강 측정 장치가 미래기술로 소개되었다. 하지만 실현되는 데는 그리 시간이 걸리지 않았다. 2013년 미국 UCLA 오드칸 교수는 소변 속 나트륨보다 더 측정이 어려운 알부민을 스마트폰에 내장된 건강센서로 측정, 의사에게 전송했다. 게다가 영화에선 화장실에 부착된 기기로만 소변검사가 가능했지만 오드칸 교수의 기술은 휴대폰을 이용하는 방법이라 어디서든 실행 가능하다. IoT가 연결된 것이다. 즉 알부민 측정센서를 휴대폰에 연결하고 얻어진 데이터를 의사에게 보낸다. 언제, 어디서나, 즉 유비쿼터스(Ubiquitous)한 환경에서 건강을 측정·관리하는 이른바 유-헬스(Ubiquitous-Healthcare) 시대는 이미 시작됐다. 스마트헬스는 오래 전부터 사람들의 마음속에 있었던 상상의 기술이지만 이제 꿈이 아니다. 스마트헬스의 핵심은 IoT다.

코믹 에피소드

음주운전은 위험한 범법 행위다. 음주운전을 방지하기 위한 여러 가지 아이디어가 나왔다. 입에서 알코올 냄새가 나면 시동이 걸리지 않게 한다든지 알코올로 눈의 초점이 흐려지면 경고음이 들리던지 하도록 하는 사물인터넷이 개발되고 있다. 하지만 이런 것도 모두 사람이 하는 행동을 감시, 조절하는 것들이라 적용이 안 되는 경우도 물론 많이 있다.

음주단속은 음주방지 IoT가 있다 해도 당분간 계속 있을 전망이다. 음주단속은 힘들기도 하지만 때로는 재미있는 에피소드를 낳는다. 다음은 경찰청 공식블로그에 있는 내용이다.

2010년 새해를 앞둔 2009년 12월의 어느 날이었다. 남자와 동승한 여성 운전자를 음주검사를 하는데 알코올 반응이 나와 차에서 내려 가글 후 다시 한 번 검사를 요청했다. 그런데 그 여성은 술을 입에도 대지 않았고 가글도 하지 않았는데 왜 그런 결과가 나왔을까 의아해했다. 가글 후 다시 측정결과 알코올 반응이 나오지 않았고 그 여성은 동승한 남자에게 웃으며 "아까 우리 뽀뽀해서 그런가보다!"하고 말을 했다. 연말 음주운전은 하지 맙시다.

스마트 홈; 집안 환경이 외부에서 조절이 가능해지고 더 안전해진다. 집안에 있는 사람들의 안전과 건강을 체크하는 IoT가 네트워크로 통합된다.

스마트 카; 차량을 스스로 진단, 사고 감지, 사고 미연 방지, 교통 정보 실시간 전송이 가능해진다. 차량 제조업체는 자동차를, 정부는 도로를 IoT와 연결시킨다.

복습퀴즈

1. 'Life Bulb'는 예전 경보기처럼 배터리 방전 현상이 없다.
2. 수면 시 귀마개를 사용하는 기존 방법은 알람소리가 들리지 않는다는 점이다.
3. 스마트 카 내부는 차량제조사가 도로의 안전망은 국가가 담당하는 것이 맞다.

답

1. O; Life Bulb는 소켓에 끼는 형태로 Online 알람 기능이 있다.

2. O; IoT 귀마개는 귀마개와 알람이 가능하도록 스마트폰과 연결되어 있다.

3. O; 스마트 카는 차량제조사가 내부를, 정부가 도로 IoT를 담당한다.

③

스마트 헬스, 스마트 사회

1. 스마트 헬스 사례

(1) 'Cue health tracker'는 15가지 건강상태를 측정하여서 내 몸을 관리한다. 자주 걸리는 질병, 감기, 비타민 섭취, 염증, 남성 호르몬, 배란일과 각종 질병에 대한 알람 기능이 있다. 독감지역, 질병위험지역이 자동표시, 스마트폰에 연결되어 미리 정보를 제공한다.

(2) '입 냄새 측정기'로 건강상태까지 알 수 있다. 정신분열증 질환이 있는 사람은 그 사람 자체에서 양고기 냄새가 난다. 구취는 더 정확하게 건강상태를 알려준다. 음주측정 기술을 활용해서 냄새이용 건강측정이 실용화 예정이다. 사회활동 시 구취상태를 알려주는 역할을 한다.

(3) 'Oku skin care'는 스마트폰 연동 피부 관리 시스템이다. 피부타입 데이터를 수집해서 피부의 현재 멜라닌 지수, 습도, 수분함유량, 노화지수

를 측정해서 피부상태의 개선방향을 제시해 준다.

　(4) '자외선 보호 팔찌'는 실시간 자외선 수치를 알려주고 자외선 차단
제 정보를 제공한다. 브로치 형태로 옷에 부착을 하거나 팔찌형태로 팔에
낀 상태로 스마트폰에 연동된다. 피부노화, 피부암의 주범인 자외선은 흐
린 날에도 차단해야 한다.

　(5) '암 스트립'은 부착형 심박수 측정
기다. 심장마비 징조는 미리 조금씩 나타
나며 심장 박동수는 운동 시 중요한 데이
터다. 직접 부착을 해서 24시간 데이터를
스마트폰으로 전송한다.

암스트립은 부착형 심박수 측정기
다. ©John Biehler

　(6) 'IT 브라'는 유방암 자가진단 브라다. 안젤리나 졸리는 본인이 유방
암에 직접 걸리지 않았는데도 유방제거 수술을 했다. 본인 유전자 분석결
과 암 발생 확률이 80%라는 진단에 따랐다. 유방암 자가진단 브라는 셔츠
형태로 입는 형태다. 암 발생 시 모세혈관 생성을 하면 온도 변화가 있다
는 점에 착안해서 유방 온도변화를 측정한다.

　(7) '벨티'는 길이가 변하는 스마트 허리띠다. 허리둘레는 비만정도다.
만보기센서, 허리둘레, 걷는 양을 측정, 경보 시스템이 있다. 오래 앉아있
으면 경보가 울린다.

　(8) '8잔 컵'은 스마트 물병으로 소모량을 알려준다. 하루 물권장량은

2L다. 3개월 이상 적게 마시면 만성탈수가 되고 비만이 발생한다. 물병 센서로 하루 물 양을 측정한다. 알람기능이 있고 외부 환경에 따라서 물소요량을 조절할 수 있다.

(9) '스마트 약통'은 약 먹을 시간을 알려준다. 내부탑재 센서를 이용해서 정확한 시간에 정해진 약을 먹을 수 있도록 도와준다.

(10) '루마핏'은 개인 맞춤형 트레이너다. 귀에 걸고 지시하는 대로 헬스동작을 한다. 실제 운동 횟수와 심박 수를 가속센서가 측정해서 본인에 맞는 운동법을 알려준다.

(11) '스마트 마우스피스(Fit Guard Mouthpiece)'는 운동 중 뇌진탕을 보호하는 IoT다. 미국 뇌진탕 횟수는 연 380만 건으로 농구, 축구, 미식축구, 아이스하키, 암벽 등반, 태권도 등에서 발생한다. 마우스피스 형태로 입에 물고 출전을 했다가 충돌 시 가속센서로 충격 크기를 계산해서 색으로 나타낸다.

스마트 마우스피스는 운동 중 뇌진탕 보호 IoT다.

(12) '스마트 요가매트'는 요가매트에 21,000개 센서를 삽입해서 정확한 요가 자세인지를 알려준다. 체형데이터와 손센서를 통해서 요가 동작 시 균형을 측정한다.

스마트 요가는 매트아래 수만개 센서로 요가자세를 확인해준다.
©lveto

(13) '운동자세 센서'는 양말에 센서를 부착해서 발에 걸리는 무게, 착지상태를 측정해서 달리기 자세를 스마트폰으로 보내는 IoT다.

(14) '아트워스'는 근육상태 측정하는 IoT다. 헬스운동복은 근육량, 근육상태, 근육 피로도, 근전도, 호흡, 심박 수를 상부 8개, 하부 18개 센서를 사용, 측정한다.

(15) '아르키'는 걸음걸이를 분석하는 팔찌다. 걷는 자세는 신발바닥을 보면 안다. 손 위치, 손에 걸리는 힘으로 걷는 자세를 분석, 8자 걸음을 예방할 수 있다.

(16) '스마트 쿠션'은 책상 자세를 교정한다. 거북목, S자 척추 문제가 잘못된 자세로 발생한다. 쿠션 내 무게중심 측정 센서로 틀린 자세를 알린다.

(17) '호코마발레도'는 3D 자이로 센서를 이용해서 허리의 움직임, 허리의 가속을 측정한다. 허리 자세에 대한 피드백을 준다.

(18) '스마트 농구공'은 공속 센서로 슈팅 각도, 회전수, 드리블 횟수, 패스시간을 측정한다. 농구실력을 혼자서도 늘릴 수 있다.

스마트 농구공은 내장센서로 스스로 연습이 가능하다.

(19) '테니스 트레이너'는 테니스 라켓 부착 센서가 기류를 측정하여 공의 타점, 볼의 스핀, 속도, 동작의 시각화를 통해서 자세분석 서비스를 한다.

(20) '스마트 자전거'는 자전거 페달에 GPS센서를 붙이고 자전거 위치, 주행속도, 이동경로, 소모열량을 표시해서 스마트폰에 연동한다.

(21) 'Smart lock'은 번호 없이 잠그는 자물쇠다. 스마트폰 블루투스를 사용해서 잠금장치를 사용한다. 60달러다.

(22) 'Headband형 뇌 스트레스 모니터'는 뇌파분석을 통해서 스트레스 지수를 확인한다. 체온, 호흡지수, 근육이완 여부를 확인하고 명상효과를 측정할 수 있다.

(23) '3D프린터'는 스캐너로 입체도형을 찍은 다음 3D프린터로 인쇄를 가능케 한다. 3D프린터 가격은 500~5,000불이고 프린터 재료는 적층형 플라스틱, 금속이다.

2. 스마트 시티 사례

스마트 시티에 사용되는 IoT의 파급효과는 범국가적이다. 인구의 반 이상이 도시에 산다는 점에서 스마트시티는 안전, 복지, 효율 측면에서 개인 노력보다 파급효과가 크다. 기존 인프라에 IoT 센서를 설치해서 도시의 안전데이터를 확보하고 이를 경보용, 홍보용으로 사용한다.

1) 도시 CCTV

도시 내의 기존 CCTV에 IoT센서를 설치하면 어디가 막히는지 금방 알려준다. 출근시간을 절약할 수 있고 도로정체를 없앤다. 기상관측센서에

IoT 센서를 붙이면 일기예보 정확성을 높인다. CCTV를 지능형으로 만들면 모든 CCTV가 범죄 차량을 추적할 수 있다. 도로에 이상 물질이 발견되면 후방 차량에게 경고를 할 수 있다. CCTV로 구매자 동선을 파악해서 안전 및 매장 관리에 중요한 역할을 한다. 학교주변 CCTV로 특정부위인 손이나 발등의 속도가 빠르다면 폭력으로 판단, 예방할 수 있다. 공사장 등 위험 장소에서 사람이 물체와 빠르게 접촉 후 넘어져서 움직임이 없으면 사고로 판단하고 경보를 내릴 수 있다. 해수욕장 안전 관리용 컴퓨터 화면상에 가상 라인을 설치해서 그 선을 넘어갈 경우 경보를 발령할 수 있다. CCTV는 화면상의 얼굴, 걸음걸이 정보로 DB와 연동해서 신원을 확인할 수 있다. 사전에 입력된 행동패턴이 일치하거나 물체의 속도, 기울기를 감지해서 미리 경보를 발령할 수도 있다.

도시 곳곳 CCTV는 도시 안전도, 효율을 높인다. ©KRoock74

도시 CCTV는 장단점이 있다. 예를 들어보자. 어떤 사람이 한밤중에 경찰의 전화를 받았다. 어떤 대학에서 절도사고가 발생했다는 것이다. 경찰은 그 시간에 정문을 통과한 CCTV 내 인물이 전철을 사용한 것을 확인해 그가 전철에서 사용한 신용카드로 신원을 확인했다. 개인정보가 완전 노출되고 도시 내 모든 곳에 CCTV가 있는 무서운 세상이다. SNS에 사진을 올리면 개인정보가 모두 노출된다. 페이스북 회사는 생체인식회사를 인수했다. 덕분에 얼굴인식률이 97%까지 올라갔다. 즉 어떤 사람이 명동 한복판에 서있으면 당신이 누구인지 CCTV가 알아채고 당신이 좋아하는 주위의 음식점을 광고하는 시대가 됐다.

2) 싱크 홀 경보

도시 곳곳에서 무작위로 생기는 '싱크 홀'(큰 웅덩이)을 경고한다. 도심 속 상하수, 지하철 건물공사 등 복잡한 구조물로 인해서 지하 압력변화, 지질 환경 변화, 지하 수분도, 주변 지반의 변화로 감지해서 싱크 홀을 예측하고 그 근처 교통신호등으로 알릴 수 있다.

3) 학교지킴이

학교 학생들을 위험들로부터 지킨다. 학교 내 센서(화재, 방범, 폭력)들이 다 연결되어 학생들 안전을 모니터링 한다.

4) 드론 IoT

방범도우미로 쓰일 수 있다. 주택가나 우범지대를 날아다니며 지상의 움직임을 모니터링 한다. 개인사생활 침범의 소지가 있으나 범죄예방에는 중요한 수단으로 쓰인다.

드론은 도시안전에 도움이 될 수 있다 ©LG전자

5) 노인 돌봄이

노인들이 늘어나고 있다. 집안 다른 사람이 돌봐줄 수 있는 여건이 안 되면 노인 돌봄 서비스를 이용할 수 있다. 노인 고독사는 연 1,700건 정도가 발생하고 있고 노인들이 가장 큰 문제로 정신적인 건강이 지적되고 있다. 가정 내 가구, 냉장고, 물건, 약봉지에 활동센서를 부착한 후에 평소 활동패턴을 모니터링하고 가족에게 정보를 제공한다. 가족들은 평상시 노인이 어떤 패턴을 가지고 행동하는걸 알 수 있고 그것이 달라질 경우 알

람서비스를 하게 된다. 이런 장치를 사용하게 될 경우 스트레스나 불안요
인이 80% 감소한다는 보고가 있다.

6) 점자 스마트워치

시각장애인은 5%다. 매년 지구 전체 문맹률이 증가하고 있다. 음성 변
환기, 손가락 감각을 인식해서 전자도서를 읽을 수 있지만 그런 비용은 상
당히 비싸다. 모든 언어 번역이 가능한 시대다. 전자시계는 기존 점자를
자동으로 구현한다. 즉 읽는 사람에 따라서 점자가 나타나는 속도가 자동
으로 변한다.

7) 말하는 스마트 장난감

유아 언어 학습용 IoT다. 앱을 통해서 할머니, 어머니의 음성과도 연결
할 수 있다. 물체를 터치할 경우 음성이 나온다. 각종 언어 콘텐츠를 다운
받아서 인형과 놀면서 대화한다.

8) 미아방지용 팔찌

자녀와의 거리나 위치가 확인되고 어느 정도 이상 떨어지면 알람을 한
다. 방수방전 기능이 있고 1년 충전 없이 사용하는 IoT가 5달러다.

스마트 카는 안전이 가장 큰 관심이다. 졸음을 방지하기 위해 온갖 아이디어가 나온다. 하지만 가장 위험한 행동은 '문자주고 받기'다. 문자를 운전 중 하지 못하게 하기는 쉽지 않다. 운전자 외의 다른 탑승객은 문자를 할 수 있기 때문이다. 대신 운전 중 문자가 위험하다는 광고는 효과적일 수 있다. 만약 영화 관객을 대상으로 이런 광고를 하고 싶으면 어떤 창의적인 홍보 방법이 있을까?

답

영화관에 사람들이 들어선다. 본 영화를 기다리는 관중들 앞에 한 광고 영화가 시작된다. 광고 속 자동차는 시동이 걸리고 음악을 틀면서 신나게 도로를 질주한다. 한적한 도로를 따라 달리는 자동차 전경에 사람들은 눈길을 떼지 못하고 있다. 이때 관객들 전체에게 문자 메세지가 전송된다. 당연히 사람들은 하나 둘 고개를 돌려 스마트폰으로 문자를 확인한다. 그 순간 '쾅'하는 굉음과 함께 차는 낭떠러지로 떨어진다. 산산 조각난 유리창 너머로 하나의 문구가 떠오른다. '운전 중 스마트폰 사용은 죽음의 첫째 원인입니다.' 폭스바겐의 이 광고 아이디어는 가장 효과적으로 운전 중 모바일기기 사용을 경고하고 있다.

1. 스마트시티의 대표적인 사례는?
    (1) 개인건강 측정 (2) 본인 차량의 전방경고 장치
    (3) 가정온도 조절 스마트 앱 (4) 학교안전지킴이 CCTV 어플
2. '아마존'이 IoT를 선점하게 한 것은 기존의 (   )(이)가 있었기 때문이다.
    (1) 인터넷망 (2)오프라인 배달 (3) 모바일주문 (4) 인터넷 A/S 신청
3. MEMS라는 것은?
    (1) 미세센서 (2) 거대조직망 (3) 컴퓨터 (4) 모바일 네트워크
4. IoT의 모든 센서의 공통요구 사항이 아닌 것은?
    (1) 내구성 (2) 보안성 (3) 저전력성 (4) 모바일 기능
5. IoT 중 냄새측정기는 어디에 사용될 수 있을까?
    (1) 건강 (2) 안전 (3) 환경 (4) 1,2,3 모두

키포인트

IoT의 분야는 4가지, 즉 스마트 홈, 스마트 헬스, 스마트 카, 위의 기능들이 복합된 스마트 시티다. 부작용보다는 오히려 사람의 개입이 줄어들게 되면서 좀 더 편한 사회가 될 것이다. IoT의 기본원칙은 표준어로서 지속적 소통 가능, 보안을 위한 자물쇠, 제공하는 정보보다 유익한 정보를 제공해야 한다. 스마트 홈은 집에서의 모든 정보들이 취합, 전달, 조정, 물건과 연동이 된다. 스마트 카는 차량 진단, 사고 감지, 사고방지, 교통 정보전송 등이 가능해진다. 무인주행차량이 스마트 카의 궁극점이다. 스마트 헬스는 개인 건강을 측정, 유지, 소통하는 방향으로 발전할 것이다. 스마트 시티는 이 모든 기능이 복합되고 CCTV기반의 사회안전망, 도로 안전망 등이 공공기관 서비스와 함께 발달해 나갈 것이다.

실천사항

1. 전철 내에서 스마트 사회를 구현할 수 있는 IoT를 상상해 보자.

2. 대학 내에서 스마트 사회 적용가능 IoT는?

3. 연애에 적용할 수 있는 IoT는 무엇이 있을까?

chapter 13

발상에서 실용화 실전

"창의력은 마약과 같다. 나는 그것 없이는 살 수 없다."

셰실 B. 데밀(1881-1959) 미국 영화감독

．
．
．

여러분이 아파트 관리소장이라고 가정해 보자. 주간에 발생하는 아파트 강도 사건을 예방하기 위해서 아이디어를 공모했다. 수많은 아이디어 중에서 '옆집과 비상벨을 연결해 놓자'라는 아이디어가 나왔다. 아파트 관리소장 입장에서 이 아이디어를 받아들여도 될까?

먼저 아이디어 심사기준을 만들어야 한다. 이 기준에 비추어볼 때 옆집과 비상벨을 만들겠다는 아이디어는 어떠한지 판단할 수 있어야 한다. 심사기준을 만들다보면 '옆집과의 비상벨'이라는 아이디어를 더 좋게 만드는 방법도 떠오른다. 수많은 아이디어를 내는 것도 좋다. 하지만 실제로 필요한 것은 정작 필요한 아이디어를 선정하고 강화, 실용화, 보호하는 방법이다. 구슬이 서 말이라도 꿰어야 보배다.

아이디어 선정 방법

아이디어 발상 근본 원리는 많은 아이디어에서 하나를 선정하고 이를 수정해서 현실에 맞추는 것이다. 선정이 가장 중요하다. 선정방법으로 아이디어를 변형시키기도 한다.

1. PMI(Plus, Minus, Interesting)

P(Plus, 좋은 점), M(Minus, 나쁜 점), I(Interesting, 흥미 있는 점) 약자다. 예를 보자. 강의 지정좌석제 아이디어가 있다. 이 아이디어의 좋은 점(P), 나쁜 점(M), 재미있는 점(I)을 적어보자. 선정여부를 금방 알 수 있다. 이 방법은 제시된 아이디어에 대한 감정 처리가 아닌 냉철한 판단으로 결정한다. 더불어 흥미로운 점을 발전시키면 더 좋은 아이디어로 변형시킬 수 있다. 지정좌석제의 흥미로운 점으로 서로 이야기를 많이 한다, 출석률이 변할 수 있다, 다른 대학에서는 좌석을 매주 바꾼다는 등이 나올 수 있다. 이

를 기반으로 지정좌석제를 한 단계 업그레이드 할 수 있다. 강의출석 체크를 위해 출입문에 학생증 인식장치를 달자고 하는 아이디어가 있다. PMI를 적용해 보자. P: 출석 점검에 시간소요 절약, M: 불신풍조 만연, I: 학생들 스스로 출결을 보고하는 방식이 될 수 있다. 학생들 스스로 앱을 실행하면 장점은 살리고 단점은 없앨 수 있다.

2. CAF(Consider All Factors)

이 방법은 아이디어 선정 시 미리 고려할 요인(factors)을 정해 놓은 것이다. 일종의 심사기준이다. 새로운 풍력 에너지 개발 아이디어가 있다. 이를 평가하기 전에 '신규 에너지' 아이디어는 어떤 사항이 고려되어야 하는가를 미리 적어 놓은 것이다. 예를 들면 생산단가, 환경영향, 거주민 반응, 원료수급 등이다. 이 기준으로 새로운 풍력아이디어가 어떤가를 쉽게 판단할 수 있다.

풍력발전기 아이디어 평가전에 대체에너지 고려사항은 무엇인지 알아야 선정이 쉽다.

아파트 강도사건 방지 아이디어의 CAF는 무엇일까? 개인의 사생활보호, 설치비용, 사용 용이성이라고 하자. '엘리베이터에 감시카메라 설치'라는 아이디어는 이 기준에 맞추어 볼 때 적합한가를 금방 알 수 있다. 예를 하나 더 보자. 지리산에 케이블카를 놓자는 아이디어를 평가할 CAF는 무엇일까? 자연 환경에의 영향(미관포함), 운전상의 안전, 관리비용, 주

지리산 케이블카 설치아이디어의 고려요인은? ©Leonardolo

위 지역경제 영향, 주위 교통영향이 이에 해당될 것이다.

3 C&S(Consequences, Sequel)

어떤 아이디어를 실행했을 때 결과(영향)를 미리 예측하는 방법이다. 전기엔진차를 만들자는 아이디어의 C&S는 무엇일까? C&S는 정책적인 아이디어 결정시 더 적합한 방법이다. 영향을 즉시, 단기, 중기, 장기로 구분하여 판단할 수 있다. 영향을 미리 아는 것은 결정에 중요하다.

실전훈련

미래 에너지를 모두 태양열로 한다면 C&S는?

답
단기 : 에너지 대체 효과 있음.
중기 : 기존 석유 에너지 관련 업종이 도태, 실업문제 발생.
장기 : 태양광 단지 건설에 따른 부지부족 문제 발생.

태양에너지 C&S를 생각해보자.

4. 6모자(Six Hat)기법

여섯 모자 색깔 기법은 조직적 발상법이다. 즉 어떤 문제에 대하여 여러 측면에서 강제로 생각해보게 하는 방법으로 객관성을 유지할 수 있다. 이 방식은 아이디어 발상뿐 아니라 선정, 변경에도 적용될 수 있다. 여섯 명이 돌아가면서 자신의 색깔에 해당하는 의견을 이야기한다. 푸른 모자를 쓴 사회자는 각 색깔에 해당하는 의견을 듣고 최종적으로 판단한다. 즉 선정하는 방법이다.

5. SWOT 분석

S(strong; 장점), W(weak; 단점), O(opportunity; 기회), T(threat; 위험요소)를 분석한다. 예를 들어 인천공항이 있는데 그 근처에 또 하나의 공항을 지으려고 한다. 진행할 것인가, 말 것인가는 SWOT분석을 하면 자연스레 답이 나온다.

 요약

아이디어를 선정하는 방법에는 PMI, CAF, C&S, 6모자, SWOT이 있다.

1) PMI(PLUS, MINUS, INTERESTING); 장점, 단점을 고려하여 결정하며 흥미로운 점을 감안

2) CAF(Consider All Factor); 결정을 내릴 때 미리 고려해야 점들을 결정하고 선정하는 방법

3) C&S(Consequence & Sequal); 그 아이디어를 실행하면 단기, 중기, 장기 문제점들이 무엇인지 미리 알아보고 결정

4) 6모자 방법; 자신 색깔에 해당하는 아이디어를 제시하여 최종적으로 모두의 의견을 듣고 판단할 수 있다(흰색-객관적, 중립적; 녹색-새로운 대안 제시; 황색-논리적 접근; 흑색-비판; 적색-감정적으로 판단; 청색-사회자로 문제를 제기)

5) SWOT(Strong, Weak, Opportunity, Threat) 장점, 단점, 기회, 위험 요소를 파악하고 종합적 결정

1. 6모자에서 청색이 의미하는 것은 긍정적인 부분이다.
2. 아이디어를 고르는 방법을 사용하는 과정에서 더 좋은 아이디어가 나올
수 있다.
3. PMI 방법에서 Interesting이 포함된 이유는 어떤 아이디어를 다시 다른 것
으로 변환시키고 확장하는데 쓰일 수 있기 때문이다.

1. X; 청색은 사회자로서 문제제기
2. O; 선발하면서 동시에 개량이 가능하다
3. O; 선정과 동시에 다른 것으로의 개선이 가능하다

아이디어 강화 기술

아이디어를 좀 더 실용적이게 만들 수 없을까? 방법은 아이디어의 변형이다. 좋은 아이디어는 한 번에 나오지 않는다. 많은 아이디어 중에서 하나를 선정한 후에는 이를 변형해서 실용적이고 튼튼하게 강화해야 한다. 다음 방법으로 아이디어를 강화할 수 있다.

1. 목표의 정확한 묘사

어떤 문제나 아이디어를 도출하려 할 때 대상, 목표가 정확하게 묘사되어야 한다. 예를 보자. '잠을 쉽게 자는' 아이디어를 낸다고 하자. '쉽게'라는 목표가 너무 모호하다. 금방 잔다는 것인지 편하게 잔다는 건지 아니면 침대같이 편안한 장소에서 잔다는 의미인지 부정확하다. 정확하게 좁혀 보자. '곤하게 자는'이라면 아이디어가 확실해질 것이다.

다른 예로 '쓰레기통을 개량하자'라고 목표를 정했다고 하자. 개량하자는 것이 잘 버리게 하는 것인지 집어넣는 것을 편하게 하는 것이지, 편하게 쓰레기를 빼자는 것인지 분명히 하자. 목표가 분명할수록 이를 해결할 아이디어는 점차 확실해진다.

'음료수 용기 개량 아이디어'는 너무 광범위하다. 구체적으로 '음료수 용기를 경제적으로 만들자'라고 가정하자. 경제적이란 말도 모호하다면 '비용을 적게 들이기'로 하자. 더 구체적으로 한다면 '반납이 가능한 형태'로 하자. 훨씬 범위가 좁아져서 해결 아이디어가 나오기 쉽다. '음료수 용기를 자동 오픈 되게 하기', '좁은 공간에 많이 쌓기' 등 구체적으로 목표를 정할수록 좋은 아이디어가 나온다.

음료수 용기 개량을 '저장이 용이한 형태'로 바꾸는 것도 구체적이다. 좀 더 세부적으로 하자면 '냉장이 불필요한 형태'로 정할 수 있다. 더 좁힌다면 '재사용을 할 수 있게 하는 형태'로 할 수 있다. '멋진 모양으로 만들자'는 아이디어를 좁혀보면 '수집 가능한 형태'로 좁힐 수 있다. 단순히 '멋진 모양을 만들자'보다는 광고예술 작품 형태의 깡통을 만들자고 좁히면 깡통에 인쇄하는 아이디어가 나올 수 있다.

2. 많은데서 고르기

많은 아이디어 중에서 고르는 방법이 최고의 전략이다. 좋은 아이디어의 조건은 무엇인가?

뭔가 특별한 것(S; Special), 뭔가 유일한 것(U; Unique), 뭔가 새로운 것(N; New), 약자로 'SUN'이다. 아이디어를 변형하는 것보다는 처음에 SUN에 해당하는 아이디어로 시작하는 것이 유리하다.

3. 긍정적으로 전환하기

부정적인 면을 긍정적인 면으로 바꾸기다. 아이디어를 현실화시키려면 부정적인 면이 자꾸 보인다. 그렇다고 해서 버리지 말자. 대신 긍정적으로 바꾸자. '집 근처에 그늘이 생기는 나무 심기' 아이디어가 있다. 이 아이디어를 검토하다 보니 몇 가지 부정적인 측면을 발견한다. 예를 들면 가을에 낙엽이 지붕에 떨어질 것이다, 계속적으로 손질이 필요할 것이다, 집 전망을 가로막거나, 집 내부를 어둡게 할 것이다 등의 부정적 측면이 예상된다. 긍정적으로 변환시켜 보자.

집근처 나무심기 아이디어의 부정적인 면을 긍정적으로 바꾸어보자.

첫째, '낙엽이 지붕에 떨어질 것이다'는 계절별로 다른 환경 조성이 가능하다고 생각하자. 대안으로는 낙엽이 떨어지지 않는 상록수로 심으면 문제가 없다. 둘째 '계속적인 손질이 필요할 것이다'는 운동 삼아 손질하면 건강에 좋다고 생각하자. 대안으로 성장이 더딘 나무를 심는다면 손질을 덜 할 수도 있다. 셋째, '집의 전망을 가로막을 것이다'는 사생활 보호해 줄 수 있다고 좋게 생각할 수 있다. 대안으로 나무를 길모퉁이에 심으면 간단히 해결 가능하다. 넷째 '집의 내부를 어둡게 할 것이다'는 여름에 시원한 그늘을 제공해 줄 수 있다로 생각하자. 대안은 잎이 적은 나무를 심거나, 집과 떨어진 곳에 심으면 해결할 수 있다. 간단한 예이지만 모든 경우에 부정적, 긍정적 면을 반드시 있다. 긍정적인 면을 일부러 보면 부정적인 면을 해결할 수 있는 새로운 실마리를 얻는다.

4. 현실적으로 검토하기

　아이디어를 사용하는 입장에서 닥치는 문제가 무엇인지 여러 가지 입장에서 생각해 보자. '고무달린 연필을 만들자'라는 아이디어가 있다. 쓰는 어린 아이, 만드는 엔지니어, 판매 문구점, 부모, 학교 선생은 관심사가 무엇인지 고려해 보자. 같은 물건이라도 여러 입장에서 보게 되면 현실적인 문제를 발견, 개선할 수 있다.

지우개 달린 연필 아이디어 선정은 관계된 여러 사람 입장에서 생각해야 한다.

5. 확대 또는 축소하기

　검토, 선정, 변형시킨 최종 아이디어를 채택할 것인지 결정해야 한다. 이를 판단하는 한 가지 방법은 결과를 확대, 축소해 본다. 즉 최선, 최악의 결과가 무엇인지 비교하면 아이디어 채택 여부가 자동 결정된다.

발명에 얽힌 이야기 ; 자판기

자판기는 어떻게 아이디어가 나왔을까? 최초 특허를 획득한 이는 1857년 영국 시메온 덴함이다. 어느 날 거리를 걷고 있던 덴함은 우연히 어떤 놀이기구 앞에 사람들이 모여 있는 것을 발견하곤 걸음을 멈췄다. 동전을 넣으면 일정 시간 동안 움직이는 말로 당시 영국에서는 지금의 전자오락기 만큼이나 인기를 끌고 있었다. 어떤 원리로 동전으로 말이 움직일까 궁금했던 덴함은 놀이기구 제작회사를 직접 찾아가 담당자를 만나서 원리를 들었다. 놀이기구의 원리는 너무나 간단했다. 동전의 무게로 작동이 가능하도록 만들어졌다. 덴함은 며칠 전 우체국에서 겪은 일을 떠올렸다. 그날 꼭 부쳐야 하는 중요한 편지가 있어서 우체국으로 헐레벌떡 달려갔지만 업무 시간이 종료돼 우표를 사지 못한 채 그냥 돌아와야 했다. 그날 이후 덴함은 동전 작동놀이기구처럼 우체국에 가지 않아도 언제든지 우표를 구입할 수 있는 자동판매기 개발에 매달렸다. 1페니로 기계가 돌아가서 우표를 밀어내는 자동판매기를 발명해 특허로 출원, 등록을 하게 되었다. 그러나 덴함의 자동판매기가 실용화된 것으로 그로부터 한참이 지난 후였다. 사용하는 동전의 진위 여부를 가릴 수 있는 감지기가 아직 발명되지 않았기 때문이다. 당시만 해도 자판기는 그저 신기한 물건이었을 뿐, 사회 구조상 꼭 필요한 발명품은 아니었기 때문이었다. 지금 같은 본격적인 자판기는 1908년 미국 뉴욕 지하철 플랫폼에 설치된 껌 자판기였다. 이후 1935년 최초 표준 동전 투입식 코카콜라 자판기가 등장하면서 코카콜라는 미국 자판기의 대명사가 되었다. 1940년대 이후부터 미국에서는 유통의 중요한 장비로 자판기가 설치되기 시작했다. 지금은 자판기가 도처에 있다. 발명은 간단한데서 시작해서 변형, 개선되어 널리 퍼지는 특성이 있음을 보여준 사례다.

🔑 키포인트

아이디어를 튼튼하게 만드는 기술
1) 타겟 정확히 묘사하기 2) 많은 데서 선발하기 3) 긍정적 전환하기 4) 현실적 검토하기 5) 확대 또는 축소하기

창의력이 가장 필요한 작업은 저작이다. 저작권은 당연히 보호되어야 하지만 멍청하면 스스로 놓쳐버리는 경우도 있다. '슈퍼맨'은 인기절정의 작품이다. 하지만 정작 원작자 이름은 책에서 빠져있다. 어찌된 일일까?

1931년 미국 그린빌 고교의 조와 제리는 볼품없는 외모로 여학생들에게 인기가 없는 학생들이었다. 이들이 그리는 만화 속에서만 멋진 여학생들과 가깝게 지낼 수 있었다. '조'가 멋진 여자의 그림을 그리며 제리는 그 옆에서 그럴싸한 대사를 써넣었다. 공상 과학 만화가로 두 사람은 이곳저곳을 찾아가보지만 아무도 거들떠보지 않았다. 고전하던 중에 갑자기 슈퍼영웅 여자 모습인 '슈퍼우먼'이 떠오르고 초인적인 힘으로 악당을 무찌르는 캐릭터가 떠올랐다. 조와 제리는 이 아이디어를 변형, 남자 주인공을 새로 만들어 만화를 그렸다. 제법 인기가 있었다. 돈이 급했던 이들은 만화 출판사 '액션 코믹스'에 130만 달러를 주고 영원히 넘기는 계약 조항과 함께 팔아버렸다. 액션 코믹스는 슈퍼맨이라는 이름을 붙이고 300개 이상 신문 만화에 게재를 하면서 엄청난 수익을 얻게 되었다. 반면 조와 제리는 여전히 월급쟁이 만화가였다. 화가 난 두 사람은 소송을 걸었지만 번번이 지게 된다. 결국 두 사람은 긴 소송에 지쳐 죽게 된다. 사후에 난 판결에서는 수익의 50%를 유족에게 돌려주도록 판결을 내렸다. 저작권을 쉽게 생각하면 안 된다는 교훈을 준 사건이었다.

1. 타깃을 정확히 묘사하면 사고 범위가 줄어들어 안 좋다.
2. 아이디어에서 부정적인 면이 보이면 일찍 포기하는 것이 현명하다.
3. 자판기 아이디어는 생각하자마자 바로 전 세계로 퍼졌다.

답
(1) X; 정확히 묘사할수록 더 확실하고 현실적이 해결방안이 나온다.
(2) X; 부정적인 면을 긍정적으로 전환해야 한다.
(3) X; 아이디어가 상용화되려면 당시 여건(기술, 사회, 문화)이 맞아야 한다.

③

아이디어 실용화 및 보호

뒤로 굴러가는 자전거, 아이디어가 참 좋아 보인다. 어떻게 현실화, 상용화 할 수 있을까? 어떤 과정을 거쳐야 성공할 수 있을까? 특허를 내야할까?

내가 치킨집을 운영하고 있다. 통닭을 튀기는데 기름에 고춧가루와 송이버섯 가루를 첨가하고 기름 온도를 기존보다 높은 200도로 10초 튀기면 최고급 통닭이 되는 것을 발견하였다. 이 경우, 특허를 내야 할까? 특허가 될까?

두 가지 경우는 아이디어를 현실화 해야하는 같은 문제다. 하지만 해법은 다를 수 있다. 뒤로 가는 자전거는 특허가 가능하다. 하지만 따져봐야할 것들이 많다. 기존에 특허, 문헌이 있는지, 이 아이디어가 새로운가에 따라 특허 여부를 미리 알 수 있다. 통닭 튀김 법은 특허보다는 노하우로 간직하여 비법을 자식에게 알려주어 장사가 잘되게 하는 것이 현명하다.

특허 없는 발명은 앙꼬 없는 찐빵이다. 사업을 할 수가 없다. 창의성, 아이디어는 특허로 보호받는다. 특허는 변리사의 일이라고 내버려두어서는 안 된다. 아이디어를 내는 순간부터 특허를 염두에 두어야 한다. 아이디어 상용화 방안과 특허를 살펴보자.

1. 실용화 실천사항

뒤로 가는 자전거와 빨리 튀겨지는 통닭은 좋은 아이디어다. 실용화하려면 어떤 단계를 가야하는가 살펴보자. 뒤로 가는 자전거가 기술적으로 실현 가능한지 검증해야 한다. 가능하다면 상업성을 검토해야 한다. 단순히 취미활동이 아니라면 상품으로 만들어서 팔려야 한다. 영업목적이 아니라면 굳이 특허를 출원할 필요는 없다. 특허로 공개하게 되면 보호받을 수 있지만 남들이 따라 할 수 있다. 물론 특허 침해로 고소할 수 있지만 통닭 튀김처럼 모든 통닭을 다 검사하기는 현실적으로 불가능하다. 특허를 공개해서 낼 것인지 아니면 나만 알고 있는 노하우로 가지고 있을지를 결정해야 한다. 특허를 낼 경우 회사소속이라면 대개 변리사가 출원 업무를 대행한다. 개인이라면 특허 사무소 도움을 받던지 개인 전자특허로 출원할 수 있다.

에디슨과 테슬라는 동시대 인물로 둘 다 많은 발명을 했다. 에디슨은 노력파로 '천재는 99%의 땀과 1%의 영감으로 이루어진다'라는 유명한 말을 남겼다. 이에 반해 테슬라는 영감으로 뛰어난 발명을 한 타입이다. 에디슨은 미리 특허의 중요성을 인지하여 1,093개의 특허를 가지고 있었고 산업화에 노력

에디슨과 테슬라는 특허, 실용화에 대한 생각이 달랐다. ©Napoleon Sarony

을 하였다. 테슬라도 많은 발명을 하였지만 특허의 중요성을 인지하지는 못했다. 테슬라는 명성을 많이 얻지 못하고, 에디슨은 사업으로도 성공하여 발명왕이라는 명성을 얻게 되었다. 아이디어 실행화는 뜬구름 같은 아이디어를 확실히 손에 잡히는 것으로 만드는 과정이다. 구슬을 꿰어 보배로 만드는 일이다. 구체적인 실천사항을 보자.

1) 한 번에 되기를 바라지 말라

아이디어가 한 번에 실행화 될 것을 기대하는 것은 욕심이다. 한 번에 되면 좋지만 실패나 거절을 당하더라도 끈기를 가지고 장기적으로 도전해야 한다. 전화기를 발명한 벨은 전화기를 가지고 회사로 가져갔다. 하지만 회사에서는 이러한 것이 왜 쓸모가 있는지 모르겠다며 거절했다. 하지만 끊임없이 도전하였고, 결국 본인이 직접 회사 (벨 컴퍼니)를 만들어서 계속 추진했다. 오늘날 전화기는 그렇게 빛을 보게 되었다.

전화기 발명한 벨도 처음에는 아이디어를 거절당했다.

2) 타인의 저항을 극복하라

내 아이디어에 대해 다른 사람이 '좋은 아이디어다'라고 말해주기를 기대 말라. 대부분 사람들은 새 아이디어가 성공하기 어렵다고 생각한다. 남의 아이디어도 잘 받아들이지 못한다. 이런 타인 비난 극복 방법은 심리를 거꾸로 이용하는 것이다. 즉, 권위 있는 전문가 이야기를 증거로 제시하면 저항을 줄일 수 있다.

예를 보자. '거꾸로 가는 자전거'에 타인 저항을 극복하려고 전문가를 활용한다면 누구에게, 어떤 의견을 받으면 좋을까? 운동전문가는 '뒤로 발을 구르면 다리 근육이 두 배 좋아진다', 자전거 전문가는 '뒤로 굴러서 앞으로 가는 자전거는 오히려 안전해 진다'라고 조언을 해준다면 타인의 저항을 극복할 수 있다.

3) 자기 저항을 극복하라

결과에 대한 불확실성, 실패에 대한 두려움, 결과 부족함에 실망에 좌절 말고 극복해야 한다. 어떻게 극복하는가는 개인 성향에 달렸다. 개인성향을 잘 판단하여 자신에게 맞는 방법을 하나씩 무기로 갖고 있어야 한다.

4) 현실에 맞도록 아이디어를 수정하라

현실에 맞도록 기술적으로 변형, 가공하라. 비용, 성능을 맞추어라. 열쇠 없이 문을 열 수 있는 아이디어가 있다 하자. 번호 입력방식은 현재 기술상 가능하며, 비용, 성능이 괜찮다. 집주인 자동인식 방식은 현재 기술로는 완전치 않다. 스마트폰으로 연동시킨다는 아이디어는 어떻게 가공할까? 자물쇠가 무선 네트워크에 연결되어야 하고 스마트폰 앱이 설치되어야 한다. 현실적으로 스마트폰이 없을 때도 열어야 하므로 다른 비상수단이 고려되어야 한다. 이처럼 실제, 지금 기술, 환경에 맞도록 가공해야 한다.

운전 중 졸음방지 장치를 만들려고 할 때 다음 중 현재 기술, 여건으로 실현 가능한 아이디어는 무엇일까?

1. 뇌파를 읽어 경고음을 울림
2. 눈동자의 움직임을 카메라로 읽어 경고음을 울림
3. 다른 사람들과 계속 통화를 하게 함
4. 운전 중 돌발퀴즈가 나와 정답을 맞추게 함

답

기술, 비용, 성능을 고려할 때 현재 실현 가능한 아이디어는 2) 눈동자의 움직임을 카메라로 읽어 경고음을 울리는 것이다. 각각의 아이디어를 실용화 측면에서 판단해 보자.

1번; 현재 기술력으로 불가능하지 않을까? 비용적인 측면은 어떨까?

2번; 현재 기술력으로 가능하지 않을까? 운전에 방해도 되지 않을 것 같고 눈동자를 인식하는 기술도 많이 발전되어 있는데 가능하지 않을까?

3번; 현실적으로 불가능하지 않을까? 운전 중 전화는 법으로 걸리지 않을까?

4번; 운전하는 데 집중력이 떨어지지 않을까? 기술적으로 가능할까?

5) 끝까지 밀어 붙여라

타인과 자신의 저항을 극복하고, 현실에 맞게 수정하여 결과를 만들어야 한다. 씨앗갈고리를 모방한 벨크로 발명도 이런 과정을 십년 이상 겪었다. 즉 낚시 형태와 고리 형태를 만들면 쉽게 될 줄 알았지만 단계마다 어려움을 극복해야 했다. 헝겊으로 만든 벨크로는 금방 세기가 약해졌다. 때마침 발명된 플라스틱 (나일론)을 적용했다. 낚시형태로 만드는 기술도 시행착오를 거쳤다. 막상 벨크로가 완성이 되자 당시 사용하던 지퍼에 크게 나은 점이 없어 보였다. 하지만 성능이 개선되면서 벨크로는 모든 의복에 패션으로 장착되기 시작했고 급기야는 NASA 우주선 내에서 우주인을 벽에 고정하는 데에도 쓰기 시작했다. 씨앗을 보자마자 최종 제품이 성공적으로 팔린 것이 아니고 꾸준히 변형, 개선되었다는 점을 기억하자.

2. 발명인 요건

발명인은 어떤 사람이어야 하는가? 과학자이어야만 하는가? 아니다. 제조업, 비제조업 모든 직종에 아이디어는, 아이디어는, 발명인은 필요하다. 새로운 음식점을 열 수도 있고, 신규 방송 프로그램을 만들 수 있고, 디자인, 기획, 엔터테인먼트, 광고 등에 아이디어를 적용할 수 있다. 현대는 발명의 시대로 누구나가 발명할 수 있다. 몇 사람의 발명가를 만나 보자.

노벨은 처음부터 다이너마이트를 만들려고 한 것은 아니다. 그는 화공약품 상인이었다. 그가 취급하는 품목 중 니트로글리세린이라는 액체 폭발물질이 있었다. 흘리기도 쉽고 충격이 가해지거나 불꽃이 붙으면 폭발했다. 그의 동생도 액체 니트로글리세린으로 사망했다. 어느 날 흘러내린 니트로글리세린이 모래에 스며든 것을 보고 무릎을 쳤다. 액체를 규조토에 흡수시켜서 만든 것이 지금의 다이너마이트다. 노벨의 평소 폭약에 대한 관심, 그리고 우연한 관찰을 흘려버리지 않은 것이 안전한 폭약을 만들었다.

철조망을 발명한 사람은 목동이다. 나무와 철사 줄로만 이루어져 있던 울타리는 양들이 쉽게 통과했다. 하지만 양이 장미덩굴 근처에는 가지 않는 것을 유심히 관찰하여 철사에 가시를 집어넣은 철조망을 만들었다.

십자드라이버는 필립스가 만들었다. 미국 굴지 기업인 필립스사의 회장이다. 일자 드라이버로 일자 나사를 돌리는데 자꾸만 어긋나고 문드러져서, 십자로 만들면 어떨까 했던 것이 지금의 대기업 필립스가 있게 했다.

일본의 한 주부는 사각팬티가 자꾸만 옆에 걸리는 것이 늘 마음에 걸렸다. 가위로 코너를 잘랐다. 삼각형 팬티가 되었다. 훈도시를 입었던 당시 일본인들에게는 인기가 좋았다. 스코틀랜드 한 여대생이 긴 스커트가 불편해서 가위로 짧게 잘라버렸다. 미니스커트가 전 세계적으로 팔렸다.

이처럼 발명은 우리 주변에서 쉽게 일어난다. 관찰, 불편함, 영감, 상상력이 아이디어 발명의 시작이다. 대부분 발명은 취미로 시작된다. 부족하고, 불편한 것에서 발명이 시작된다. 관찰을 수첩에 적거나, 녹음을 하거나, 때로는 촬영해야 한다. 발명인은 보통사람이다.

3. 지적재산권의 활용

1) 지적재산권의 필요성

지적재산권은 특허, 실용신안, 의장등록, 상표등록, 저작권 등 지적으로 창조해낸 물건, 상품, 작품 등에 대한 권리다. 왜 이것들이 필요할까? (1) 발명가·저작자 권리를 보호하기 위해서다. (2) 타사 모방방지다. (3) 자사 독점 실시권이다. 다른 회사(사람)는 못하고 본인(회사)만 하도록 해서 발명가가 이윤을 만들 수 있게 한다. (4) 다른 사람에게 양도해서 특허권 사용료(로얄티)를 받게 한다. (5) 특허 자체를 담보물(재산)로 쓸 수 있다. (6) 기술자·연구자에게 동기를 부여한다. (7) 마케팅 수단이 된다.

2) 지적재산권의 종류

특허는 자연법칙을 이용한 기술적인 작품, 창작에서 새로운 것, 진보된 것을 만든다. 특허가 되려면 (1) 자연법칙을 이용한 기술적, 고도적 창작 (2) 산업적 이용가능성이 있어야 한다. 단 보험, 금융, 의료 분야는 제외

(3) 신규성이 있어야 한다. (4) 기존 기술보다 진보해야 한다.

필요한 서류는 출원서, 명세서, 도면, 요약 등이 있다. 심사과정은 출원 1년 반 후에는 의무적으로 공개해야 한다. 타인의 헛고생을 방지하기 위함이며, 누구나 이의제기가 가능하다. 출원 후 5년 이내 심사를 청구해야 한다. 심사결과 등록 혹은 거절된다.

특허 기간은 20년이다. 특허전용실시권은 타인 특허를 빌려 독점 사용 권리를 얻는 것이다. 통상실시권은 여러 사람에게 실시권을 부여한다. 특허를 침해하면 손해금액을 추징하고, 처벌할 수 있다. 특허종류는 새로운 제조기술의 '제조특허', 신물질의 '물질특허', 새로운 용도를 개발한 '용도특허'가 있다.

특허대상은 새로운 공정, 기계, 제조 방법, 조합 성분이다. 새로운 발명, 진보된 발명이어야 한다. 제어대상으로는 추상적인 아이디어, 자연 법칙, 천연물 자체, 경제법칙, 게임규칙, 영업계획, 의료행위 자체, 미풍양속 위배 등이 제외 대상이다.

실용신안은 '약한 특허'다. 기존의 물건을 간단히 개선하여 다른 용도로 만든 경우다. 비용자체는 적게 들며, 효과 확인이 쉽다. TV에서 나오는 아이디어 성공사례의 90%는 실용신안이다. 종래 기술보다 약간 다른 기술, 간단한 고안도 실용신안이다. 십자드라이버, 자성을 띄운 드라이버, 주전자 뚜껑에 구멍을 내어 뚜껑이 덜컹거리는 것을 막는 것 등 간단한 고안이 실용신안 대상이다. 실용신안은 특허처럼 커다란 기술이 아닌 '작은 기술'이다.

의장등록은 '디자인'이다. 옷감의 무늬 등이다. 허리띠를 만들었는데 새로운 디자인에 허리띠 자체가 특별한 기능이 있다면 실용신안과 의장 등록 모두 신청할 수 있다. 상표권은 코카콜라, 삼성 등 기업이 사용하는 대표 상표 혹은 상품 상표를 등록한다. 저작권은 문학, 미술 작품 등을 보호한다.

4. 특허 실전

'무체인 자전거'는 특허를 받을 수 있을까? 아이디어가 떠오르고 이를 실현, 상업화하고 싶다면 먼저 특허가 될 수 있는지를 알아야 한다. 열

심히 만들었는데 특허가 못 된다면 헛고생이 되기 십상이다. 특허 기업소속이라면 이는 필수다. 특허 여부를 변리사가 할 수 있지만 아이디어 단계부터 의뢰하기는 힘들다. 아이디어를 낸 사람이 할 수 있다.

무체인 아이디어가 특허가 될 수 있으려면 발명요건(신규성, 진보성)을 갖추어야 한다.

특허가 되려면 산업현장에 필요한 발명이어야 한다. 그리고 문헌조사(특허, 잡지 등)를 통해 신규성, 진보성을 확인해야 한다. 다른 곳에서 이미 발표되었으면 신규성이 없다. 다른 특허침해 여부도 알 수 있다. 여기까지 문제없다면 실제로 실험을 해서 기술 가능성을 보여야 한다. 다음 몇 가지 예로 특허가능 여부를 미리 알아보자. 상황마다 다를 수 있으므로 변리사와 상담하는 것이 필요하다.

문1) 인삼의 어떤 성분(X)이 간암치료제로 등록되었는데 내가 이것이 폐암에 효과가 있음을 발견했다. 그렇다면 이것이 특허가 가능할까?

답1) 물질 (X)특허는 이미 되어 있어서 안 되지만 '용도특허'는 가능하다. 다만 X가 쉽게 폐암치료제가 되는 것을 예측할 수 없을 정도의 '진보

성'이 필요하다. 이와 같은 용도발명이 진보성을 가져 특허가 되려면 ① 새로운 용도일 경우(X의 폐암제는 새로운 경우이므로 가능) ② 유사물질에서 그 용도가 알려져 있지 않은 경우(X의 유사물질이 이미 폐암 특효라면 이는 너무 쉽게 발견할 수 있으니까 그렇지 않아야 한다. ③ 유사물질이 알려져 있어도 지금 것이 현저하게 좋은 결과일 경우는 가능하다. ④ 이 경우, 용도특허는 낼 수 있어도 X를 맘대로 폐암치료제로 상용화하지는 못한다.

문2) 인삼성분X가 항암제로 작용한다는 특허가 있다. 어떤 사람이 X가 암세포 Y유전자를 억제하여 항암제가 되는 것을 발견했다면 이는 특허가 될 수 있을까?

답2) X가 항암제라는 용도에 대해 특허를 준 것이기 때문에 학문적 호기심 이외에 산업적 용도는 더 이상 없으므로 특허가 될 수 없다.

문3) 벽돌을 정확하게 자르는 공구 X가 있다. 이를 소형화하여 뼈를 자르는 의료용으로 변경을 하였다면 특허가 가능할까?

답3) 구성 성분이 안 변하고 단지 소형화했기 때문에 특허가 안 된다. 만약 공구 X에 어떤 장치Y를 해서 현저하게 뛰어난 성능개선이 있었다면 진보성이 있으므로 특허가능하다.

문4) 세포 내의 어떤 물질A가 B와 상호작용하여 암을 발생시킨다는 것을 발견했다. 이것이 특허가 될 수 있을까?

답4) 새로운 기술이 발견되었고(신규성, 진보성) 추후 항암제로 산업적 이용가능성이 있으므로 특허가능하다.

아파트 주간 강도 예방책으로 '강아지를 기르자'라고 아이디어가 나왔다. 6
모자 기법으로 선정여부를 결정하라.

답

1. 흰색(정보); 현재 아파트에서 강아지를 기르는 비율은 5집 중 1집이다. 강아지는 짖지
   만 물 수 있는 정도는 아니다. 강아지는 외부인에게는 모두 짖는다. 문을 닫으면 작게
   들린다.

2. 흑색(부정); 강아지는 아무나 보고 짖는다. 강도가 아니어도 짖는다. 자주 짖는 개를 보
   고 모두 강도라고 이야기하는 경우가 많아서 비효율적이다.

3. 적색(감정); 개 짖는 것은 예전부터 도둑을 지키는 방법이다. 될 것 같다.

4. 황색(긍정); 강아지가 있다는 사실만으로 강도가 오지 않는 경우가 많다. 또 외부인에
   대해 짖는 소리가 다르기 때문에 구분이 간다.

5. 녹색(대안); 강아지가 소리를 낸다는 점에 착안하여 소리를 낼 수 있는 비상벨을 설치
   하여 외부에 들리게 한다.

6. 청색(사회); 강아지는 실효면에서 많이 부족하다고 판단된다. 대안으로 제시된 외부에
   울리는 비상벨을 다음 회의에 검토해 보기로 하자.

1. 아이디어 선정 시 좋은 점, 나쁜 점, 흥미로운 점을 고려하는 방법은 무엇
   인가?
   (1) CAF (2) PMI (3) SWOT (4) C&S

2. 아이디어 평가방법으로 한 사람이 한 가지 측면에서만 보는 방식은?
   (1) 6모자 (2) SWOT (3) CAF (4) PMI

3. 다음 중 특허가 될 수 없는 것은?
   (1) 자전거 파는 영업방법 (2) 자전거 디자인
   (3) 자전거 이름 (4) 자전거의 새로운 체인

4. 특허가 되려면 기존 특허보다 훨씬 뛰어나야 한다. 이는 특허요건의 (   )
   에 해당된다.
   (1) 신규성 (2) 진보성 (3) 비밀성 (4) 상업성

5. 지적 재산권이 아니 것은?
   (1) 특허 (2) 실용신안 (3) 의장등록 (4) 노하우

답

1. PMI

2. 6모자 방법 : 자기 모자 색깔에 맞게 그 역할에 치중하면서 한 가지 생각에 대해 여러
   가지 의견들이 나올 수 있다. 이를 통해 불필요한 충돌을 막을 수도 있다.

3. 1(영업방법은 특허가 되지 않음)

4. 2(기존특허보다 효과가 뛰어난 방법, 즉 진보성이 있어야 한다)

5. 4(노하우는 공개하지 않는 기술을 의미한다)

요약

발상에서 실용화까지는 좌뇌가 많이 작용하는 부분으로 아이디어가 나오는 우측 뇌에 비해 노력과 정교함이 요구된다. 발상으로 나온 많은 아이디어 중에서 최고를 선발하고 튼튼하게 만들고 특허로 기술, 아이디어를 보호하는 것이 중요하다. 특허는 아이디어 현실화의 처음이자 마지막 부분이다. 특허 요건, 장단점을 파악해서 상용화에 대비해야 한다.

상용화를 하려면 1) 한 번에 되기를 바라지 말고 2) 타인의 저항을 극복하고 3) 자기 저항을 극복하고 4) 현실에 맞도록 아이디어를 수정해야 하고 5) 끝까지 밀어붙여야 한다.

발명인은 특별한 사람이 아닌 일반인이다. 주위를 관찰하고 메모하다보면 아이디어가 떠오른다. 가시철망을 발명한 목동, 다이너마이트의 노벨, 십자드라이버의 필립스, 삼각팬티를 만든 일본 주부도 모두 일반인이다. 평상시 습관이 발명가를 만든다.

지적재산권은 특허, 실용신안, 상표, 저작권 등이 있다. 특허는 발명기술을 보호한다. 신규성, 진보성이 있어야 하며 제조특허, 물질특허, 용도특허로 구분된다. 아이디어가 있으면, 특히 산업현장에서는 특허여부를 먼저 살펴보는 것이 중요하다. 변리사의 도움을 받는 것이 필요하지만 기본적인 특허상식이 있으면 발명의 방향을 미리 정확하게 알 수 있다.

실천사항

1. 전철 안에 적용할 수 있는 아이디어에 대해 PMI를 적용해 보자.

2. 친구들과 점심 메뉴를 정하는 방법 중 최고의 방법은?

3. 집안 물건 중에서 특허가 되어 있을 법한 물건을 골라보자.

참고문헌

1장

김광규, 2004, '창조형 인간'의 아이디어 발전소, 영진닷컴

김광규, 2004, 창조형 인간의 엉뚱한 발상, 영진닷컴

김종길, 1997, 아이디어맨은 퇴직이 없다, 을유문화사

김해원, 2009, 영혼을 훔치는 강의의 기술, 아름다운사람들

로저 본호, 2002, 생각의 혁명, 에코리브로

엘지경제연구원, 2005, 2010 대한민국 트렌드, 한국경제신문

이미옥, 2013, 일상을 바꾼 발명품의 매혹적인 이야기, 에코리브르

자크 칼멘, 1999, 이 세상에 아직 존재하지 않는 것들에 대한 상상, 현실과미래

장재윤, 2007, (내 모자 밑에 숨어있는) 창의성의 심리학, 가산출판사

페렝거 안드레아, 2003, 도둑맞은 아이디어 해리포터에서 MP3까지, 시공사

2장

나카타니 아키히로, 2007, 60초에 승부를 가린다, 창작시대

니시무라 아키라, 2004, (아이디어가 풍부해지는) 발상기술, 영진닷컴

루이스 데이비드, 1994, 창조형 인간의 두뇌전략, 태학당

미칼코 마이클, 2001, 아무도 생각하지 못하는 것 생각하기, 푸른솔

소프 스코트, 2004, (최고가 되려면) 생각의 틀을깨라, 씨앗을뿌리는사람

치오 마사루, 2004, 창조형 인간, 오늘

3장

기무라나 오요시 , 2005, 약은 생각, 스카이

드보노 에드워드, 2011, (톡톡튀는 아이디어가 샘솟는) 드보노의 수평적 사고, 한언

미칼코 마이클, 2011, 100억짜리 생각, 위즈덤하우스

이재만, 2003, 아이디어 표현기법, 일진사

이케다 요시타카, 2001, 발상전환의 힌트, 청아

퍼킨스 데이비드, 2001, 달팽이는 어떻게 고정관념의 틀을 깼을까? 홍익

4장

강동화, 2011, 나쁜 뇌를 써라, 위즈덤하우스,
다마지오 안토니오, 2007, 스피노자의 뇌, 사이언스북스
사라 제인 블랙모어, 우타 프리스, 2009, 뇌, 1.4 킬로그램의 배움터, 북하우스 퍼블리셔스
슬레이터 로렌, 2005, 스키너의 심리상자 열기, 에코의서재
신동원, 2013, 멍 때려라!, 센추리원
이케가야 유지, 2005, (교양으로 읽는)뇌과학, 은행나무
최석민, 2006, 구멍뚫린 두개골의 비밀, 웅진 씽크빅
카터 리타, 2007, 뇌 맵핑마인드, 말글빛냄
홍성욱, 201, 뇌과학 경계를넘다, 바다출판사

5장

김광희, 2015, 일본의 창의력만 훔쳐라, 넥서스BIZ
김영식, 2013, 유레카의 순간, 지식노마드
나가타 도요시, 2011, (55가지 프레임워크로 배우는) 아이디어 창조기술, 스펙트럼북스
보노 에드워드, 2004, (드보노의) 창의력 사전, 21세기북스,
송정연, 2006, 두뇌폭풍 만들기, 다시
이태훈, 2002, 당신의 능력을 보여 주세요, 가리온

6장

주상윤, 2007, 창의적 발상의 원리와 기법, 울산대학교출판부
호로위츠 로니, 2003, 누구나 창의적인 사람이 될 수 있다, FKI미디어
홍성모, 1998, 깜짝 힌트 왕발명, 세창출판사

7장

아키니와 도하쿠, 2004, (인생을 황금으로 만드는) 유머형 인간, 위즈비즈
남경태, 2013, 이야기의 기원, 휴머니스트
노사카 레이코, 2003, 웃음은 최고의 전략이다, 북스넛
민영욱, 2002, 성공하려면 유머와 위트로 무장하라, 가림
브레드니히 롤프더블유, 2005, 위트상식사전, 보누스
송충규, 2004, 유머작법 가이드, 동현
신강균, 2013, 4S 아이디어 발상론, 한경사
아놀드 브라이언, 2009, 비주얼 스토리텔링, 커뮤니케이션북스

위츠 마리온, 2004, 당당하게 일어나 자신있게 말하라, 아라크네
이상준, 2005, (성공하는 리더를 위한) 고품격 유머, 다산북스
이성구, 1998, 광고에서 창의력을 배운다, 나남출판
이요셉, 2006, 인생을 바꾸는 웃음전략, 지식나무

8, 9장

겐리흐 알트슐러, 2005, 그러자 갑자기 발명가가 나타났다, 인터비전
겐리흐알트슐러 , 2002, 이노베이션 알고리듬, 현실과미래사
문정화, 1999, 창의성이 보인다, 성공이 보인다, 창지사
알트슐러, 2012, (알트슐러의) 40가지 발명원리, GS인터비전
폭스 마크, 2011, 창조경영 트리즈, 가산
정찬근, 2010, (창의적 문제해결) TRIZ 100배 활용하기, MJ미디어

10, 11장

김은기, 2013, 자연에서 발견한 위대한 아이디어 30, 지식프레임
김은기, 2015, (손에 잡히는) 바이오 토크, 디아스포라
로버트앨런 , 2011, (총알도 막는 날개의 비밀) 바이오미메틱스, 시그마프레스
윤실, 1997, 바이오마이메틱스 : 생체모방공학, 전파과학사
이인식, 2013, 자연에서 배우는 청색기술, 김영사
재닌 베니어스, 2010, 생체모방 : 자연에서 영감을 얻는 혁신, 시스테마

12장

이봉진, 2014, 정보 지성시대, 문운당
커넥팅랩, 2015, 사물인터넷, 미래의창

13장

문춘오, 2015, 특허는 어떻게 돈이 되는가, 미래지식
박윤호, 2009, 아이디어 특허로 재테크하기, 영진닷컴
박지원, 2003, 창조적 아이디어 발상 및 전개, 학문사
유재복, 1999, 나만의아이디어, 발명, 특허로 성공하기, 새로운 제안
정우성, 윤락근, 2011 특허전쟁: 기업을 흥하게 만드는 성공적인 특허경영 전략 , 에이콘
허주일, 2015, 나는 특허로 평생 월급 받는다, 부키

전파과학사에서는 독자 여러분의 책에 관한 아이디어와 원고 투고를 기다리고 있습니다. 전파과학사의 임프린트 디아스포라 출판사는 종교(기독교), 경제·경영서, 문학, 건강, 취미 등 다양한 장르의 국내 저자와 해외 번역서를 준비하고 있습니다. 출간을 고민하고 계신 분들은 이메일 chonpa2@hanmail.net로 간단한 개요와 취지, 연락처 등을 적어 보내주세요.

쓸모없는 아이디어는 없다

창의력 실전기술

—

초판 1쇄 발행 2017년 4월 17일
초판 2쇄 발행 2017년 6월 05일

—

지은이 김은기
발행인 손영일
편 집 손동석
디자인 황지영

—

펴낸곳 전파과학사
출판등록 1956년 7월 23일 제10-89호
주 소 서울시 서대문구 증가로 18, 204호
전 화 02-333-8877(8855)
팩 스 02-334-8092
이메일 chonpa2@hanmail.net
홈페이지 www.s-wave.co.kr
블로그 http://blog.naver.com/siencia

ISBN 978-89-7044-585-4 (03500)